LE CHARBON

ET LA

VACCINATION CHARBONNEUSE

D'APRÈS

LES TRAVAUX RÉCENTS DE M. PASTEUR

PAR

CH. CHAMBERLAND

Ancien élève de l'École normale supérieure,
Docteur ès sciences,
Directeur du laboratoire de M. Pasteur.

———————

PARIS

BERNARD TIGNOL, ÉDITEUR
45, QUAI DES GRANDS-AUGUSTINS, 45

1883

LE CHARBON

ET LA

VACCINATION CHARBONNEUSE

LE CHARBON

ET LA

VACCINATION CHARBONNEUSE

D'APRÈS

LES TRAVAUX RÉCENTS DE M. PASTEUR

PAR

CH. CHAMBERLAND

Ancien élève de l'École normale supérieure.
Docteur ès sciences,
Directeur du laboratoire de M. Pasteur.

————×————

PARIS

BERNARD TIGNOL, ÉDITEUR

45, QUAI DES GRANDS-AUGUSTINS, 45

—

1883

M. L. PASTEUR

Vos récents travaux sur le charbon et la vaccination charbonneuse ont une importance si considérable au point de vue scientifique, et sont appelés à rendre de tels services à l'agriculture, que de toutes parts on vous a exprimé le désir de les voir réunis et coordonnés.

Vous avez bien voulu me charger de cette tâche.

J'ai attendu, pour l'entreprendre, de connaître les résultats fournis par la pratique de la nouvelle vaccination. Ces résultats sont aussi satisfaisants qu'on pouvait l'espérer des premiers efforts tentés pour en répandre l'application.

Les statistiques dressées par MM. les vétérinaires, sur les indications des cultivateurs eux-mêmes, ne laissent pas de doute à ce sujet.

Mon travail se divise en deux parties :

La première traite du charbon, de son étiologie et des mesures à prendre pour éviter la propagation de la maladie.

La deuxième rend compte des expériences publiques de vaccinations charbonneuses faites en France et à l'étranger, ainsi que des résultats pratiques obtenus à la fin de l'année 1881 et à la fin de l'année 1882.

Après avoir reproduit *in extenso* les Notes que vous avez communiquées à l'Académie des sciences ou aux autres Sociétés savantes, je me suis attaché à être un narrateur fidèle des résultats consignés dans les rapports des Sociétés d'agriculture et dans les Notes de MM. les vétérinaires.

Au moment de livrer ce travail à l'impression, mon premier devoir est de vous remercier de la confiance que vous m'avez témoignée. Elle m'impose une nouvelle dette de reconnaissance qui s'ajoute à celles, si nombreuses déjà, que j'ai contractées envers vous, depuis que vous m'avez fait l'honneur de m'admettre à travailler sous votre haute et bienveillante direction.

Veuillez agréer, Monsieur et cher Maître, l'expression de mes sentiments respectueux et dévoués.

CH. CHAMBERLAND.

17 janvier 1883.

Paris, 18 janvier 1883.

MON CHER CHAMBERLAND,

Vous étiez naturellement désigné pour la mise en œuvre d'études auxquelles vous avez pris, avec M. E. Roux, une large part.

Cette publication contribuera à éclairer les agriculteurs et réduira à leur juste valeur les contradictions qui se sont produites et qui sont inséparables de toutes les découvertes nouvelles.

Agréez l'assurance de mes très affectueux sentiments.

L. PASTEUR.

PREMIÈRE PARTIE

CHARBON — ÉTIOLOGIE — PROPHYLAXIE

PRÉLIMINAIRES

Avant de commencer l'étude d'une maladie produite par un être infiniment petit, il me parait utile de dire quelques mots de généralité sur ces êtres qui jouent un rôle considérable dans la nature.

Sous le nom d'*êtres microscopiques* ou *microbes*, on désigne tous les êtres vivants trop petits pour être vus à l'œil nu, tous ceux qu'on ne peut apercevoir qu'avec l'aide d'instruments destinés à les grossir un grand nombre de fois. Tels sont : le petit ver, appelé *trichine*, qui produit la *trichinose*, et un *acarus* qui engendre la *gale*. Mais, parmi les êtres microscopiques, il y en a qui sont encore très petits relativement aux précédents, et qui s'en distinguent aussi parce qu'ils ne sont formés que par une cellule simple, ou par une réunion de cellules identiques pouvant vivre d'une façon indépendante. Ce sont ceux-là qui ont fait plus particulièrement, depuis vingt-cinq ans, le sujet des recherches de M. Pasteur, et c'est à eux que je réserverai spécialement le nom de microbes.

Faisons des infusions de diverses substances organiques, animales ou végétales, par exemple des infusions de foin, de levure de bière, de muscles de divers animaux, c'est-à-dire mettons à digérer ces substances avec de l'eau pendant quelques heures, soit à chaud, soit à froid, puis filtrons. Nous aurons des liquides très limpides dans lesquels le microscope ne montre pas d'êtres organisés. Plaçons ces infusions dans une chambre chaude, entre 30 et 40 degrés, et, après un jour ou deux, tous ces liquides seront devenus troubles. On dit qu'ils se sont altérés.

Examinons au microscope et à un grossissement de 400 ou 500 diamètres une goutte de ces liquides. Un spectacle véritablement surprenant se présente alors à nos yeux : tout le champ est rempli d'êtres vivants, les uns se mouvant avec une grande rapidité, d'autres plus lentement; quelques-uns sont immobiles. Leurs formes sont variées, surtout lorsqu'on examine des infusions de nature différente, ce qui tient à ce que chacun de ces êtres a besoin, pour vivre, de milieux ayant une composition déterminée. On y remarque des filaments longs, flexibles, ayant un mouvement ondulatoire comme les serpents : ce sont des *vibrions*; puis des bâtonnets simples ou articulés, très courts, mobiles, dans lesquels la longueur ne dépasse guère deux fois le diamètre, et qui portent le nom de *bactéries*. D'autres se présentent sous la forme de bâtonnets droits ou articulés, mobiles ou immobiles, dans lesquels chaque article reste rigide : ce sont des *bacillus*; d'autres enfin sont formés par des cellules ovales ou arrondies, isolées ou groupées par 2, 4, 6, 8...., formant ainsi quelquefois des chaînes ressemblant aux grains d'un chapelet : ce sont des *micrococcus*. Toutefois, il ne faudrait pas attacher une trop grande importance à cette classification, car l'aspect morphologique de tous ces petits êtres est variable suivant les conditions où ils se trouvent placés. L'histoire naturelle de beaucoup d'entre eux est loin d'ailleurs d'être faite, et il serait prématuré de vouloir établir une classification complète. Il ne me paraît non plus possible de trancher la question de savoir si ces êtres doivent être rangés parmi les végétaux ou les animaux, cette question n'étant pas encore suffisamment élucidée ; elle n'offre d'ailleurs qu'une importance secondaire au point de vue qui nous occupe.

En voyant toutes les infusions se remplir de ces petits êtres aux formes si variées, une première pensée se présente à l'esprit. D'où viennent-ils? Les liquides étaient d'abord limpides, puis tout à coup ils se troublent et se remplissent d'une multitude prodigieuse de petits êtres vivants. Ceux-ci paraissent donc nés *spontanément*, c'est-à-dire produits par le liquide lui-même sous l'influence de la chaleur. Ce fut bien là, en effet, l'idée des premiers observateurs. Mais nous savons aujourd'hui, grâce aux belles expériences de M. Pasteur, que ces êtres viennent toujours de germes vivants formés antérieurement par des êtres semblables. Sans doute on ne peut démontrer que la génération spontanée est impossible, parce que dans les sciences d'observation on ne démontre pas une négation; mais ce que M. Pasteur a démontré, c'est que toutes les expériences par lesquelles on croyait l'avoir établie, étaient erronées. S'il reste encore quelques observateurs qui croient à la génération spontanée, ils ne peuvent appuyer leur opinion que sur des vues de l'esprit. Nous dirons donc que, dans l'état actuel de la science, la génération spontanée n'existe pas.

Il est d'ailleurs facile d'avoir des infusions organiques restant indéfiniment stériles, c'est-à-dire ne donnant jamais naissance à des êtres microscopiques ; il suffit de les chauffer à une température de 115 à 120 degrés, température qui détruit tous les germes à l'état humide. Différentes infusions qui ont été chauffées de cette façon conservent leur limpidité primitive, lors même qu'elles ne sont séparées de l'air extérieur que par un tampon de coton qui laisse passer les gaz, mais s'oppose à l'introduction des particules solides qui existent dans l'air : parmi ces particules se trouvent précisément les *germes* des microbes. On peut manier ces liquides et les mettre dans d'autres vases suivant les besoins de l'expérimentation ; ils resteront toujours indéfiniment stériles, pourvu qu'on réalise les deux conditions suivantes : éviter les germes de l'air, et ne se servir que de vases eux-mêmes privés de germes. La première condition dépend beaucoup de l'habileté de l'expérimentateur ; quant à la seconde, il suffit de *flamber* les vases, c'est-à-dire de les chauffer dans un fourneau à gaz à une température de 150 à 200 degrés.

Avec ces ballons stérilisés, rien n'est aussi simple que de montrer la présence des germes dans l'air. Enlevons les tampons de coton de cent ballons ; attendons quelques instants, de façon à laisser tomber les germes comme tombent toutes les poussières, puis remettons le coton. Au bout de vingt-quatre ou quarante-huit heures, on constate que cinquante, soixante, quatre-vingts ballons et même plus renferment des organismes. Le nombre des ballons qui s'altèrent est très variable, ce qui tient à ce que les germes en suspension dans l'air sont aussi en quantité fort variable. Ils sont beaucoup plus nombreux, par exemple, dans une salle qui vient d'être balayée que dans une autre où l'on n'est pas entré depuis plusieurs jours ; ils sont plus nombreux aussi dans les villes que dans les campagnes, dans les plaines que sur les hautes montagnes, etc.

Les germes des microbes existent également dans les eaux communes, et, en général, à la surface de tous les objets. Si l'on introduit, en effet, quelques gouttes d'eau commune, d'eau de Seine, par exemple, ou des fragments de bois, de paille, de terre, dans ces ballons stériles, au bout de deux ou trois jours tous ces ballons seront troubles et remplis d'organismes.

On comprend maintenant pourquoi les infusions s'altèrent toujours lorsqu'on ne prend pas de précautions particulières. Les germes, cause de l'altération, proviennent, soit des vases, soit de l'air, soit des liquides.

Ainsi, il semble que partout autour de nous se trouvent des germes de microbes. Cependant, en réalité, ces germes n'existent pas partout. Ils n'existent pas : 1° dans les eaux de sources au moment où elles sortent du sol ; 2° dans les tissus et les liquides internes des végétaux et des animaux à l'état normal. On peut, en effet, semer les eaux de sources, les sucs des fruits, les muscles, le foie, la rate, la substance cérébrale, etc., des animaux, dans des infusions organiques stériles, sans provoquer en rien leur altération. On peut même recueillir directement, avec une grande facilité, du sang, du lait, de la lymphe, de l'humeur aqueuse dans des vases flambés, et ces liquides, les plus altérables que l'on connaisse, se conservent indéfiniment sans montrer jamais le moindre organisme microscopique. Cette expérience, qui est capitale au point de vue de l'étude des maladies contagieuses, suffirait presque, soit dit en passant, pour démontrer qu'il n'y a pas de génération spontanée.

On conçoit que les germes, même les plus ténus, n'existent pas dans les eaux de sources et dans les tissus internes des végétaux et des animaux. De même que l'air, en filtrant sur un tampon de coton, se dépouille de toutes les poussières et de tous les germes qu'il tient en suspension, de même aussi les eaux de sources sont filtrées par leur passage à travers le sol ; les liquides qui servent à la nutrition des plantes sont filtrés par les radicelles, et les aliments absorbés par les animaux sont filtrés par les muqueuses des organes de la respiration et de la digestion. Ajoutons que l'écorce chez les végétaux et la peau chez les animaux s'opposent également, du côté de l'extérieur, à l'introduction des germes.

De ce qui précède il résulte que, au milieu de la souillure géné-

rale de la terre, de l'air et des eaux, le corps des êtres vivants
est fermé à l'introduction des microbes. Mais qu'arrivera-t-il si,
pour une cause quelconque, des germes passent dans l'intérieur
des tissus végétaux ou animaux ? Il est aisé de le deviner : que
sont, en effet, les liquides qu'on rencontre dans les végétaux et les
animaux, si ce n'est de véritables infusions de la nature de celles
dont nous venons de nous occuper ? Deux cas pourront se présenter :
ou bien ces germes ne trouveront pas les conditions propres à leur
vie et à leur reproduction, et alors ils périront rapidement ; ou
bien ils trouveront des conditions favorables, ils pulluleront avec
rapidité et envahiront tout ou partie du corps de l'animal. Dans le
premier cas, les germes auront été sans action ; dans le second,
ils amèneront la maladie et souvent même la mort. En se reproduisant, en effet, et en envahissant le corps d'un animal, ces
microbes ont profondément changé les conditions de la vie. Soit
qu'ils aient donné naissance, par leurs sécrétions, à de véritables
poisons, soit qu'ils aient enlevé aux cellules du corps les éléments
nécessaires à leur vie, il n'en est pas moins certain que la composition des liquides et des tissus de l'organisme a changé. La
maladie et la mort en sont la conséquence naturelle.

Ce n'est pas là une simple vue de l'esprit. Si l'on prend une in-
fusion altérée, c'est-à-dire remplie d'organismes, et qu'on en
introduise quelques gouttes sous la peau de différents animaux,
tels que cochons d'Inde, lapins, moutons, poules, etc., on observe
presque toujours, chez quelques-uns d'entre eux, des désordres
plus ou moins graves. Le plus souvent ce sont des abcès ou des
œdèmes qui s'étendent sur une grande surface, et l'animal est
malade pendant plusieurs jours, mais se guérit ensuite ; quelquefois aussi il succombe à une véritable infection, comparable, sous
certains rapports, à l'infection purulente chez l'homme ; d'autres
fois encore il ne se forme pas ou il ne se forme que très peu de pus
à l'endroit de la piqûre, et cependant l'animal succombe. Dans ce
cas, son sang ou ses tissus sont remplis par un ou plusieurs microbes. Ce sont bien les êtres microscopiques introduits sous la
peau qui sont cause de la maladie et de la mort, car si l'on chauffe
les liquides avant de les inoculer, on ne constate plus qu'un petit
désordre local tout à fait insignifiant.

Cette résistance variable que l'on observe chez les différents animaux peut tenir à deux causes : la nature même des liquides qui baignent les cellules de l'individu et la vitalité de ces cellules. En effet, il doit s'établir entre les cellules des êtres microscopiques et les cellules du corps une lutte pour la vie, lutte dans laquelle l'animal guérit ou succombe, suivant que la victoire reste aux cellules du corps ou aux microbes.

C'est dans des faits de ce genre qu'il faut chercher l'explication des accidents qui surviennent fréquemment à la suite des opérations chirurgicales. Il y a toujours un peu de liquide et du sang qui s'écoulent de la plaie. Ces liquides, se trouvant au contact de l'air et des linges de pansement, vont se remplir d'organismes comme nos infusions ; beaucoup seront inoffensifs, parce qu'ils ne pourront pas se développer dans le corps, mais si quelques-uns d'entre eux jouissent de cette propriété, ils pulluleront et produiront des désordres plus ou moins graves. Sous ce rapport, on peut dire que la moindre coupure, la moindre écorchure, peuvent amener de graves maladies et même la mort. Ce sont là des cas qui malheureusement ne se présentent que trop souvent. On pourrait citer plusieurs exemples rapportés par nos meilleurs médecins, et dans lesquels une simple saignée faite au bras a suffi pour amener des complications mortelles.

Quoi qu'il en soit, en inoculant à des animaux de différentes espèces des infusions ou des liquides organiques altérés, on peut être assuré d'en trouver toujours quelques-uns qui seront malades ou qui mourront, de sorte qu'il est possible de créer, pour ainsi dire à volonté, des maladies. Mais le but principal que nous devons nous proposer est moins de créer des maladies que d'étudier celles, trop nombreuses déjà, qui attaquent l'homme et les animaux. Une pareille étude repose entièrement sur ce fait que les liquides et les tissus internes des animaux ne renferment jamais ni germes ni organismes microscopiques dans leur état normal, ainsi que nous venons de le voir.

C'est ce principe qui va être appliqué, en particulier, à l'étude du *charbon*.

CHAPITRE PREMIER

IMPORTANCE DES PERTES CAUSÉES PAR LE CHARBON.
SYMPTOMES DE LA MALADIE.

On désigne sous le nom de *charbon* tout un groupe de maladies générales, virulentes et contagieuses, de nature identique, mais se manifestant avec des formes diverses suivant les pays, l'espèce animale, le point de pénétration de la maladie et les symptômes divers que l'on observe. — De là les noms de glossanthrax, étranguillon, antecœur, noir-cuisse, mal noir, sang de rate, fièvre charbonneuse, mal de montagne, peste de Sibérie, spleen fever, pustule maligne, etc.

Cette maladie attaque la plupart des animaux, mais surtout les herbivores et en particulier les moutons, les chèvres, les vaches ou bœufs et les chevaux. — Elle est très répandue, car dans le monde entier il n'est peut-être pas une contrée où elle n'exerce ses ravages avec une plus ou moins grande intensité. Elle cause annuellement des pertes que l'on peut évaluer sans exagération à plus de cent millions de francs.

En France, elle sévit surtout dans la Beauce, dans la Brie, dans le Nivernais, dans le Berry, dans le Poitou, dans le Dauphiné, dans la Bourgogne, dans l'Auvergne, dans la Champagne.

Une statistique a été dressée par Delafond qui fut appelé en 1842 dans les départements de Loir-et-Cher et du Loiret, et qui visita cinquante-quatre communes des arrondissements de Blois, Orléans, Pithiviers. Cette partie de la Beauce, dit Delafond, possède de beaux et nombreux troupeaux métis-mérinos. Les plus petits fermiers n'ont pas moins de 200 bêtes à laine; la plupart ont de 400 à 500 bêtes; bon nombre comptent de 900 à 1100 mérinos-métis dans leur troupeau.

D'après un recensement fait par le préfet du Loiret dans deux arrondissements de ce département appartenant autrefois en partie à l'ancienne Beauce, il existait dans celui de Pithiviers 107 324 bêtes à laine; et dans celui d'Orléans, comprenant seulement les cantons de Patay, d'Arthenay et de Neuville, on en comptait 56 337 : ce qui donne un total de 163 661 bêtes à laine.

Or ces deux arrondissements ne forment que la huitième partie à peu près de la Beauce; d'où il résulte comme très probable, que la Beauce possède 1 309 288 bêtes à laine. Cette riche contrée peut donc être considérée comme une des provinces de France qui produit le plus de belles bêtes à laine, tant sous le rapport de la taille, des formes, du volume des animaux, que sous celui de la finesse et du poids des toisons.

La maladie de sang fait annuellement beaucoup de victimes dans ces beaux troupeaux. Ce sont les plus belles, les plus jeunes brebis, les agneaux qui donnent le plus d'espérances qu'elle fait périr. Ce n'est que plus tard qu'elle sévit sur les bêtes âgées et de peu de valeur. Annuellement, et en moyenne, les pertes s'élèvent à 20 pour 100; et souvent dans les localités dont le sol est sec et calcaire, la mortalité va jusqu'au quart, au tiers et dépasse parfois la moitié du troupeau. Cette terrible maladie occasionne aux cultivateurs une perte réelle qui s'élève annuellement à 2000 francs pour un troupeau de 400 bêtes.

D'après les relevés authentiques fournis par le préfet du Loiret, le sang de rate aurait, en 1843, fait mourir dans l'arrondissement de Pithiviers 23 359 bêtes à laine; dans celui d'Orléans 12 044; en tout 35 403. En estimant, en moyenne, chaque bête à la somme de 25 francs, la perte des 35 403 animaux s'élèverait à 885 075 francs. Or, si la Beauce entière possède 1 309 288 bêtes ovines, il est probable que le sang de rate en a fait mourir 35 403 × 8 = 28 3224, et que la perte en argent doit être de 7 080 600 francs, chiffre calculé pour l'année 1842.

M. Raynal fixe cette perte, d'après une statistique plus récente, à un chiffre un peu moins élevé, soit 5 340 000 francs représentant la valeur de 178 000 moutons à 30 francs l'un.

Aujourd'hui ces pertes sont encore sensiblement moindres, mais elles dépassent plusieurs millions.

Voici, en effet, ce que M. D. Boutet, l'habile vétérinaire de Chartres, écrivait à M. Pasteur à la fin de l'année 1881 :

« Si j'en appelle à mes souvenirs, j'estime que, depuis quarante ans
» que j'exerce la médecine vétérinaire en Beauce, le charbon, sur nos
» trois grandes espèces domestiques, fait des ravages de moins en moins
» nombreux.

» Le charbon du cheval que j'ai vu fréquent autrefois est aujourd'hui
» presque nul et le charbon de la vache ne fait de temps à autre que
» quelques victimes.

» Le charbon du mouton est beaucoup plus tenace, et, bien qu'il me
» soit impossible de préciser le quantum de la mortalité qu'il déter-
» mine actuellement, je n'hésite pas à déclarer cependant que ce quan-
» tum est aujourd'hui de beaucoup inférieur aux chiffres indiqués par
» MM. Delafond et Raynal et cela pour deux raisons : 1° parce que, pour
» la même quantité de moutons, il en meurt réellement moins à présent ;
» 2° parce que le nombre des moutons est, chez nous, beaucoup moins
» élevé qu'autrefois.

» Pour ces deux raisons, le montant total de la perte annuelle que le
» charbon détermine aujourd'hui sur nos troupeaux devrait peut-être
» être ramenée à deux ou trois millions pour la Beauce et à 200 ou
» 300 000 francs pour l'arrondissement de Chartres seulement.

» C'est encore là un beau chiffre, ajoute M. D. Boutet, une perte con-
» sidérable dont, fort heureusement, vos précieuses découvertes vont
» nous exonérer complètement d'ici peu. »

Dans le département de Seine-et-Marne également, certaines fermes payent tous les ans un lourd tribut à ce fléau : les arrondissements de Provins, Fontainebleau et Meaux sont toujours grandement éprouvés ; des fermes nombreuses y sont désignées sous le nom caractéristique de *fermes à charbon* ; les meilleurs cultivateurs ne les louent qu'en tremblant.

Dans la haute Auvergne, dans le Cantal par exemple, sont des *montagnes maudites* où les troupeaux laissent 10 ou 15 pour 100 de leur contingent, grâce au mal de montagne. Aussi ne faut-il pas nous étonner de voir dans ces pays entrer le charbon comme prévision dans le prix des fermages.

Voici d'après Delafond les symptômes que l'on observe dans cette maladie :

Il ne faut pas croire, dit ce judicieux observateur, que la maladie de sang attaque les bêtes tout à coup et les fait périr en quelques heures. Dans l'immense majorité des cas, des signes avant-coureurs font reconnaître que la maladie va bientôt sévir sur les troupeaux. Ces préludes morbides précèdent de plusieurs jours l'invasion du mal, mais ne frappent point des yeux peu exercés sur les maladies du menu bétail, parce qu'il faut les constater en gouvernant le troupeau dont les bêtes d'ailleurs paraissent jouir d'une bonne santé.

Les bêtes à laine qui vont prochainement être atteintes du charbon ont une vivacité et une excitabilité qui ne sont point ordinaires. Leur regard est vif, on les voit quelquefois se dresser sur l'animal le plus voisin; la peau généralement, mais surtout celle, fine et rose, qui forme les larmiers, qui recouvre le bout du nez et les oreilles, prend une teinte rouge vif. Une inspection attentive des yeux montre que les nombreux vaisseaux capillaires qui s'avancent de l'angle interne de l'œil dans l'épaisseur et l'étendue de la conjonctive, sont parcourus et distendus par beaucoup de globules du sang. Le sang retiré de la jugulaire de ces animaux est noir, se coagule en trois ou quatre minutes dans le vase qui l'a reçu (il emploierait six à sept minutes dans l'état de santé), et on s'aperçoit plus tard qu'il est très riche en globules, en albumine, et pauvre en éléments aqueux.

Lorsque le troupeau parcourt en liberté, on voit ordinairement les bêtes les plus belles, les plus jeunes et les plus grasses s'arrêter quelques instants, allonger la tête, dilater les narines, ouvrir la bouche et respirer péniblement; mais cette dyspnée disparaît bientôt. Beaucoup, dans l'intervalle de la distribution des aliments, lèchent les murailles et recherchent les terres salpêtrées. Après le repas, le ventre se ballonne, mais toujours cette indisposition est de courte durée.

Ces signes acquièrent une haute importance lorsqu'en forçant les bêtes à uriner en serrant tout à la fois la bouche et les naseaux, on voit s'écouler une urine roussâtre déjà sanguinolente, et qu'on s'aperçoit, au parc ou à la bergerie, que plusieurs toisons sont tachées de rouge par l'urine des bêtes déjà malades. Enfin on a la certitude que le mal va attaquer plusieurs animaux lorsqu'indépendamment de tous ces prodromes, on voit les excréments, ordinairement secs et moulés sous forme de petites crottes, devenir mous, être recouverts d'une matière glaireuse, blanchâtre, très souvent sanguinolente. Tous ces symptômes précurseurs se remarquent aussi dans les troupeaux dont quelques animaux meurent du sang, tous les deux ou trois jours. Ils indiquent assurément dans ce cas que la maladie existe déjà dans les bêtes qui les présentent et que bientôt elle va peut-être s'aggraver, et faire périr l'animal rapidement.

C'est ce qui arrive, en effet, s'il fait un repas trop substantiel ; s'il est exposé à l'insolation ; s'il éprouve l'influence d'un air chaud, chargé d'électricité ; s'il reste au parc pendant une pluie d'orage ; s'il ressent les effets d'un changement subit de température. Alors la bête à laine cesse de manger, reste en arrière du troupeau, respire vite et péniblement ; sa vue s'égare, elle fait quelques pas en trébuchant, ébroue, râle, rejette un sang écumeux par les naseaux, tombe à la renverse, agite convulsivement les quatre membres, expulse une petite quantité d'urine sanguinolente, rend parfois des matières excrémentitielles teintes par du sang et expire après cinq, dix, quinze, vingt minutes ; ou bien une, deux, trois heures au plus.

La maladie n'est cependant pas toujours précédée de signes avant-coureurs ; souvent l'invasion est brusque et la terminaison rapide. Dans ce cas, la bête est gaie, elle mange avec grand appétit, et présente généralement toutes les apparences d'une santé parfaite, quand tout à coup elle cesse de prendre des aliments ou s'arrête en les ruminant, s'allonge, se raccourcit, tournoie, tombe par terre, se débat convulsivement, expulse avec violence de l'écume sanguinolente par les naseaux, urine quelques gouttes de sang et meurt dans un intervalle qui varie de cinq à dix minutes. C'est notamment lorsque les bêtes prédisposées au sang sont exposées à l'insolation, à la poussière, et pendant les journées et les nuits orageuses, qu'elles meurent ainsi et présentent les symptômes d'une asphyxie et d'une hémorrhagie interne.

Quant aux lésions laissées par la maladie sur le cadavre, elles sont de diverses natures :

1° Le cadavre se décompose rapidement, du sang s'écoule par les cavités nasales, et le ventre se ballonne considérablement.

2° Tantôt simultanément, tantôt isolément, la peau et le tissu cellulaire sous-cutané, la rate, les ganglions lymphatiques, les muqueuses intestinales, le poumon, les reins, le pancréas, le thymus dans les agneaux, les environs des parotides, le tissu du cerveau, les plexus choroïdes de ce viscère et du cervelet, présentent successivement toutes les lésions qui accompagnent les congestions sanguines suivies d'hémorrhagie.

3° Tous ces organes, toutes ces parties, offrent leurs vaisseaux capillaires gorgés de sang ou énormément distendus par ce liquide ; ailleurs l'organe s'est épaissi, a augmenté de volume par l'afflux considérable du sang, mais a conservé encore toute son intégrité.

4° Ici, le sang est sorti des vaisseaux, a ruisselé à la surface des organes membraneux, comme dans les bronches, les muqueuses digestives, le bassinet rénal, la vessie ; tandis que dans les organes composés de tissus mous très vasculaires entourés d'une capsule propre ou de tissu cellulaire assez doux comme la rate, les reins, le poumon, les ganglions lymphatiques, le pancréas, le thymus, les plexus choroïdes, le sang non seulement a distendu, engorgé les vaisseaux, mais encore s'est échappé peu à peu de leur intérieur pour former des taches brunes, lenticulaires (ecchymoses), de petits épanchements sanguins circonscrits ou des hémorrhagies partielles, enfin pour donner lieu à une hémorrhagie complète dans l'organe dont le tissu ne forme plus avec le sang qu'une partie mollasse, se déchirant faiblement et laissant ruisseler, par la plus petite déchirure ou par la plus légère pression, un sang noir et très épais.

5° Le cœur, les gros vaisseaux n'offrent rien de notable, le sang qu'ils renferment est liquide et très noir.

6° Enfin il est digne de remarque que ces lésions sont d'autant plus répandues, plus profondes et plus graves que les bêtes ont un âge plus voisin de deux ou trois ans et sont dans un notable embonpoint ; elles sont moins étendues et plus légères si les bêtes sont jeunes ou vieilles ou maigres.

Ces diverses lésions n'existent pas toujours simultanément. Ainsi sur un animal, ce sont la rate et les reins qui les présentent ; sur tel autre, la rate est peu malade, c'est la muqueuse intestinale qui est noire et les intestins sont remplis de sang. Chez celui-là l'afflux se montre à la peau, dans les capillaires sous-cutanés, et alors le sang ruisselle de toutes parts en séparant la peau des tissus sous-jacents. Enfin dans celui-ci ce sont les bronches, le poumon qui offrent les lésions les plus remarquables.

Cette description de la maladie du sang de rate chez les moutons est très exacte, et dans l'immense majorité des cas, elle est suffisante pour diagnostiquer l'infection charbonneuse. Cependant, des cas peuvent se présenter où les symptômes ou au moins une partie d'entre eux font complètement défaut. Alors le praticien est indécis, car il ne sait s'il a devant lui le charbon ou une maladie voisine. Grâce aux découvertes récentes le doute qui pouvait subsister dans un certain nombre de cas n'existe plus. A cet ensemble de symptômes plus ou moins fugitifs et plus ou moins faciles à apprécier, on a substitué un diagnostic certain qui ne fait défaut dans aucun cas : c'est la présence dans le sang de petits bâtonnets droits, cassés et immobiles, visibles seulement au microscope et à un grossissement de 400 ou 500 diamètres, bâtonnets qui ont reçu le nom de *bactéridies*. Aujourd'hui on peut affirmer que toutes les fois qu'on rencontre ces bactéridies dans le sang d'un animal qui vient de mourir, on a affaire au charbon ; toutes les fois au contraire que les bactéridies n'existent pas, on peut affirmer que l'animal a succombé à une maladie différente du charbon. La bactéridie est donc le criterium de la maladie charbonneuse.

Les Notes suivantes, communiquées aux Sociétés savantes et que je reproduis *in extenso*, vont nous montrer comment on est arrivé à cette notion rigoureuse et comment, partant de là, on a pu étudier d'une façon complète cette maladie sur laquelle on a disserté pendant de si longues années durant lesquelles beaucoup de bons esprits, malgré leurs longues et patientes recherches, n'arrivaient pas à s'entendre, ou du moins faisaient faire peu de progrès touchant la véritable nature et l'étiologie de cette affection. Le point de départ leur faisait défaut. Malheureusement, il faut le dire, il en est encore ainsi pour un grand nombre de maladies contagieuses de l'homme ou des animaux. La marche suivie dans les travaux qui ont élucidé complètement et définitivement la maladie charbonneuse, peut servir de modèle pour l'étude de toutes les autres maladies contagieuses.

CHAPITRE II

CHARBON ET SEPTICÉMIE

Par MM. PASTEUR et JOUBERT

PREMIÈRE NOTE

Académie des sciences, 30 avril 1877.

Au mois d'août 1850, M. Rayer, rendant compte des recherches qu'il avait faites en collaboration de M. Davaine sur la contagion de la maladie appelée *sang de rate*, dit :

« Il y avait en outre dans le sang de petits corps filiformes, ayant
» environ le double en longueur du globule sanguin. Ces petits corps
» n'offraient point de mouvement spontané. »

Telle est, quoiqu'on l'ait souvent contesté, la date véritable de la première observation sur les corps bactériformes dans la maladie charbonneuse. J'ai donné aux recherches bibliographiques sur ce point d'histoire de la science une attention minutieuse, parce que M. Davaine, qui a été, par ses travaux sur le charbon et la septicémie, l'un des promoteurs les plus autorisés des questions que soulève aujourd'hui en médecine et en chirurgie le rôle des éléments figurés microscopiques, nous a appris que, s'il était revenu en 1863 sur son observation de 1850, c'était à la suite des réflexions que lui avait suggérées la lecture de ma communication de 1861 sur la fermentation butyrique. J'annonçais alors à l'Académie que le ferment de cette fermentation, loin d'être une matière albuminoïde en voie de décomposition spontanée, comme on le croyait, était formé par des vibrions qui offrent les plus grandes analogies avec les corps filiformes du sang des animaux charbonneux.

A cette même époque de 1863, une autre circonstance dut aiguillonner la sagacité de M. Davaine, quoique à son insu peut-être. Je venais de démontrer (20 avril 1863) que dans l'état de santé le corps des animaux est fermé à toute introduction de germes extérieurs. J'avais réussi à extraire de l'intérieur du corps, à l'abri des poussières atmosphériques et de leurs germes, du sang et de l'urine, et ces liquides s'étaient conservés sans manifester la moindre putréfaction au contact de l'air pur.

Peu d'années après, je reconnus qu'une des affections les plus graves du ver à soie était la conséquence de la fermentation anormale de la feuille de mûrier dans le canal intestinal, fermentation produite par des organismes divers, et notamment par ces mêmes vibrions, agents actifs de la putréfaction des matières animales. Au sujet de ces vibrions et de leurs germes, je vis alors qu'il existe chez ces petits êtres une sorte de parthénogénèse. Après qu'ils se sont reproduits pendant un certain temps par division spontanée, on voit apparaître çà et là dans leur substance, jusque-là translucide et homogène en apparence, un ou plusieurs corpuscules plus réfringents que le restant du corps. Celui-ci se résorbe peu à peu autour de ces noyaux.

Dès lors, à la place de la multitude de petits bâtonnets simples ou articulés en voie de division spontanée qui composent un champ de vibrions baguettes, on ne rencontre plus qu'un amas de points brillants, une poussière de petits grains de 1 à 2 millièmes de millimètre de diamètre. J'ai montré que ces corpuscules peuvent subir une dessiccation prolongée sans périr, et que la poussière infectieuse qui en résulte, répandue artificiellement sur la feuille de mûrier, peut aller faire fermenter celle-ci dans le canal intestinal et provoquer la maladie et la mort de l'insecte (voy. p. 168, 256 et planche, p. 228, du tome Ier de mes *Etudes sur la maladie des vers à soie*).

Dans un mémoire remarquable publié en 1876, le docteur Koch a constaté que les petits corps filiformes découverts par M. Davaine peuvent passer à l'état de corpuscules brillants après s'être reproduits par scission, puis se résorber comme je viens de le dire pour les vibrions, et que ces corpuscules peuvent régénérer dans le sérum et l'humeur de l'œil les petites baguettes pleines, et, de même que dans la maladie dite *flacherie des vers à soie*, on doit penser que ces corpuscules peuvent passer d'une année à l'autre sans périr, prêts à propager le mal. C'est l'opinion du docteur Koch.

Malgré les observations si précises de M. Davaine et du docteur Koch, les esprits sont encore partagés au sujet de la véritable étiologie du charbon. La contradiction sur ce point se rattache à des discussions d'un caractère plus général dont je dois dire quelques mots. L'attention des médecins ayant été appelée à diverses reprises, depuis une vingtaine d'années, sur le rôle des infiniment petits, il est arrivé qu'on a étendu outre mesure et prématurément les conséquences des faits acquis. Or les exagérations des idées nouvelles amènent infailliblement une réaction qui, elle-même, allant au delà de la vérité, jette la défaveur sur ce que ces idées nouvelles ont de juste et de fécond. Ceux qui suivent attentivement le mouvement médical actuel touchant ces questions, à l'étranger et en France, doivent reconnaître à divers symptômes, et comme contre-coup des exagérations dont je parle, que plusieurs médecins ou chirurgiens sont portés à douter que certaines maladies puissent être dues à des organismes microscopiques. Tout récemment, un critique judicieux, rendant compte d'une nouvelle édition d'un Traité de microscopie, disait :

« .... On a remanié ce qui a trait aux maladies parasitaires et prin-
» cipalement au rôle des infusoires, vibrions et bactéries. Les auteurs
» estiment que l'on a singulièrement abusé de l'existence et du rôle de
» ces êtres animés, et que jamais ils ne devront être considérés comme
» donnant naissance aux maladies infectieuses. C'est tout au plus si leur
» développement peut imprimer à l'évolution d'une maladie de ce genre
» un caractère spécial, et si l'on est en droit de les considérer comme
» les agents de certaines complications de ces maladies. »

Le savant critique ajoute :

« Ces idées sont conformes à celles que M. Paul Bert a récemment
» exprimées. »

Les effets parfois surprenants des pansements célèbres du docteur Dr Lister et de M. Alphonse Guérin ne reçoivent pas de ceux qui en sont le plus partisans une explication conforme à celle qu'en donnent les auteurs mêmes de ces pansements. Pour ce qui est du pansement de M. Alphonse Guérin, l'Académie en a eu la preuve dans le Rapport que lui fit, en 1875, notre savant confrère, M. Gosselin.

Ces questions se compliquent encore lorsqu'on les envisage à un autre point de vue. La question de la génération spontanée s'est transportée en effet dans le domaine médical, surtout en ce qui concerne les maladies contagieuses. Un membre de l'Académie de médecine écrivait naguère :

« La maladie est en nous, de nous, par nous. »

Tout serait donc spontané en pathologie. Une autre école proclame, au contraire, que beaucoup de maladies sont toujours et nécessairement transmises. Quel intérêt immense n'y aurait-il pas à sortir de ces incertitudes!

Depuis longtemps je suis tourmenté du désir d'aborder l'examen de quelques-uns des graves problèmes que soulèvent les doutes qui précèdent. Mais, étranger aux connaissances médicales et vétérinaires, j'ai hésité jusqu'à présent, par la crainte de mon insuffisance. Il me fallait, en outre, un collaborateur courageux et dévoué que j'ai trouvé heureusement dans un des anciens élèves de l'École normale, M. Joubert, professeur très distingué du Collège Rollin.

Existe-t-il une maladie ayant les caractères du *sang de rate* ou du *charbon* qui soit causée par le développement dans le sang des animaux des petits corps filiformes ou bactéridies que M. Davaine a découverts le premier en 1850? Cette maladie doit-elle être attribuée en tout ou en partie à une substance de la nature des virus? En un mot, est-il possible d'écarter, touchant la maladie charbonneuse, les doutes et les contradictions dont je parlais tout à l'heure au sujet des organismes microscopiques? Tel est l'objet de cette première communication.

On comprend aisément la difficulté du sujet. Voici une goutte de sang charbonneux : elle contient des globules rouges plus ou moins agglutinés coulant comme une gelée un peu fluide, des globules blancs en nombre plus grand que dans le même sang normal et des filaments qui nagent dans le sérum limpide.

On introduit la goutte sous la peau d'un cochon d'Inde, d'un lapin, d'un mouton, d'une vache, d'un cheval, et l'animal meurt

en vingt-quatre ou quarante-huit heures, dans trois ou quatre jours
au plus, et tout son sang offre les caractères physiques et virulents
de la première goutte inoculée. Est-ce la bactéridie qui a agi, ou
les autres éléments solides ou liquides qui l'accompagnent et qui
se reproduisent comme elle dans l'économie? M. Paul Bert dit :

« Je puis faire périr la bactéridie dans la goutte de sang par l'oxygène
» comprimé, inoculer ce qui reste et reproduire la maladie et la mort
» sans que la bactéridie se montre. Donc les bactéridies ne sont ni la
» cause ni l'effet nécessaire de la maladie charbonneuse. Celle-ci est due
» à un virus. » (*Société de biologie*, séance du 13 janvier 1877.)

Le sang d'un animal, disais-je tout à l'heure, exposé à l'air pur,
c'est-à-dire privé de toute particule solide, vivante, ne se putréfie
pas aux plus hautes températures de l'atmosphère, et ne donne
naissance à aucun organisme quelconque. Dès lors, une première
question se présente à l'esprit : abstraction faite de la bactéridie,
le sang des animaux charbonneux a-t-il encore cette pureté extraordinaire des liquides de l'économie? En d'autres termes, la bactéridie est-elle le seul organisme qui existe dans le sang du charbon
proprement dit? L'expérience répond affirmativement. Si le sang
est extrait du corps de l'animal charbonneux par des procédés
semblables à ceux que j'ai employés jadis pour constater que le
sang de l'économie est pur, on constate que ce sang charbonneux
est imputrescible et que la bactéridie seule peut continuer de s'y
développer. En conséquence, il devient facile d'avoir la bactéridie
à l'état de pureté, de la cultiver dans ces conditions, hors du corps
de l'animal, dans des liquides quelconques, à la seule condition
que ceux-ci soient appropriés à sa nutrition, et de la conserver
indéfiniment, toujours pure, dans des cultures successives et variées, comme on cultive purs les moisissures, les vibrions et en
général les divers ferments organisés.

A l'origine de nos observations actuelles, et une seule fois, nous
avons fait venir de Chartres, par l'intermédiaire d'un habile vétérinaire de cette ville, M. Boutet, un peu de sang charbonneux. Depuis lors, la bactéridie, sans cesse cultivée, a passé maintes et
maintes fois de nos vases de verre dans d'autres vases pareils ou
dans le corps d'animaux qu'elle a infectés, sans que sa pureté ait

été un seul jour compromise. Si cela était nécessaire, nous pourrions préparer des kilogrammes de la bactéridie charbonneuse en quelques heures en nous servant de liquides artificiels et morts, si l'on peut ainsi parler.

Tous les liquides nourriciers des êtres inférieurs peuvent être utilisés, même, à la rigueur, les liquides artificiels et minéraux. Mais un de ceux qui conviennent le mieux pour cet objet, à cause de la facilité avec laquelle on peut se le procurer rapidement et pur, en quantité quelconque, est l'urine rendue neutre ou un peu alcaline.

Ces faits et les méthodes qu'ils suggèrent vont nous servir à résoudre les questions que nous nous sommes posées, à savoir s'il faut attribuer les effets du charbon à la bactéridie ou à un virus. Dans la solution minérale et artificielle que j'ai employée autrefois pour la culture des ferments, composée de cendres de levure, de tartrate d'ammoniaque et de sucre, semons, dans des conditions de pureté irréprochable, une infiniment petite quantité de sang charbonneux : dans ce premier milieu prélevons une goutte pour semence nouvelle dans l'urine, de celle-ci passons à une urine nouvelle, et ainsi de suite pendant des mois entiers, puis inoculons les bactéridies des dernières cultures. Ces bactéridies ont exercé leurs ravages avec toute l'efficacité du sang charbonneux lui-même : l'expérience ne nous a laissé aucune incertitude à cet égard. On ne saurait donc douter que la virulence du sang charbonneux n'appartient en aucune manière ni aux globules rouges poisseux, ni aux globules blancs, puisque nos cultures, par leurs répétitions successives indéfinies, ont dû éteindre absolument dans les dernières cultures la présence des globules rouges et blancs déposés en quantité si faible dans la première culture.

Ce qui précède laisse entières les hypothèses d'une substance diastasique soluble ou d'un virus à granulations microscopiques. Un ferment diastasique soluble pourrait être un produit de la bactéridie, se régénérer, par conséquent, en même temps que celle-ci, et se trouver dès lors dans la dernière comme dans la première culture. A l'égard de la présence d'un virus, et tant la nature de ces derniers est encore obscure et mystérieuse, on peut, à la rigueur, faire une hypothèse analogue. La bactéridie pourrait le produire, ou ce virus lui-même, après avoir eu sa première origine dans le sang charbonneux, pourrait se reproduire à la façon d'un organisme.

Les expériences suivantes écartent complètement la première hypothèse, celle d'un ferment soluble. Qu'on vienne à filtrer les liquides des cultures chargées de bactéridies ou le sang charbonneux lui-même, pris sur l'animal charbonneux qui vient de mourir, et qu'on inocule simultanément les liquides non filtrés et ces mêmes liquides filtrés, on constate que l'inoculation d'une goutte du liquide charbonneux avant la filtration amène rapidement la mort, tandis que l'inoculation de dix, vingt, trente, quarante et quatre-vingts gouttes du liquide filtré est absolument sans effet. Sans aucun doute, si cette expérience si simple et si probante n'a jamais été faite, c'est que la filtration dont je parle est une opération des plus délicates et des plus difficiles. Les moyens ordinaires sont tout à fait inefficaces; il s'agit de filtrer, en effet, des liquides tenant en suspension des filaments et des germes dont les plus petits n'ont pas plus d'un millième de millimètre de diamètre. Après bien des essais infructueux, nous y sommes arrivés avec une perfection qui ne laisse rien à désirer.

Ces expériences de filtration éloignent complètement l'idée que le sang charbonneux ou la bactéridie puissent porter avec eux une substance virulente soluble, mais il reste encore l'hypothèse, bien invraisemblable il est vrai, que dans les cultures un virus a pu se reproduire en même temps que la bactéridie, virus chargé de cor-puscules microscopiques, lesquels seraient arrêtés par les matières filtrantes, en même temps que les globules du sang et les bactéri-dies. On se rappelle que M. Chauveau a annoncé que les virus n'a-gissent que par les particules solides qu'ils tiennent en suspension. Ce nouveau doute ne peut tenir devant l'observation attentive des cultures dans l'urine neutre ou légèrement alcaline. Ce liquide peut être obtenu dans un état de limpidité extraordinaire. Or voici com-ment se présente le développement des bactéridies dans ce liquide après qu'il a été ensemencé. Du jour au lendemain, plus rapide-ment même, on voit la bactéridie se multiplier en filaments, tout enchevêtrés, cotonneux, sans que le liquide, dans les intervalles des filaments, soit le moins du monde obscurci, et sans que le microscope puisse faire découvrir dans ce liquide le moindre corpuscule organisé ou amorphe, si ce n'est les longs fils de la bactéridie.

En résumé, la bactéridie peut se multiplier dans des liquides artificiels, indéfiniment, sans perdre son action sur l'économie, et il est impossible d'admettre que, dans ces conditions, elle soit accompagnée d'une substance soluble ou d'un virus, partageant avec elle la cause des effets du *sang de rate* ou de la maladie charbonneuse proprement dite.

Nous espérons donner bientôt la véritable interprétation des expériences de M. Paul Bert.

Bien des questions sont encore à résoudre concernant la maladie charbonneuse, sans compter celles qui se rapportent aux moyens préventifs ou curatifs du mal et à l'*habitat* d'origine de la bactéridie. Nous avons la confiance que les méthodes dont nous faisons usage nous permettront de les résoudre.

DEUXIÈME NOTE

Académie des sciences, 16 juillet 1877.

Académie de médecine, 17 juillet 1877.

Les expériences dont j'ai rendu compte à l'Académie en mon nom et au nom de M. Joubert, le 30 avril 1877, ont démontré sans réplique qu'il existe un organisme microscopique, cause unique de la terrible maladie qu'on désigne sous le nom de charbon : c'est la bactéridie aperçue pour la première fois par le docteur Davaine, en 1850.

Le travail le plus récent sur l'étiologie de la maladie charbonneuse est dû à M. Paul Bert. Ses expériences l'avaient conduit à mettre en doute le rôle que le docteur Davaine et beaucoup d'autres, sans cesse combattus, il est vrai, par de non moins habiles observateurs, avaient attribué à l'organisme dont je parle.

Toutes ces contestations avaient leur raison d'être, parce que personne, suivant nous, n'avait apporté de preuves décisives dans le débat. Le docteur Davaine, qui avait le plus approché du but, avait donné lui-même des armes à la contradiction par ses études si remarquables sur la septicémie. On sait en effet que, prenant pour point de départ certains faits découverts par MM. Coze et Feltz et qui font le plus grand honneur à ces physiologistes, faits relatifs à l'augmentation de la virulence de la putréfaction, en passant, si l'on peut ainsi dire, dans l'économie d'un animal vivant, Davaine nous a appris que des fractions de goutte infinitésimales d'un sang virulent peuvent donner la mort. Pour éloigner toute hypothèse de l'existence simultanée d'une matière virulente associée à la bactéridie dans le sang charbonneux, il fallait donc par des cultures cent fois répétées de la bactéridie, purifier celle-ci à tel point, qu'il devînt impossible de supposer qu'elle eût conservé quoi que ce soit de la goutte de sang microscopique qui avait servi de point de départ aux cultures ; et, appliquant en dernier lieu une filtration parfaite à la bactéridie née dans un liquide d'une limpidité irréprochable, il fallait montrer que le liquide filtré, débarrassé de la bactéridie, était absolument inoffensif. C'est cet ensemble de preuves que notre Note du 30 avril a fait connaître.

Je dois ajouter, à l'honneur de M. Paul Bert, qu'il s'empressa de venir prendre connaissance de nos expériences, et qu'après les avoir reproduites il en a reconnu l'exactitude devant la Société de biologie, qui avait reçu ses premières communications. Voici comment il s'exprime :

« M. Pasteur ayant bien voulu me donner quelques gouttes de cette urine où il cultive des bactéridies, j'inoculai un cochon d'Inde qui mourut trente heures après, son sang fourmillant de bactéridies. Or ce sang, dont la virulence était extrême, comme le prouvèrent d'autres inoculations, perdit complètement toute vertu, soit après un séjour d'une semaine dans l'oxygène comprimé, soit après l'action de l'alcool concentré.

» C'étaient donc bien, dans ce sang, les bactéridies qui occasionnaient la mort. » (Société de biologie, séance du 23 juin 1877.)

Tout à l'heure je dirai comment la sagacité de l'éminent physiologiste à qui l'Institut décernait naguère le grand prix biennal (1) fut mise en défaut par la confusion des connaissances vétérinaires actuelles sur les maladies charbonneuses.

En résumé, le charbon doit être appelé aujourd'hui la *maladie de la bactéridie,* comme la trichinose est la *maladie de la trichine* comme la gale est la *maladie de l'acarus,* qui lui est propre, avec cette circonstance, toutefois, que, dans le charbon, le parasite, pour être aperçu, exige l'emploi du microscope et de forts grossissements. C'est la première maladie parasitaire connue de cette sorte et, à ce titre, elle a une importance exceptionnelle. C'est cette maladie où, entre autres symptômes, la rate augmente de volume, devient noire et diffluente sous la moindre pression, où les globules du sang se montrent en amas agglutinatifs, et qui, à peine les premiers symptômes extérieurs du mal commencé, amène le plus souvent une terminaison fatale dans l'intervalle de quelques heures ; enfin dans laquelle, au moment de la mort, le sang dans toutes les parties du corps est rempli de petits filaments d'une grande ténuité et immobiles.

Les propriétés physiologiques de la bactéridie charbonneuse sont fort dignes d'attention. Dans ma lecture du 30 avril, j'ai rappelé que j'avais décrit autrefois un mode de génération des vibrions qui avait passé inaperçu et dont l'importance physiologique grandit chaque jour. Il consiste essentiellement dans une formation de corpuscules qu'on peut appeler kystes, spores ou conidies, suivant le point de vue où l'on se place pour la classification du genre vibrionien. Je me servirai volontiers de l'expression de *corpuscules brillants,* qui rappelle un caractère fréquent dans ces sortes de germes et qui frappe l'attention de l'observateur, ou celle de *corpuscules-germes* qui rappelle leur fonction physiologique.

Depuis que j'ai signalé ce mode de reproduction des différentes espèces de vibrions, on l'a retrouvé dans toute la série des espèces de ces êtres microscopiques et le docteur Koch l'a mis en évidence le premier pour la bactéridie charbonneuse. Les vibrions, les bactéries, les bactéridies peuvent donc revêtir deux aspects essentiellement distincts : ils sont en fils translucides déliés, de longueurs

(1) Depuis, M. Paul Bert a été, en 1882, élu membre de l'Académie des sciences en remplacement de M. Bouillaud décédé.

variables, se multipliant rapidement par scissiparité ; ou bien on les trouve en amas de petits corpuscules brillants formés spontanément dans la longueur des articles filiformes qui se séparent ensuite et constituent alors des amas de points paraissant inertes, mais d'où peuvent sortir, en réalité, d'innombrables légions d'individus filiformes, se reproduisant de nouveau par scissiparité, jusqu'à ce qu'ils se résorbent à leur tour en corpuscules-germes.

La résistance des êtres dont nous parlons aux causes diverses de leur destruction est essentiellement différente suivant qu'on les considère dans leur forme de filaments ou dans celle de corpuscules. La dessiccation et une élévation de température, même faible, bien inférieure à 100 degrés, font périr les filaments. Les corpuscules-germes, au contraire, résistent souvent à la température de 100 degrés. Nous avons même reconnu que les germes des bactéries des eaux communes supportent, à l'état sec, des températures de 120 et 130 degrés centigrades ; aussi est-ce sous la forme de ces corpuscules que les diverses espèces de bactéries et de vibrions se trouvent disséminées dans les poussières à la surface de tous les objets de la nature, toujours prêtes pour la reproduction. C'est encore sous cette forme qu'on les rencontre dans les eaux communes, d'où on peut les extraire par un procédé fort simple qui consiste à abandonner une eau commune quelconque à une température constante pendant quelques jours. En raison de leur poids spécifique plus grand que celui de l'eau, les corpuscules dont il s'agit, se rassemblent au fond des vases et d'une façon si sûre, que si l'on vient à semer simultanément dans un milieu approprié l'eau des couches supérieures et celle des couches profondes, le liquide nutritif reste absolument stérile dans le premier cas, tandis que dans le second les bactéries y pullulent. Pour ces expériences nous avons eu recours à la température tout à fait invariable des caves de l'Observatoire que notre illustre confrère, M. Le Verrier, a mises obligeamment à notre disposition.

Ce mode de séparation des germes de la famille des vibrioniens s'applique avec une grande précision à la bactéridie charbonneuse.

Il était très intéressant de comparer la résistance à la mort de cet organisme dans son double mode d'existence, sous sa forme de filaments pleins, déliés, de longueurs variables et à l'état de corpuscules brillants.

Dans l'animal charbonneux, au moment de la mort, la bactéridie est exclusivement formée de filaments articulés sans le moindre corpuscule-germe. Au contraire, une culture dans l'urine donne, après un repos de quelques jours, une grande abondance de corpuscules brillants, associés ou non à des bactéridies filiformes. Si l'on précipite par l'alcool le sang charbonneux et qu'on fasse dessécher rapidement le précipité qui enferme dans ses mailles toutes les bactéridies, celles-ci, sans exception, deviennent inertes. La même opération appliquée aux corpuscules-germes de la bactéridie conserve à ces derniers leur forme, leur aspect et leur puissance d'inoculation ultérieure ou leur faculté de développement dans l'urine neutre. On démontre ainsi qu'ils n'ont rien perdu de leur vitalité propre et de leur terrible action dans l'économie.

M. Paul Bert, dans ses beaux travaux sur l'emploi de l'oxygène à haute tension comme procédé d'investigation physiologique, a reconnu que l'oxygène comprimé détermine rapidement la mort chez tous les êtres vivants. Appliquons cette méthode à la bactéridie charbonneuse d'une part et de l'autre à ses corpuscules-germes : l'expérience démontre que la bactéridie périt facilement au contact de l'oxygène comprimé à 10 ou 12 atmosphères ; mais nous avons pu maintenir les corpuscules-germes pendant vingt et un jours à 10 atmosphères d'oxygène pur, sans leur faire perdre leur faculté de reproduction. La compression appliquée à du sang charbonneux peut donc donner lieu à deux résultats en apparence tout à fait contradictoires. Si le sang ne renferme que des bactéridies à points brillants, il est aussi dangereux après qu'avant la compression.

Poursuivons l'étude des propriétés physiologiques de la bactéridie. La bactéridie absorbe pendant sa vie l'oxygène de l'air, et jusqu'aux dernières portions, en dégageant un volume de gaz carbonique sensiblement supérieur. J'ai démontré antérieurement qu'il existait des êtres pouvant vivre, se multiplier et reconstituer leurs germes absolument hors du contact de l'air, c'est-à-dire sans oxygène libre. Ces êtres, qui sont les ferments par excellence, empruntent l'oxygène des matériaux dont leur corps est formé à des substances oxygénées toutes faites. La bactéridie charbonneuse n'est point un être de cette nature. Pour vivre et pour se reproduire, elle a besoin d'oxygène à l'état libre ; c'est donc un être *aérobie* qui n'agit pas à la manière des ferments proprement dits. Tout liquide renfermant les éléments essentiels de la nutrition des moisissures, des bactéries, des vibrions, etc., est propre à son développement, s'il est aéré. Lorsque l'oxygène a disparu, tout développement de l'organisme s'arrête. Bien plus, il finit par se résorber en très fines granulations amorphes tout à fait inoffensives. Il résulte de ces diverses circonstances que si la bactéridie réussit à pénétrer dans le sang et à s'y multiplier, très promptement elle provoque l'asphyxie en enlevant aux globules l'oxygène nécessaire à l'hématose. De là cette couleur noire du sang et des viscères au moment de la mort, qui est un des caractères de la maladie charbonneuse.

Mais d'où provient cet autre caractère de l'état agglutinatif des globules du sang, signalé par tous les observateurs ? C'est encore la bactéridie qui le détermine. Dans ma communication du 30 avril, j'ai dit que nous avions trouvé un mode de filtration (il consiste dans l'emploi du plâtre et de l'aspiration par le vide) qui est si sûr, que du sang charbonneux rempli de bactéridies n'en contient plus une seule après qu'il a été filtré, ni germes quelconques, ce dont on a la preuve par cette double circonstance que le sang devient imputrescible au contact de l'air pur et que, ensemencé dans un liquide propre à la nutrition des bactéridies, celles-ci n'apparaissent en aucune façon. Aussi ce sang filtré peut être injecté impunément dans le corps sans produire le charbon ni le moindre désordre local. Mais ce sang charbonneux filtré, mis en contact avec du sang frais et sain, rend aussitôt les globules agglutinatifs, autant et plus qu'ils ne le sont dans la maladie charbonneuse, peut-être par la présence d'une *diastase* que les bactéridies ont formée.

Malgré la rapidité avec laquelle on voit la bactéridie pulluler dans la maladie charbonneuse, on aurait tort de croire que le sang normal est très propre à la nutrition de ce parasite. Je m'explique sur cette apparente contradiction. Chez les êtres inférieurs, plus encore que dans les grandes espèces animales et végétales, la vie empêche la vie. Un liquide envahi par un ferment organisé ou par

un être aérobie permet difficilement la multiplication d'un autre
organisme inférieur, alors même que ce liquide, considéré dans
son état de pureté, est propre à la nutrition de ce dernier. Or il
faut considérer que le sang vivant, c'est-à-dire en pleine circulation,
est rempli d'une multitude infinie de globules qui ont besoin, pour
vivre et pour accomplir leur fonction physiologique, de gaz oxygène
libre : on peut dire que les globules du sang sont des êtres aérobies
par excellence. Lors donc que la bactéridie charbonneuse pénètre
dans un sang normal, elle y rencontre un nombre immense d'indi-
vidualités organiques prêtes à ce qu'on appelle quelquefois, dans
un langage imagé, la lutte pour la vie ; prêtes, en d'autres termes, à
s'emparer pour elles-mêmes de l'oxygène nécessaire à l'existence
des bactéridies. C'est, à notre avis, la seule explication rationnelle
des faits suivants. Les oiseaux, on le sait, ne contractent pas le
charbon : vient-on à prendre du sang de poule sur l'animal vivant,
ce sang hors du corps, et mieux encore son sérum, se montrent
très propres à la culture de la bactéridie. Dans l'intervalle de vingt-
quatre heures, elle s'y multiplie considérablement ; mais si la
semence de bactéridie est portée dans la jugulaire même de la poule
vivante, non seulement elle ne s'y multiplie pas, mais le microscope est promptement impuissant à en signaler la présence.

Ce que je dis ici des globules du sang des oiseaux est vrai également dans une certaine mesure des globules du sang des animaux
qui peuvent contracter le charbon. La bactéridie injectée dans
la jugulaire d'un cochon d'Inde en pleine santé ne s'y développe
que très difficilement, et la mort n'arrive pas plus vite que par
une inoculation sous-cutanée ; tandis que, déposée dans le sang de cet
animal, hors du corps, la bactéridie remplit le liquide en quelques
heures.

Ces faits et ces vues préconçues nous ont conduits aux très cu-
rieuses expériences suivantes :

L'urine, ai-je dit, neutre ou légèrement alcaline, est un excellent
terrain de culture pour la bactéridie ; que l'urine soit pure et la
bactéridie pure, et dans l'intervalle de quelques heures celle-ci
est tellement multipliée, que les longs filaments qui la composent
remplissent le liquide d'un feutrage d'aspect cotonneux ; mais si,
au moment de déposer dans l'urine les bactéridies   titre de

semence, on sème en outre un organisme aérobie, par exemple une des bactéries communes, la bactéridie charbonneuse ne se développe pas, ou se développe très peu, et elle périt entièrement après un temps plus ou moins long. Chose remarquable, le même phénomène se passe dans le corps des animaux qui sont le plus aptes à contracter le charbon, et l'on arrive à ce résultat surprenant qu'on peut introduire à profusion dans un animal la bactéridie charbonneuse sans que celui-ci contracte le charbon. Il suffit qu'au liquide qui tient en suspension la bactéridie on ait associé en même temps des bactéries communes. Tous ces faits autorisent peut-être les plus grandes espérances au point de vue thérapeutique. Présentement ils suggèrent une explication physiologique du fait si remarquable que parmi les espèces animales il en est qui ne contractent jamais la maladie charbonneuse.

La lutte pour la vie entre l'organisme charbonneux et ses congénères, si manifeste dans les expériences que j'ai citées tout à l'heure, va jeter de nouvelles lumières sur le sujet qui nous occupe.

A peine le docteur Davaine avait-il annoncé à l'Académie, en 1863, que la bactéridie était constamment présente dans le sang charbonneux, que ses conclusions furent contredites par deux habiles professeurs du Val-de-Grâce, MM. Jaillard et Leplat. Ces messieurs avaient fait venir, en plein été, de l'établissement d'équarrissage de Sours, près de Chartres, du sang charbonneux, et l'avaient inoculé à des lapins. Ceux-ci avaient péri rapidement, mais sans montrer de bactéridies. Néanmoins leur sang était devenu virulent, c'est-à-dire inoculable, sans présenter de bactéridies.

MM. Jaillard et Leplat affirmaient donc :

Que l'affection charbonneuse n'est pas une maladie parasitaire;

Que la bactéridie est un épiphénomène de la maladie et ne peut en être considérée comme la cause;

Que le *sang de rate* (nom du charbon quand il s'agit du mouton) est d'autant plus inoculable qu'il contient moins de bactéridies.

M. Davaine reprit les expériences de MM. Jaillard et Leplat, et en confirma l'exactitude matérielle; mais il leur donna une nouvelle interprétation, en contestant formellement que la maladie virulente décrite par MM. Jaillard et Leplat fût le charbon. Pour lui, les principaux symptômes étaient différents dans les deux maladies ; et, comme c'était d'une vache que M. Rabourdin, directeur de l'établissement d'équarrissage de Sours, avait tiré le sang charbonneux envoyé par lui à MM. Jaillard et Leplat, M. Davaine appela du nom de *maladie de la vache* l'affection découverte par ces derniers, affection plus terrible même que le charbon, car les trois observateurs s'accordaient à reconnaître que l'inoculation du virus nouveau pouvait déterminer la mort beaucoup plus promptement que le charbon, dont les effets sont pourtant si rapides.

La discussion laissa le doute dans les esprits : les uns crurent, avec MM. Jaillard et Leplat, que la présence des bactéridies n'était pas constante dans l'affection charbonneuse, que la différence des symptômes signalés par Davaine tenait précisément à une simple complication amenée par la bactéridie considérée comme épiphénomène ; les autres, qu'il existait réellement comme le pensait M. Davaine, deux maladies distinctes, quoique voisines l'une de l'autre, le *charbon*, caractérisé par la présence des bactéridies, et la *maladie de la vache*, maladie virulente sans organismes microscopiques. Aussi les expressions de *charbon avec bactéridies* et de *charbon sans bactéridies* ont-elles été depuis lors fréquemment employées.

Enfin, et comme pour ajouter à l'incertitude déjà si grande de ces études, un habile vétérinaire de Paris, M. Signol, écrivit à l'Académie, à la date du 6 décembre 1875, qu'il suffisait de tuer, et mieux d'asphyxier un animal sain, pour que, dans l'intervalle de seize heures au moins, pas avant, le sang de cet animal, dans les veines profondes et non dans les veines superficielles, devînt virulent avec présence des bactéridies immobiles et identiques, ajoute l'auteur (mais c'est là une erreur), aux bactéridies charbonneuses, quoique incapables de pulluler dans les animaux inoculés. M. Signol assure même que l'on retrouve dans le sang des animaux asphyxiés les caractères qui ont été décrits comme particuliers au sang charbonneux.

Nous pensons avoir dissipé ces obscurités.

Résumons d'abord les principales connaissances que nous avons acquises dans le cours de cet exposé, y compris notre Note du 30 avril :

I. — Le sang d'un animal en pleine santé ne renferme jamais

d'organismes microscopiques, ni leurs germes. Il est imputrescible
au contact de l'air pur, parce que la putréfaction est toujours due à
des organismes microscopiques du genre vibrionien et que, la génération spontanée étant hors de cause, les vibrioniens ne peuvent
apparaître d'eux-mêmes.

II. — Le sang d'un animal charbonneux ne renferme pas d'autres
organismes que la bactéridie, mais la bactéridie est un organisme
exclusivement aérobie. A ce titre, il ne prend aucune part à la
putréfaction; donc le sang charbonneux est imputrescible par lui-
même. Dans le cadavre, les choses se passent tout autrement. Le sang
charbonneux entre promptement en putréfaction parce que tout
cadavre donne asile à des vibrions venant de l'extérieur, c'est-à-
dire, dans l'espèce, du canal intestinal toujours rempli de vibrioniens de toutes sortes. Ceux-ci, dès que la vie normale des tissus
ne les gêne plus, amènent une prompte désorganisation.

III. — La bactéridie disparaît au sein des liquides en présence
du gaz carbonique. Pour le sang charbonneux *pur*, c'est-à-dire ne
contenant que la bactéridie sans corpuscules-germes, cette disparition est absolue avec le temps. Du sang charbonneux exposé au
contact de l'acide carbonique peut perdre toute vertu charbonneuse
par le simple repos. C'est une erreur de croire que la putréfaction,
en tant que putréfaction, détruit la virulence charbonneuse.

IV. — Le développement de la bactéridie ne peut avoir lieu ou
n'a lieu que d'une manière très pénible quand elle est en présence
d'autres organismes microscopiques.

Tout ceci étant rappelé, transportons-nous dans un pays où le charbon est endémique; tel est le département d'Eure-et-Loir. Un animal
tombe frappé du charbon. Si nous prélevons, sans retard ou peu
de temps après la mort, une goutte de son sang, nous n'y trouverons que des bactéridies charbonneuses sans traces de vibrions
de putréfaction. Suivons le cadavre. Il est abandonné sur un fumier,
sous un hangar ou dans une écurie jusqu'à ce que la voiture de
l'équarrisseur passe. Elle passe tous les deux jours; on ne s'occupe
donc pas du cadavre pendant vingt-quatre ou quarante-huit heures.

Dès lors le sang qui, au moment de la mort, n'était nullement
putride, qui ne l'est pas encore dans les premières heures parce
qu'il ne contient que la bactéridie charbonneuse et qu'il faut du

temps pour que les vibrions de la putréfaction se répandent depuis les intestins, à distance, à travers les tissus ou les capillaires, ce sang, dis-je, devient peu à peu putride, et cela en allant du centre vers la circonférence. A ce moment, les bactéridies se trouvent associées à des vibrioniens de diverses sortes.

Dans tout ce résumé, rien n'est donné à l'imagination.

On comprend donc que lorsqu'un expérimentateur écrit à Chartres pour se procurer du sang charbonneux, le plus ordinairement, à son insu et à l'insu de ses correspondants, il est exposé à recevoir un sang tout à la fois charbonneux et putride, un sang où la bactéridie est associée à d'autres organismes, notamment aux vibrions de la putréfaction. Notre expérimentateur examine le sang au microscope, à l'arrivée. Il le trouve naturellement rempli d'organismes filiformes, mais où l'élément vibrion l'emporte souvent sur l'élément bactéridie; car la bactéridie, être purement aérobie, ne s'est pas développée du tout depuis la mort — bien plus, elle a commencé sa résorption en granulations amorphes — tandis que les vibrions de putréfaction, êtres anaérobies, comme je l'ai établi depuis longtemps, ont pullulé !

Le sang est inoculé ; alors intervient l'influence des faits de notre proposition IV, c'est-à-dire le non-développement de la bactéridie charbonneuse quand elle est associée à d'autres organismes, aérobies ou anaérobies, peu importe, puisque les uns et les autres peuvent soustraire l'oxygène. Notre observateur est alors tout surpris de voir l'animal qu'il a inoculé, périr sans la moindre apparence de bactéridies dans son sang ; et, comme il a semé beaucoup de celles-ci, il conclut naturellement que la bactéridie n'est pas la cause du charbon, qu'elle peut l'accompagner, mais que la virulence charbonneuse reconnaît une autre cause, que la bactéridie n'est, de la maladie, qu'un épiphénomène.

Mais pourquoi la mort suit-elle l'inoculation du sang charbonneux et vibrionien, puisque la bactéridie ne peut se développer et que le charbon ne saurait prendre naissance ? C'est que le sang inoculé était putride, septicémique, pour employer une expression consacrée.

Telle est l'histoire véridique des faits observés par MM. Jaillard et Leplat et plus récemment par M. Paul Bert. Tous ont été induits en erreur par cette circonstance que les vétérinaires auxquels ils se sont adressés leur ont envoyé des sangs charbonneux putrides. Et d'autre part il n'y a pas, comme le pensait Davaine, de maladie virulente de la vache. Le travail de MM. Jaillard et Leplat doit être rangé à côté de ceux de Gaspard et Magendie, de ceux de Coze et Feltz et des observations plus récentes et plus parfaites du docteur Davaine sur la virulence possible des matières putrides.

Il nous reste de nouvelles difficultés à écarter. M. Paul Bert a été beaucoup plus avant que MM. Jaillard et Leplat dans l'étude du sang charbonneux complexe qui lui avait été adressé de l'École d'Alfort. Non content de l'inoculer et d'y constater une source de virulence sans bactéridies, ainsi qu'il était advenu pour MM. Jaillard et Leplat, M. Paul Bert l'a soumis à la compression dans l'oxygène, et le sang garda sa virulence, car plusieurs inoculations successives furent toutes suivies de mort. Or les virus sont caractérisés dans l'état actuel de la science par l'absence d'organismes figurés microscopiques. La conservation de la virulence à la suite de la compression devait conduire M. Paul Bert à admettre la virulence propre sans organismes.

Toutefois rappelons qu'il y a un instant nous avons été conduit à restreindre la remarquable loi physiologique découverte par M. Bert. Vraie pour les vibrioniens filiformes, elle a cessé de l'être, au moins entre certaines limites, et pour l'un d'eux, la bactéridie, après qu'elle fut transformée en corpuscules-germes. Nous avons vu la bactéridie charbonneuse périr intégralement quand elle n'est que bactéridie filiforme, capable au contraire de se reproduire facilement à la suite d'une compression énergique de dix atmosphères, prolongée pendant vingt et un jours, quand elle contient des corpuscules brillants. Ne se pourrait-il pas dès lors que ce que l'on considère comme le virus septicémique fût également un être organisé microscopique pouvant se transformer en corpuscules brillants que ne détruirait pas l'oxygène à haute tension? Comment s'arrêter cependant à une telle hypothèse, puisque le sang septicémique, cent fois examiné, n'a pas montré d'organismes microscopiques; je parle ici du véritable virus septique, de celui de Davaine, de celui qui tue à des doses infinitésimales, et non de celui des liquides putrides proprement dits, souvent peu dangereux quoique très chargés de vibrioniens.

Plaçons-nous dans les conditions de MM. Jaillard et Leplat, mais avec pleine connaissance de cause. Je me suis rendu le 13 juin à l'établissement d'équarrissage de Sours en compagnie de M. Boutet, vétérinaire à Chartres. Le chef de l'établissement, M. Rabourdin, était prévenu et avait conservé les animaux amenés le matin. A notre arrivée ils étaient dépecés et au nombre de trois : un mouton mort depuis seize heures, un cheval mort depuis vingt à vingt-quatre heures environ, une vache morte depuis plus de quarante-huit heures, trois jours même, car elle avait été amenée d'une commune éloignée.

Je constatai sur place que le sang de mouton, dont la mort était récente, ne contenait que des bactéridies charbonneuses, que le sang du cheval contenait ces mêmes bactéridies et en outre des vibrions de putréfaction, qu'enfin la vache contenait surtout de ces derniers vibrions, outre les bactéridies charbonneuses. Par l'inoculation on obtint, avecle sang du mouton, le charbon avec bactéridies pures; avec le sang du cheval et de la vache, la mort sans bactéridies. C'est donc le fait Jaillard et Leplat, et le fait Paul Bert.

Au moment de la mort par l'inoculation de ces deux derniers sangs à des cochons d'Inde, désordres épouvantables : tous les muscles de l'abdomen et des quatre pattes sont le siège de la plus vive inflammation. Çà et là, particulièrement aux aisselles, des poches de gaz ; foie et poumons décolorés, rate normale, mais souvent diffluente, sang du cœur non en amas agglutinatifs, quoique ce caractère soit des plus prononcés dans les globules sanguins du foie. Le charbon ne l'offre jamais à un plus haut degré. Mais laissons ces détails sur les symptômes. Ce qui nous intéresse particulièrement, c'est la présence possible des organismes. Recherchons-les, dès l'instant de la mort, avant la mort même, dans les dernières heures de la vie. Chose curieuse : les muscles, si enflammés par tout le corps, sont imprégnés de vibrions mobiles, anaérobies et ferments, ce qui explique l'existence des poches gazeuses et de la tuméfaction rapide. Le contact de l'oxygène paralyse tous les mouvements de ces vibrions sans toutefois faire mourir l'organisme nous allons revenir sur ce fait.

Mais le siège par excellence de notre vibrion se trouve dans la sérosité de l'abdomen autour de l'intestin. Cette sérosité en est remplie, de telle sorte que les viscères qui plongent dans cette cavité en sont recouverts. La moindre gouttelette d'eau qu'on promène à la surface du foie et de la rate en ramène à profusion et d'une grande longueur pour la plupart.

Pourquoi n'a-t-on pas signalé jusqu'ici une circonstance si générale dans le genre de mort qui nous occupe ? Sans nul doute parce que l'étude du sang a toujours absorbé l'attention. Or, non seulement c'est dans le sang que le vibrion dont il s'agit passe en dernier lieu, mais dans ce liquide il prend un aspect tout particulier, une longueur démesurée, plus long souvent que le diamètre total du champ du microscope, et une translucidité telle qu'il échappe facilement à l'observation ; cependant, quand on a réussi à l'apercevoir une première fois, on le retrouve aisément, rampant, flexueux, et écartant les globules du sang comme un serpent écarte l'herbe dans les buissons. L'expérience suivante, facile à reproduire, démontre bien que ce vibrion passe dans le sang en dernier lieu, dans les dernières heures de la vie ou après la mort. Un animal va mourir de la putridité septique qui nous occupe, car cette maladie devrait être définie la putréfaction sur le vivant ; si on le sacrifie avant sa mort et qu'on inocule d'une part la sérosité qui suinte des parties enflammées ou la sérosité intérieure de l'abdomen, ces liquides manifesteront une virulence extraordinaire ; qu'en même temps, au contraire, on inocule le sang du cœur recueilli avec le plus grand soin afin de ne point le souiller par le contact de la surface extérieure du cœur ou des viscères, ce sang du cœur ne sera nullement virulent, quoiqu'il soit extrait d'un animal déjà putride et virulent dans plusieurs parties étendues de son corps. Ajoutons que les sérosités dont nous venons de parler, si virulentes, perdront toute vertu si on commence par les filtrer par le moyen que j'ai mentionné ci-dessus à l'occasion du sang charbonneux.

J'ai dit que notre vibrion septique avait, à l'abri de l'air, des mouvements assez rapides, que le contact de l'air ou de l'oxygène supprime entièrement ; pour autant le vibrion n'est pas tué, car au contact de l'oxygène il se transforme en corpuscules-germes ; et, du jour au lendemain, un liquide rempli de filaments organisés mobiles

n'est plus qu'un amas de points brillants d'une grande ténuité
Vient-on à introduire ces points dans le corps d'un cochon d'Inde
ou dans un liquide approprié, ils se reproduisent en vibrions filiformes mobiles, et l'animal meurt avec tous les symptômes que je
rappelais tout à l'heure. Nous sommes maintenant en mesure de
donner à l'expérience de M. Paul Bert son explication rationnelle.

Plaçons, en effet, le vibrion dans l'oxygène à haute tension, l'observation montre qu'il s'y transforme en corpuscules brillants,
Quelques heures suffisent à produire cet effet. La conservation de
la virulence du sang, après qu'il a subi l'action de l'oxygène à haute
tension, n'a donc rien que de naturel.

Placés dans l'alcool absolu, les mêmes corpuscules gardent leur
faculté de reproduction à la manière des corpuscules de la bactéridie charbonneuse. Il nous reste cependant à aller aussi loin que
nous l'avons fait pour les corpuscules de la bactéridie, c'est-à-dire
à faire agir l'alcool sur les corpuscules brillants du vibrion septique
après qu'ils auront été purifiés de tout élément étranger par des
cultures sans cesse répétées dans des milieux artificiels.

Une grave question reste à élucider. D'où provient le vibrion
septique? Quoique ce sujet réclame encore de nouvelles études de
notre part, je n'hésite pas à penser que le vibrion septique n'est
autre que l'un des vibrions de la putréfaction, et que son germe
doit exister un peu partout et par conséquent dans les matières du
canal intestinal.

Lorsqu'un cadavre est abandonné à lui-même et qu'il renferme encore ses intestins, ceux-ci deviennent promptement
le siège d'une putréfaction. C'est alors que le vibrion septique
doit se répandre dans la sérosité, dans les humeurs, dans
le sang des parties profondes. Cette opinion trouve sa justifi-
cation dans les faits mentionnés ci-dessus, que M. Signol paraît
avoir observés le premier, quoique d'une manière confuse. M. Signol
asphyxie un animal en pleine santé et il abandonne son cadavre
quinze à vingt heures, et au bout de ce temps son sang devient
septique, d'abord dans les veines profondes. Conjointement
avec MM. Bouillaud et Bouley, j'avais été nommé membre d'une
commission chargée de juger le travail de M. Signol. A la fin

du mois de juin 1876, M. Bouley et moi nous avons assisté aux
expériences de M. Signol et nous avons vérifié le fait de la virulence
du sang des veines profondes d'un cheval asphyxié la veille en
pleine santé. Le vibrion septique existe donc parmi les vibrions de
la putréfaction après la mort. J'ajoute, et mon savant confrère
M. Bouley n'en a pas perdu le souvenir : c'est alors que j'ai vu pour
la première fois le long vibrion écartant les globules du sang dans
sa marche onduleuse et rampante. Outre M. Bouley, MM. Signol,
Joubert et Chambèrland assistaient à cette constatation. A cette
époque toutefois la signification de ce fait nous échappait complètement.

Est-ce bien la première fois que j'apercevais ce vibrion? Ne serait-il pas de même nature que le vibrion-ferment du tartrate de
chaux figuré dans mes *Études sur la bière* ? C'est ce que nous
rechercherons par des expériences directes.

Et maintenant si nous jetons un regard en arrière, nous voyons
pourquoi la septicémie a pu souvent être confondue avec la maladie charbonneuse; leurs causes sont du même ordre. C'est un
vibrionien qui produit la septicémie, comme le charbon est produit
par une bactéridie. La nature des parasites est différente : l'un est
mobile; l'autre, immobile ; mais ils appartiennent au même groupe
ou à des groupes voisins. Les analogies et les différences des deux
maladies n'ont rien que de très naturel.

La septicémie ou putréfaction sur le vivant est-elle une maladie
unique? Non ; autant de vibrions, autant de septicémies diverses,
bénignes ou terribles; c'est ce que nous montrerons dans une communication ultérieure, et c'est alors que nous aurons l'explication
de ces inoculations de matières putrides qui bornent leurs effets à
des phlegmons, à des abcès suppuratifs et autres complications que
tous les auteurs qui ont écrit sur la septicité du sang ont remarquées.

Oserai-je ajouter, en terminant, que je serais bien surpris si les
illustres praticiens qui font partie de cette Académie et qui
m'écoutent, ne songeaient pas en ce moment à l'étiologie des infec-
tions purulentes, suites des traumatismes grands ou petits, et à
toute cette catégorie de fièvres pernicieuses dites *putrides*? Si je
n'avais abusé déjà des moments de l'Académie par cette trop longue
lecture, j'ajouterais quelques mots sur la spontanéité des maladies

contagieuses, question qui divise les meilleurs esprits et qui était naguère l'objet d'une discussion étendue et approfondie devant cette Académie.

Supposons un instant que la fièvre typhoïde soit déterminée par un des nombreux vibrions de la putréfaction. La maladie sera contagieuse, puisqu'elle sera déterminée par un organisme microscopique. Sera-t-elle spontanée? Non, puisqu'elle procèdera d'un être vivant et que, dans l'état actuel de la science, la génération spontanée est une chimère. Pourrait-elle néanmoins être le produit de causes banales? Oui, puisqu'elle viendrait d'un des vibrions communs de la putréfaction. Quant à la rareté relative du mal, dans cette hypothèse toute gratuite que le mal soit dû à un vibrion des putréfactions communes, je raconterai à l'Académie une très curieuse circonstance de nos recherches. Je les avais entreprises avec l'idée de mener de front l'étude du charbon et celle de la septicémie. Je cherchai donc à produire celle-ci à l'aide du sang de bœuf abandonné à une putréfaction spontanée. Eh bien, pendant quatre mois, nous n'avons pas réussi à obtenir un sang vraiment septique, c'est-à-dire que dans aucun cas, la putréfaction étant abandonnée au hasard, sans ensemencement direct, le vibrion septique ne prit jamais naissance, au moins dans un état de pureté relative suffisante pour rendre le sang virulent. Or on lit dans tous les auteurs que la septicité du sang s'obtient facilement en abandonnant du sang à lui-même.

C'est à des circonstances de même ordre, à la purification de plus en plus grande, si l'on peut ainsi parler, du vibrion septique, qu'il faut rattacher le fait de la virulence plus grande du sang septique au fur et à mesure de son passage répété dans des animaux, comme cela résulte des beaux travaux des docteurs Coze et Feltz, et surtout du docteur Davaine.

Je ne suis nullement autorisé à porter un jugement sur les opinions qui ont été émises dans la discussion, brillante à tant d'égards, que l'Académie a ouverte récemment sur l'étiologie de la fièvre typhoïde. Pourtant je dois condamner, sans réserve, une théorie médicale déjà soutenue, à diverses reprises, dans cette enceinte et qui a fait une apparition nouvelle pendant le cours de la discussion que je rappelle.

L'Académie sait pertinemment que l'hypothèse de la génération spontanée, qui a succombé dans le laboratoire, sous toutes ses formes, cherche aujourd'hui un refuge dans les obscurités de la pathologie.

Lorsque, dans une occasion récente, j'ai poussé à bout le docteur Bastian, professeur d'anatomie pathologique à l'*University college* de Londres, je ne cherchais point une satisfaction d'amour-propre. Ce que je voulais, c'est que ce savant ne pût invoquer une prétendue expérience de génération spontanée en faveur de la doctrine de la spontanéité de toutes les maladies. Je ne saurais mieux rendre ma pensée qu'en reproduisant ici un passage d'une lettre que je lui adressais il y a peu de jours : « Savez-vous, lui disais-je, » pourquoi j'attache un si grand prix à vous combattre et à vous » vaincre, c'est que vous êtes un des principaux adeptes d'une doc- » trine médicale, suivant moi funeste aux progrès de l'art de guérir, » la doctrine de la spontanéité de toutes les maladies. Vous êtes de » cette école qui inscrirait volontiers au frontispice de son temple, » comme le voulait naguère un des membres de l'Académie de » médecine de Paris : la maladie est en nous, de nous, par nous. » Tout serait donc spontané en pathologie. Voilà l'erreur, préjudiciable, je le répète, au progrès médical. Beaucoup de maladies ne sont jamais spontanées. Au point de vue prophylactique, comme au point de vue thérapeutique, il y a un abîme pour le médecin et le chirurgien, suivant qu'ils prennent pour guide l'une ou l'autre des deux doctrines. Après l'exposé que je viens de faire à l'Académie, toute discussion ne serait-elle pas superflue qui mettrait en doute la nécessité impérieuse de compter désormais avec le rôle pathogénique des infiniment petits !

Cette note explique toutes les contradictions qui s'étaient produites antérieurement sur la maladie charbonneuse et fait disparaître toutes les obscurités. Elle nous fournit également un enseignement précieux sur les conditions qui devront être réalisées lorsqu'on voudra examiner le sang d'un animal afin de s'assurer s'il est mort du charbon. Il faudra faire l'examen microscopique peu d'heures après la mort; si l'on attendait quinze ou vingt heures seulement, on serait exposé à trouver des vibrions qui pourraient induire en erreur. Pour avoir du sang charbonneux pur, il faut donc le recueillir immédiatement ou quelques heures seulement après la mort. C'est là une notion précieuse qui doit toujours être présente à l'esprit lorsqu'on fait des expériences sur le charbon. Nous verrons plus loin que c'est pour l'avoir méconnue qu'un professeur distingué de l'École vétérinaire de Turin a obtenu des résultats négatifs dans une expérience de vaccination charbonneuse.

des eaux, des fourrages, modes d'élevage et d'engraissement, on a tout invoqué pour expliquer son existence spontanée; mais, depuis que les travaux de M. Davaine et de Delafond, en France; de Pollender et de Braüell, en Allemagne, ont appelé l'attention sur la présence d'un parasite microscopique dans le sang des animaux morts de cette affection ; depuis que des recherches rigoureuses ont combattu la doctrine de la génération spontanée des êtres microscopiques, et qu'enfin les effets des fermentations ont été rattachés à la microbie, on s'habitua peu à peu à l'idée que les animaux atteints de charbon pourraient prendre les germes du mal , c'est-à-dire les germes du parasite, dans le monde extérieur, sans qu'il y eût jamais naissance spontanée proprement dite de cette affection. Cette opinion se précisa encore davantage lorsque, en 1876, le docteur Kock, de Breslau, eut démontré que la bactéridie, sous la forme vibrionienne ou bacillaire, pouvait se résoudre en véritables corpuscules-germes ou spores.

Il y a deux ans, j'eus l'honneur de soumettre au ministre de l'agriculture et au président du conseil général d'Eure-et-Loir un projet de recherches sur l'étiologie du charbon, qu'ils accueillirent avec empressement. J'eus également la bonne fortune de rencontrer dans M. Maunoury, maire du petit village de Saint-Germain, à quelques lieues de Chartres, un agriculteur éclairé qui voulut bien m'autoriser à installer sur un des champs de sa ferme un petit troupeau de moutons dans les conditions généralement suivies en Beauce pour le parcage en plein air. En outre, le directeur de l'agriculture mit obligeamment à notre disposition deux élèves-bergers de l'école de Rambouillet pour la surveillance et l'alimentation des animaux.

Les expériences commencèrent dans les premiers jours d'août 1878. Elles consistèrent tout d'abord à nourrir certains lots de moutons avec de la luzerne que l'on arrosait de cultures artificielles de bactéridies charbonneuses chargées du parasite et de ses germes. Sans entrer dans des détails qui trouveront leur place ailleurs, je résume dans les points suivants nos premiers résultats.

Malgré le nombre immense de spores de bactéridies ingérées par tous les moutons d'un même lot, beaucoup d'entre eux échappent à la mort, souvent après avoir été visiblement malades; d'autres, en plus petit nombre, meurent avec tous les symptômes du charbon spontané et après un temps d'incubation du mal qui peut aller jusqu'à huit et dix jours, quoique, dans les derniers temps de la vie, la maladie revête ces caractères presque foudroyants fréquemment signalés par les observateurs, et qui ont fait croire à une incubation de très peu de durée. La communication de la maladie par des aliments souillés de spores charbonneuses est plus difficile encore chez les cobayes que chez les moutons. Nous n'en avons pas obtenu d'exemple dans d'assez nombreuses expériences. Les spores, dans ce cas, se retrouvent dans les excréments. On les retrouve également intactes dans les excréments des moutons.

On augmente la mortalité en mêlant aux aliments souillés des germes du parasite des objets piquants, notamment les extrémités pointues des feuilles de chardon desséché, et surtout des barbes d'épis d'orge coupées par petits fragments de 0^m,01 de longueur environ.

Il importait beaucoup de savoir si l'autopsie des animaux morts dans ces conditions montrerait des lésions pareilles à celles qu'on observe chez les animaux morts spontanément dans les étables ou dans les troupeaux parqués en plein air. Les lésions, dans les deux cas, sont identiques; et, par leur nature, elles autorisent à conclure que le début du mal est dans la bouche ou l'arrière-gorge. Nos premières constatations de ce genre ont été faites le 18 août, par des autopsies pratiquées sous nos yeux par M. Boutet fils et M. Vinsot, jeune élève vétérinaire, sortant de l'École d'Alfort, qui nous a assistés avec beaucoup de zèle pendant toute la durée des expériences faites à Saint-Germain

Dans nos expériences, une circonstance particulière mérite d'être mentionnée. Huit de nos moutons d'expérience furent inoculés directement par piqûres à l'aide de cultures de bactéridies, certains même par du sang charbonneux d'un mouton mort quelques heures auparavant et qui était rempli de bactéridies. Tous les moutons furent malades, avec élévation constatée de leur température ; un seul mourut qui avait été piqué sous la langue. Un des moutons qui guérirent n'avait pas reçu à la cuisse, avec une seringue de Pravaz, moins de dix gouttes de sang charbonneux. Ces faits, signalés à M. Toussaint, fort versé dans toutes les connaissances relatives au charbon, qui, dans le même temps, s'occupait à Chartres d'études sur cette affection et qui assistait quelquefois à nos expériences sur le champ de Saint-Germain, lui parurent si surprenants qu'il ne voulut pas y croire et qu'il tint à faire lui-même une des inoculations. Le mouton survécut comme les autres.

Les poules qui ont été nourries par des aliments souillés du microbe du choléra des poules, lorsqu'elles ne meurent pas, peuvent être *vaccinées*. Il y a lieu dès lors de se demander si l'on ne pourrait arriver à *vacciner* des moutons pour l'affection charbonneuse en les soumettant préalablement et graduellement à des repas souillés des spores du parasite.

Dès lors l'idée qui présidait à nos recherches, à savoir que les animaux qui meurent spontanément du charbon dans le département d'Eure-et-Loir sont contagionnés par des spores de bactéridies charbonneuses répandues sur leurs aliments, prit dans notre esprit la plus grande consistance.

Reste la question de l'origine possible des germes de bactéridies. Si l'on rejette toute idée de génération spontanée du parasite, il est naturel de porter tout d'abord son attention sur les animaux enfouis dans la terre.

Voici ce qui arrive toutes les fois qu'un animal meurt spontanément du charbon; un établissement d'équarrissage est-il proche, on y conduit le cadavre. Est-il trop éloigné ou l'animal a-t-il peu de valeur, comme c'est le cas des moutons, on pratique une fosse sur place, à une profondeur de $0^m,50$ à $0^m,60$ ou 1 mètre, dans le champ même où l'animal a succombé, ou dans un champ voisin de la ferme, s'il a péri à l'écurie; on l'y enfouit en le recouvrant de terre. Que se passe-t-il dans la fosse et peut-il y avoir ici des occasions de dissémination des germes de la maladie? Non, répondent certaines personnes, car il résulte d'expériences exactes du docteur Davaine que l'animal charbonneux, après sa putréfaction, ne peut plus communiquer le charbon. Tout récemment encore, de nombreuses expériences ont été instituées par un des savants professeurs de l'École d'Alfort, grand partisan de la spontanéité de toutes les maladies. Il est arrivé à cette conclusion « que les eaux chargées de sang charbonneux, de débris de rate, et les terreaux obtenus en stratifiant du sable, de la terre, du fumier avec des débris de cadavres rapportés de Chartres, n'ont jamais (par l'inoculation) provoqué la moindre manifestation de nature charbonneuse » (Colin, *Bull. de l'Acad. de méd.*, 1879); mais il faut compter ici avec les difficultés de la recherche, difficultés que M. Colin a entièrement méconnues.

Prélever de la terre dans les champs de la Beauce et y mettre en évidence des corpuscules d'un à deux millièmes de millimètre de diamètre capables de donner le charbon par inoculation à des animaux, c'est déjà un problème ardu. Toutefois, par des lavages appropriés et en profitant de la puissance contagionnante de ces corpuscules-germes pour les espèces cobayes et lapins, la chose serait facile si ces corpuscules du parasite charbonneux étaient seuls dans la terre. Mais celle-ci recèle une multitude infinie de germes microscopiques et d'espèces variées, dont les cultures sur le vivant ou dans les vases se nuisent les unes aux autres. J'ai appelé l'attention de l'Académie sur ces luttes pour la vie entre les êtres microscopiques dans ces vingt dernières années ; aussi, pour faire sortir d'une terre la bactéridie charbonneuse qu'elle peut contenir à l'état de germes, il faut recourir à des méthodes spéciales, souvent très délicates dans leur application : action de l'air ou du vide, changements dans les milieux de cultures, influence de températures plus ou moins élevées, variables avec la nature des divers germes, sont autant d'artifices auxquels on doit recourir pour empêcher un germe de masquer la présence d'un autre. Toute méthode de recherche grossière est fatalement condamnée à l'impuissance, et les résultats négatifs ne prouvent rien, sinon que dans les conditions du dispositif expérimental qu'on a employé, la bactéridie n'a pas apparu. L'argument principal invoqué par le savant professeur d'Alfort à l'appui des résultats négatifs de ses nombreuses inoculations, est que le charbon disparaît dans le cadavre d'un animal charbonneux au moment où il se putréfie. Cette assertion est exacte, et elle était bien connue des équarrisseurs avant même que le docteur Davaine en donnât une confirmation de fait. Souvent j'ai entendu les équarrisseurs, que je voyais manier des animaux charbonneux et que j'avertissais du danger qu'ils couraient, m'assurer que le danger avait disparu quand l'animal était *avancé* et qu'il fallait n'avoir de craintes que s'il était encore chaud. Quoique, prise à la lettre, cette assertion soit inexacte, elle trahit cependant l'existence du fait en question. Dans un travail antérieur,

M. Joubert et moi, nous avons donné la véritable explication du phénomène. Dès que la bactéridie, sous son état filiforme, est privée du contact de l'air ; qu'elle est plongée, par exemple, dans le vide ou dans le gaz acide carbonique, elle tend à se résorber en granulations très ténues, mortes et inoffensives. La putréfaction la place précisément dans les conditions de désagrégation de ses tissus. Ses corpuscules-germes ou spores n'éprouvent pas cet effet et se conservent, ainsi que le docteur R. Kock l'a montré le premier. Quoi qu'il en soit, et comme l'animal, au moment de sa mort, ne contient que le parasite à l'état filiforme, il est certain que la putréfaction l'y détruit dans toute sa masse.

Si l'on s'arrêtait à cette opinion pour l'appliquer aux faits d'une manière absolue, on n'aurait qu'une vue incomplète de la vérité.

Assistons par la pensée à l'enfouissement du cadavre d'une vache, d'un cheval ou d'un mouton morts du charbon. Alors même que les animaux ne seraient pas dépecés, se peut-il que du sang ne se répande pas hors du corps en plus ou moins grande abondance? N'est-ce pas un caractère habituel de la maladie qu'au moment de la mort le sang sort par les narines, par la bouche, et que les urines sont souvent sanguinolentes? En conséquence, et dans tous les cas pour ainsi dire, la terre autour du cadavre est souillée de sang. D'ailleurs, il faut plusieurs jours avant que la bactéridie se résolve en granulations inoffensives par la protection des gaz privés d'oxygène libre que la putréfaction dégage, et pendant ce temps le ballonnement excessif du cadavre fait écouler les liquides de l'intérieur à l'extérieur par toutes les ouvertures naturelles quand il n'y a pas, par surcroît, déchirure de la peau et des tissus. Le sang et les matières ainsi mêlés à la terre aérée environnante ne sont plus dans les conditions de la putréfaction, mais bien plutôt dans celles d'un milieu de culture propre à la formation des germes de la bactéridie. Hâtons-nous toutefois de demander à l'expérience la confirmation de ces vues préconçues.

Nous avons ajouté du sang charbonneux à de la terre arrosée avec de l'eau de levure ou avec de l'urine aux températures de l'été et aux tempé ratures que la fermentation des cadavres doit entretenir autour d'eux comme dans un fumier. En moins de vingt-quatre heures, il y a eu multiplication et résolution en corpuscules-germes des bactéridies apportées par le sang. Ces corpuscules-germes, on les retrouve ensuite dans leur état de vie latente, prêts à germer et propres à communiquer le charbon, non seulement après des mois de séjour dans la terre, mais après des années.

Ce ne sont là encore que des expériences de laboratoire. Il faut rechercher ce qui arrive en pleine campagne avec toutes les alternatives de sécheresse, d'humidité et de culture. Nous avons donc, au mois d'août 1878, enfoui dans un jardin de la ferme de M. Maunoury, après qu'on en eut fait l'autopsie, un mouton qui était mort spontanément du charbon.

Dix mois, puis quatorze mois après, nous avons recueilli de la terre de la fosse et il nous a été facile d'y constater la présence des corpuscules-germes de la bactéridie et, par l'inoculation, de provoquer sur des cochons d'Inde la maladie charbonneuse et la mort. Bien plus, et cette circonstance mérite la plus grande attention, cette même recherche des germes a été faite avec succès sur la terre de la surface de la fosse, quoique, dans l'intervalle, cette terre n'eût pas été remuée. Enfin les expériences ont porté sur la terre de fosses où l'on avait enfoui, dans le Jura, à 2 mètres de profondeur, des vaches mortes du charbon au mois de juillet 1878. Deux ans après, c'est-à-dire récemment, nous avons recueilli de la terre de la surface et nous en avons extrait des dépôts donnant facilement le charbon. A trois reprises, dans cet intervalle des deux années dernières, ces mêmes terres de la surface des fosses nous ont offert le charbon. Enfin, nous avons reconnu que les germes à la surface des terres recouvrant des animaux enfouis, se retrouvent après toutes les opérations de la culture et des moissons ; ces dernières expériences ont porté sur la terre de nos champs de la ferme de M. Maunoury. Sur des points éloignés des fosses, au contraire, la terre n'a pas donné le charbon.

Je ne serais pas surpris qu'en ce moment des doutes sur l'exactitude des faits qui précèdent ne s'élèvent dans l'esprit de l'Académie. La terre, qui est un filtre si puissant, dira-t-on, laisserait donc remonter à sa surface des germes d'êtres microscopiques !

Ces doutes pourraient s'étayer même des résultats d'expériences que M. Joubert et moi nous avons publiées autrefois. Nous avons annoncé que les eaux de sources qui jaillissent de la terre à une profondeur même faible sont privées de tous germes, à ce point qu'elles ne peuvent féconder les liquides les plus susceptibles d'altération. De telles eaux cependant sont en contre-bas des terres que traversent incessamment, quelquefois depuis des siècles, les eaux fluviales, dont l'effet doit tendre constamment à faire descendre les particules les plus fines des terres superposées à ces sources. Celles-ci, malgré ces conditions propres à leur souillure, restent indéfiniment d'une pureté parfaite, preuve manifeste que ia terre, en certaine épaisseur, arrête toutes les particules solides les plus ténues. Quelle différence dans les conditions et les résultats des expériences que je viens de relater, puisqu'il s'agit au contraire de germes microscopiques qui, partant des profondeurs, remonteraient à la surface, c'est-à-dire en sens inverse de l'écoulement des eaux de pluie et jusqu'à de grandes hauteurs. Il y a là une énigme.

L'Académie sera bien surprise d'en entendre l'explication. Peutêtre même sera-t-elle émue à la pensée que la théorie des germes, à peine née aux recherches expérimentales, réserve à la science et à ses applications des révélations aussi inattendues. Ce sont les vers de terre qui sont les messagers des germes et qui, des profondeurs de l'enfouissement, ramènent à la surface du sol le terrible parasite. C'est dans les petits cylindres de terre à très fines particules terreuses que les vers rendent et déposent à la surface du sol, après les rosées du matin, ou après la pluie, que se trouvent, outre une foule d'autres germes, les germes du charbon. Il est facile d'en faire l'expérience directe : que dans la terre à laquelle on a mêlé des spores de bactéridies on fasse vivre des vers, qu'on ouvre leur corps après quelques jours, avec toutes les précautions convenables pour en extraire les cylindres terreux qui remplissent leur canal intestinal, on y retrouve en grand nombre les spores charbonneuses. Il est de toute évidence que si la terre meuble de la surface des fosses à animaux charbonneux renferme les germes du charbon, et souvent en grande quantité, ces germes proviennent de la désagrégation par la pluie des petits cylindres excrémentitiels des vers. La poussière de cette terre désagrégée se répand sur les plantes à ras du sol et c'est ainsi que les animaux trouvent au parcage et dans certains fourrages les germes du charbon par lesquels ils se contagionnent, comme dans celles de nos expériences où nous avons communiqué le charbon en souillant directement de la luzerne. Dans ces résultats, que d'ouvertures pour l'esprit sur l'influence possible des terres dans l'étiologie des maladies, sur le danger possible des terres des cimetières, sur l'utilité de la crémation !

Les vers de terre ne ramènent-ils pas à la surface du sol d'autres germes qui ne seraient pas moins inoffensifs pour ces vers que ceux du charbon, mais porteurs cependant de maladies propres aux animaux ? Ils en sont, en effet, constamment remplis et de toutes sortes, et ceux du charbon s'y trouvent en réalité toujours associés aux germes de la putréfaction et des septicémies.

Et maintenant, quant à la prophylaxie de la maladie charbonneuse, n'est-elle pas naturellement indiquée ? On devra s'efforcer de ne jamais enfouir les animaux dans les champs destinés à des récoltes de fourrages, ou devant servir au parcage des moutons. Toutes les fois que cela sera possible, on devra choisir, pour l'enfouissement, des terrains sablonneux ou des terrains calcaires, mais très maigres, peu humides et de dessiccation facile, peu propres en un mot à la vie des vers de terre. L'éminent directeur actuel de l'agriculture, M. Tisserand, me disait récemment que le charbon est inconnu dans la région des *Savarts* de la Champagne. Ne faut-il pas l'attribuer à ce que dans ces terrains pauvres, tels que ceux du camp de Châlons, par exemple, l'épaisseur du sol arable est de $0^m,15$ à $0^m,20$ seulement, recouvrant un banc de craie où les vers ne peuvent vivre ? Dans un tel terrain, l'enfouissement d'un animal charbonneux donnera lieu à de grandes quantités de germes qui, par l'absence des vers de terre, resteront dans les profondeurs du sol et ne pourront nuire.

Il serait à désirer qu'une statistique soignée mît en correspondance dans les divers pays les localités à charbon ou sans charbon avec la nature du sol, en tant que celle-ci favorise la présence ou l'absence des vers de terre. M. Magne, membre de l'Académie de médecine, m'a assuré que dans l'Aveyron, les contrées où l'on rencontre le charbon sont à sol argilo-calcaire et que celles où le charbon est inconnu sont à sol schisteux et granitique. Or j'ai ouï dire que dans ces derniers les vers de terre vivent difficilement.

J'ose terminer cette communication en assurant que, si les cultivateurs le veulent, l'affection charbonneuse ne sera bientôt plus qu'un souvenir pour leurs animaux, pour leurs bergers, pour les bouchers et les tanneurs des villes, parce que le charbon et la pustule maligne ne sont jamais spontanés, que le charbon existe là où il a été déposé et où l'on en dissémine les germes avec la complicité inconsciente des vers de terre ; qu'enfin, si dans une localité quelconque on n'entretient pas les causes qui le conservent, il disparaît en quelques années (1).

Sur la proposition de M. Thénard, l'Académie décide que le mémoire de M. Pasteur sera adressé à M. le ministre de l'agriculture.

M. Pasteur terminait par la phrase suivante sa communication à l'Académie de médecine :

« J'imagine que l'Académie aura peut-être fait la remarque que la théorie des germes paraît prendre plaisir à se jouer de ses adversaires. Tandis qu'ils s'épuisent dans la recherche de vaines contradictions, qu'ils ne parviennent même pas à formuler clairement (je fais ici allusion à une communication récente de M. Jules Guérin), elle agrandit ses conquêtes et fortifie ses méthodes. On n'arrêtera sa marche ni en France ni à l'étranger : un souffle de vérité l'emporte vers les champs féconds de l'avenir. »

(1) Voyez le travail très intéressant que M. Baillet a publié, il y a dix ans, sur les pâturages de l'Auvergne qui produisent ce que l'on nomme dans ce pays le *mal de montagne* (Mémoires du ministère de l'agriculture, 1870).

Dès 1876, un très habile vétérinaire, Petit, avait démontré que le mal de montagne n'était autre chose que le charbon, résultat confirmé de nos jours, dans des rapports administratifs remarquables, par M. Maret, de Sallanches. Une circonstance connue de tous dans le Cantal, c'est qu'il est des pâturages qui, depuis un temps immémorial, sont épargnés, qu'il en est où le mal sévit de temps à autre, qu'enfin on en trouve où le bétail est si fréquemment décimé qu'on les a désignés sous le nom de *montagnes dangereuses*, montagnes qu'on abandonne même souvent sans en tirer le moindre profit, « tout au moins pendant quelque années, » dit M. Baillet.

Cette dernière circonstance mérite une grande attention. C'est la preuve que la cause, quelle qu'elle soit, qui produit le charbon dans une localité, disparaît avec le temps. Nous en avons eu plusieurs exemples dans le cours de nos recherches en Beauce. M. Boutet, le vétérinaire si connu dans ce pays, nous a indiqué des champs *maudits*, c'est-à-dire des champs où leurs propriétaires assurent que le charbon serait inévitable sur les moutons qu'on y ferait parquer? Aussi le parcage y est-il interdit depuis un certain nombre d'années, c'est-à-dire depuis la constatation des dernières mortalités sur ces champs. Or, sur cinq de ces champs, nous avons établi des troupeaux de moutons et la mortalité a été nulle, excepté pour un des troupeaux où elle a été de 1 pour 100.

Cette Note, une des plus importantes au point de vue de l'étude de la maladie charbonneuse, renferme deux points essentiels :

1° Les animaux, et en particulier les moutons, auxquels on donne à manger des aliments sur lesquels on a répandu des spores de la bactéridie charbonneuse, peuvent contracter le charbon ; et, dans ce cas, ils meurent avec tous les symptômes du charbon spontané.

Voici le résumé de nos expériences faites à Saint-Germain, près de Chartres, au mois d'août 1878, et dont il est parlé dans la Note précédente :

3 moutons ont reçu un repas de luzerne et de barbes d'orge coupées, arrosées de spores de bactéridies :

> 1 mort quatre jours après.

11 moutons ont reçu un repas de luzerne mélangée de chardons, le tout arrosé de spores de bactéridies :

> 3 morts : 1 après trois jours.
>> 1 après quatre jours.
>> 1 après six jours.

19 moutons ont reçu un repas de luzerne arrosée de spores de bactéridies :

> 3 morts : 1 après quatre jours.
>> 1 après sept jours.
>> 1 après neuf jours.

7 moutons ont servi de témoins et ont reçu des repas de luzerne seule :

> Pas de mort.

Ce court résumé nous montre nettement l'influence des corps piquants pour faciliter l'introduction des spores dans le corps des moutons. Parmi les moutons qui ont absorbé des spores, un certain nombre ont été malades avec élévation constatée de leur température et se sont remis ensuite.

2° La terre qui entoure les cadavres d'animaux morts charbonneux renferme des spores de bactéridies. La terre de la surface des fosses en renferme également. Ces spores sont ramenées, des profondeurs du sol à la surface, par les vers de terre.

Je dois ajouter que les vers de terre ne sont pas la cause unique pour laquelle les germes qui se sont formés dans la terre autour du cadavre sont ramenés à la surface du sol. Tous les insectes qui vivent dans la terre et qui reviennent de temps en temps à la surface, les labours un peu profonds, les défoncements du sol, etc., sont autant de causes qui ajoutent leur action à celle des vers de terre.

Ces faits avaient un corollaire obligé :

Puisque les moutons contractent le charbon en mangeant des spores de bactéridies ; puisque, d'autre part, la terre à la surface des fosses où l'on a enfoui des animaux charbonneux contient ces mêmes spores, il doit être possible, en faisant parquer des moutons à la surface des fosses d'animaux charbonneux, de leur faire contracter le charbon. C'est, en effet, ce qui a lieu, comme le montre l'expérience suivante dont M. Pasteur a rendu compte à l'Académie des sciences dans sa séance du 6 septembre 1880.

Il y a deux ans, une épizootie charbonneuse se déclara sur les vaches d'un petit village du département du Jura (Savagna), que la maladie n'avait pas visité depuis un grand nombre d'années. Elle fut provoquée très probablement par une vache qui venait du haut Jura et qui était charbonneuse, à l'insu du boucher qui l'avait amenée.

Dans une prairie de plusieurs hectares, un peu inclinée, on a enfoui, à 2 mètres de profondeur et à des places distinctes, trois des vaches mortes charbonneuses en 1878. L'emplacement des fosses était encore parfaitement reconnaissable en 1880 à deux signes physiques : une petite crevasse, formée tout autour de la terre qui recouvre les fosses, délimitait celles-ci comme par un cercle ; en outre l'herbe avait poussé plus dru sur les fosses que dans le reste de la prairie. Nous avions recueilli depuis deux ans, à intervalles variables de quelques mois, soit de la terre meuble, soit des déjections de vers de terre à la surface des fosses, et dans tous les cas nous y avions constaté la présence des germes du charbon, tandis qu'à quelques mètres seulement de ces fosses on n'en découvrait pas.

Nous avons fait établir sur les trois fosses un petit enclos, à l'aide d'une barrière à claire-voie et nous y avons placé quatre moutons. D'autres enclos pareils situés à quelques mètres des premiers renfermaient des moutons témoins.

L'expérience a commencé le 18 août 1880. Nos animaux étaient répartis de la façon suivante .

Dans un 1ᵉʳ lot :

4 moutons marqués D sont placés au-dessus de la fosse d'une vache, morte au mois de juin 1878.

4 moutons marqués C sont placés au-dessus de la fosse d'une vache morte au mois de juillet 1878.

4 moutons non marqués servent de témoins.

Dans un 2ᵉ lot, distant du premier de 500 mètres environ :

4 moutons marqués B sont placés au-dessus de la fosse d'une vache morte en septembre 1878.

2 moutons marqués A servent de témoins.

Tous les moutons étaient conduits le matin dans les enclos ; on les rentrait à l'étable pendant la nuit.

Le 24 août, l'herbe ayant été complètement mangée sur les fosses, on donne :

Aux 4 moutons D de l'herbe mélangée de barbes d'orge et de terre de la surface de la fosse ;

Aux 4 moutons C de l'herbe souillée par la terre de la surface de la fosse ;

Aux 4 moutons B de l'herbe simplement jetée sur la fosse.

Le 25 août à midi, un mouton C meurt charbonneux. Il est évident que celui-là s'est contagionné en mangeant de l'herbe qui avait poussé à la surface de la fosse, car les repas où on mélangeait l'herbe avec la terre n'ont commencé que la veille.

Le 1ᵉʳ septembre un mouton D meurt charbonneux.
Le 2 septembre un autre mouton D meurt également charbonneux.

Jusqu'au 7 septembre, date à laquelle on a cessé l'expérience, aucun animal n'a succombé.

En résumé, pendant une période de dix-huit jours pendant lesquels les animaux sont restés sur les fosses, il est mort :

2 moutons par le charbon sur l'une des fosses ;
1 mouton par le charbon sur une autre fosse ;
0 mouton sur la troisième ;
Au total le quart des animaux placés sur les fosses ;
0 mouton parmi les six témoins.

Il était dès lors démontré expérimentalement et rigoureusement que les fosses où l'on a enfoui des animaux charbonneux, sont dangereuses pour les animaux qui broutent l'herbe de la surface.

A la suite de ces expériences l'étiologie du charbon était établie d'une façon complète.

Voici une nouvelle Note qui, tout en confirmant les faits qui précèdent, établit que les germes charbonneux, une fois formés, peuvent conserver leur vitalité pendant un grand nombre d'années.

CHAPITRE IV

SUR LA LONGUE DURÉE DE LA VIE DES GERMES CHARBONNEUX
ET LEUR CONSERVATION DANS LES TERRES CULTIVÉES

Par MM. PASTEUR, CHAMBERLAND et ROUX

Académie de médecine, 1ᵉʳ février 1881.

La Société centrale de médecine vétérinaire de Paris a nommé
au mois de mai dernier une Commission et alloué les fonds nécessaires pour contrôler les faits nouveaux qui se sont produits récemment dans la science au sujet de l'étiologie du charbon, notamment les résultats qui concernent la présence des germes de
cette maladie à la surface et dans la profondeur des terres où ont
été enfouis des animaux morts charbonneux. La Société m'a fait
l'honneur de me nommer membre de cette Commission, qui, outre
moi-même, est composée de notre confrère M. Bouley, de M. Ca-
mille Leblanc, membre de l'Académie de médecine, de M. Trasbot,
professeur à l'École d'Alfort, et de M. Cagny, vétérinaire distingué
à Senlis.

Je crois devoir faire connaître à l'Académie quelques-uns des
résultats obtenus par la Commission.

A quelques kilomètres de Senlis se trouve la ferme de Rozières,
qui, chaque année, fait des pertes cruelles par la fièvre charbonneuse. C'est cette ferme que la Commission, guidée par les judi-
cieuses indications de M. Cagny, a pris pour champ de ses expériences. Dans le jardin de la ferme, jardin clos de murs, se trou-

vent deux emplacements en quelque sorte préparés pour les études que la Commission voulait entreprendre. L'un de ces emplacements sert aux enfouissements depuis trois ans : l'autre a servi il y a douze ans et dans les années précédentes au même office, mais n'est plus utilisé depuis cette époque. La Commission m'a chargé d'abord de rechercher si, à la surface de ces fosses, la terre renfermait des germes charbonneux. A cet effet, M. Leblanc me remit au mois de septembre dernier deux petites boîtes renfermant chacune environ 5 grammes de terre prélevés par lui-même à la surface de chacune de ces fosses. Après un lessivage et un traitement convenable de ces terres, nous avons inoculé leurs parties les plus ténues à des cochons d'Inde, qui sont morts rapidement et entièrement charbonneux.

La Commission procéda alors à l'expérience suivante, dont la surveillance fut confiée à deux de ses membres, MM. Leblanc et Cagny. Le 8 octobre, sur la fosse d'il y a douze ans, on a installé sept moutons *neufs,* c'est-à-dire qui n'avaient jamais eu le charbon. On les y a laissés pendant quelques heures dans l'après-midi, puis on les a rentrés à la bergerie, tout à côté du restant du troupeau. Tous les jours, quand il faisait beau, on conduisait les sept moutons sur cette fosse et après quelques heures on les ramenait à la bergerie. Il n'y avait pas d'herbe à la surface de la fosse et l'on ne donnait à manger aux moutons que dans la bergerie même.

Le 24 novembre 1880, MM. Leblanc, Cagny et moi, nous nous sommes rendus à la ferme de Rozières pour constater les résultats obtenus. Des sept moutons, un était mort le 24 octobre, un deuxième le 8 novembre, tous deux charbonneux ; les autres se portaient bien.

Quant aux moutons témoins, c'est-à-dire tous ceux restant du troupeau, aucun n'était mort dans le même intervalle de temps.

Voilà donc un nouveau contrôle précieux des faits que nous avons annoncés à l'Académie au mois de juillet dernier et plus récemment encore, avec cette double particularité très intéressante qu'il s'agit ici d'un séjour momentané à la surface d'une fosse où depuis douze ans on n'a pas enfoui d'animaux charbonneux, et que

les moutons mis en expérience, qui ont eu deux morts sur sept
dans l'intervalle de six semaines, n'ont pas pris de repas sur la
terre de la fosse; d'où il résulte que le germe de la maladie n'a pu
pénétrer dans leur corps que par suite de l'habitude bien connue
qu'ont les moutons de flairer sans cesse la terre sur laquelle ils
sont parqués.

Il n'est pas inutile d'ajouter que les emplacements meurtriers
dont je viens de parler servent à la culture potagère de la ferme.
Nous avons demandé au fermier si le charbon ne s'était jamais
déclaré sur les habitants de la ferme. Le fermier nous répondit :
« Cela n'a pas été constaté. Moi seul, et vous en voyez la cicatrice,
nous dit-il en montrant son visage, moi seul ai eu une pustule maligne qui a guéri. » Il est présumable que, si les légumes con-
sommés dans la ferme n'étaient pas cuits, les choses se seraient
passées différemment et que la ferme aurait peut-être compté des
victimes par la terrible maladie.

Combien d'enseignements d'une haute gravité dans les faits qui
précèdent !

On croyait que la végétation et les cultures, par des phénomènes
naturels de combustion et d'assimilation, détruisaient toutes les
matières organiques des vidanges et des engrais. Un principe nouveau nous est révélé : combustion et assimilation végétales n'attei-
gnent pas les germes de certains organismes microscopiques. Je ne
crois pas que l'étiologie des maladies transmissibles se soit jamais
enrichie d'un principe plus fécond, touchant l'hygiène et la prophylaxie de ces terribles fléaux. Qui pourrait assigner les che-
minements, divers et multiples sans doute, des germes, depuis
le moment de leur formation jusqu'à celui où ils frappent leurs
victimes, lorsque ces germes sont des agents de contagion et de
mort?

Les habitants de la ferme de Rozières foulent aux pieds les
germes charbonneux, et ces germes n'ont atteint personne. Mais
changez à peine, comme nous venons de le faire, les conditions de
la vie des animaux dans la ferme et vous entraînez la mort rapide
de certains d'entre eux, dont les chairs, par tel ou tel mode de
transport du parasite charbonneux, piqûres directes ou piqûres
indirectes par des mouches, iront porter le mal chez de nouveaux

animaux et chez l'homme : témoin l'exemple cité du fermier lui-même (1).

Voici maintenant une Note qui indique quelques-uns des moyens auxquels nous avons eu recours pour rechercher la présence des germes charbonneux dans les terres :

SUR LA CONSTATATION DES GERMES DU CHARBON DANS LES TERRES DE LA SURFACE DES FOSSES OU L'ON A ENFOUI DES ANIMAUX CHARBONNEUX

Par MM. Pasteur, Chamberland et Roux.

Académie de médecine, 8 mars 1881:

Toute terre contient une multitude de germes d'organismes microscopiques d'espèces variées, aérobies et anaérobies.

Dès lors à la surface des fosses où l'on a déposé des cadavres d'animaux charbonneux, les spores-germes de la bactéridie du charbon se trouvent associées à beaucoup d'autres germes. Si l'on se souvient d'expériences que nous avons décrites autrefois (juillet 1877) sur l'arrêt de développement possible de la bactéridie dans ses cultures artificielles ou dans le corps des animaux lorsqu'elle est associée à d'autres organismes microscopiques, on comprendra aisément qu'il y a là un grand obstacle à la recherche des germes charbonneux dans les terres. Ces difficultés sont telles que, à moins

_____

(1) Une petite erreur s'est glissée dans la rédaction de cette Note. Le fermier dont il est parlé n'avait pas contracté la pustule maligne dans la ferme de Rozières, mais dans une autre ferme qu'il exploitait auparavant et qui était aussi une ferme à charbon.

de précautions particulières, on peut échouer dans la constatation de la présence des spores charbonneuses dans les terres où cependant on en a introduit directement.

Par diverses méthodes on peut lever ces difficultés. Nous en ferons connaître deux de préférence :

La terre est lessivée par lavages successifs ; on laisse reposer les vases de décantation, dont on recueille à part les parties les plus ténues. Les dépôts se font plus rapidement quand, aux eaux de lavage, on ajoute quelques gouttes de chlorure de calcium.

Après avoir réuni tous les dépôts les plus fins, on les porte à 90 degrés, pendant vingt minutes, dans un bain-marie à température constante. Ces dépôts sont traités ensuite comme il va être dit :

Dans un tube, fermé à une de ses extrémités et un peu étranglé vers son tiers inférieur, on place des cailloux siliceux bien lavés ou des fragments de marbre, qui sont retenus par l'étranglement et remplissent les deux tiers supérieurs du tube. Un ou deux trous pratiqués dans la partie inférieure de ce tube, au-dessous de l'étranglement, entretiennent une circulation d'air dans toute la hauteur occupée par les fragments pierreux.

Après avoir délayé dans un peu d'eau de levure stérilisée les dépôts ténus dont nous avons parlé, on en humecte tous les fragments pierreux et on porte à l'étuve vers 30 ou 35 degrés. Enfin, après quelques heures d'exposition à ces températures, on lave les fragments pierreux avec un peu d'eau et on inocule tout ou partie du liquide ainsi préparé à des cobayes ou à des lapins. On conclut à la présence de la bactéridie dans la terre quand ces animaux meurent charbonneux, leur sang et leur rate étant remplis du parasite de cette affection.

Le chauffage des dépôts les plus ténus de la terre à 90 degrés, a pour but de détruire tous les germes d'organismes microscopiques que recèle cette terre et qui ne résistent pas à cette température. On sait que nous avons constaté depuis longtemps que les spores du charbon conservent, au contraire, leur faculté germinative à 90 et même à 95 degrés.

L'emploi des fragments pierreux, d'autre part, a pour but d'offrir aux spores de la bactéridie une grande surface de culture avec beaucoup d'air. Comme les germes des anaérobies ne germent pas dans ces conditions, à cause de la présence de l'air, la bactéridie prend de l'avance sur les germes anaérobies qui pourraient se développer dans le corps des lapins ou des cobayes. Les vers de terre ramènent en effet, à la surface du sol, en même temps que les germes du charbon, les germes des diverses septicémies.

Une autre méthode, peut-être meilleure, consiste à porter les dépôts des terres, préparés comme il a été dit ci-dessus, et délayés dans du bouillon de levure, à 42 et 43 degrés. A cette température, dans l'eau de levure, les spores-germes de la bactéridie ne se développent pas. Cette température, au contraire, convient à la culture de beaucoup de germes que les terres renferment.

Après quelques heures d'exposition et de culture commencées à cette température, on porte les vases à 75 degrés, température qui détruit toutes les cultures en voie de développement sans toucher aux spores du charbon ; puis, on inocule aux lapins et aux cobayes.

Des terres quelconques prises dans des champs où l'on n'a pas enfoui d'animaux charbonneux, traitées comme on vient de le dire, ne donnent jamais le charbon, mais très fréquemment la septicémie. A cause des fumiers et des excréments, les germes des diverses septicémies sont partout répandus.

Les déjections des vers de terre, prélevées de préférence au printemps ou à l'automne, époque où elles sont très nombreuses à la surface des fosses d'enfouissement des animaux charbonneux, sont quelquefois tellement chargées des spores-germes du charbon, qu'il suffit d'une simple inoculation des dépôts des terres lessivées, dépôts préalablement portés un quart d'heure à 90 degrés, pour provoquer l'affection charbonneuse chez les cobayes ou les lapins.

A la suite de ces diverses communications, il semblait qu'aucun doute ne pouvait subsister sur la présence des spores de bactéridies à la surface des fosses d'animaux charbonneux. Mais c'est une illusion que se font les savants lorsqu'ils s'imaginent que les faits qu'ils ont constatés et qui ont pour eux la clarté de l'évidence, ne seront pas contestés par d'autres qui malheureusement ne veulent pas le plus souvent se résigner à répéter les observations dans les conditions précises qui ont été indiquées par leurs auteurs. Ces discussions entre observateurs qui ne se placent pas dans les mêmes circonstances, aigrissent quelquefois les discussions, jettent le doute dans les esprits et obligent de porter la question devant une commission compétente qui juge en dernier ressort. Si la vérité se trouve alors démontrée avec plus de force pour le public, beaucoup de temps a été perdu qui aurait pu être employé plus utilement pour la science.

Quoi qu'il en soit, le fait de la présence des spores de bactéridies à la surface des fosses d'animaux charbonneux, fut vivement contesté par un savant professeur de l'école vétérinaire d'Alfort, M. Colin. Une Commission fut nommée, et voici le rapport qui mit fin au débat :

RAPPORT SUR LA LONGUE DURÉE DE LA VIE DES GERMES CHARBONNEUX ET LEUR CONSERVATION DANS LES TERRES CULTIVÉES

AU NOM D'UNE COMMISSION COMPOSÉE DE MM. BOULEY, président, DAVAINE, ALPHONSE GUÉRIN et VILLEMIN, rapporteur.

Académie de médecine, 17 mai 1881.

Messieurs,

Il y a quelque temps déjà, notre éminent collègue, M. Pasteur, est venu apporter à cette tribune, en son nom et au nom de MM. Chamberland et Roux, un fait de la plus haute importance, touchant la production et la propagation de la maladie charbonneuse. Il l'a résumé dans les propositions suivantes :

De la terre recueillie au-dessus des fosses où sont enfouis des animaux charbonneux depuis plusieurs années, convenablement traitée, est susceptible de produire le charbon par inoculation. Les vers de terre sont les agents qui ramènent constamment les germes morbides de la profondeur des fosses à la superficie du sol, au moyen de leurs excréments.

La révélation de ce mode de propagation du charbon avait une nouveauté particulière, parce qu'il était avéré que la putréfaction détruisait la virulence charbonneuse. Aussi M. Colin a-t-il contesté tout d'abord l'exactitude de ces propositions et opposé aux résultats positifs des expériences de M. Pasteur les résultats négatifs des siennes propres.

Le litige se réduisant à une question de fait, votre Commission n'avait qu'à assister en témoin désintéressé aux expériences de l'un sortes que nous appellerons par abréviation : terre de douze ans, terre de trois ans et terre vierge.

Plus tard, et pendant le cours de ses travaux, votre Commission a reçu, en outre, expédiés, cachetés et signés par M. Roboüam, un petit sac d'excréments de vers de terre provenant de la fosse de douze ans et une petite boîte de vers recueillis sur la fosse de trois ans.

Le 18 mars, la Commission réunie dans le laboratoire de l'École normale, vérifie les cachets des boîtes qu'elle trouve intacts et entièrement conformes aux indications du procès-verbal envoyé par M. Cagny. Ces boîtes sont ouvertes et les expériences commencent avec les infinies précautions qui leur donnent une précision vraiment admirable.

Avec une cuiller de porcelaine préalablement flambée, on retire de la boîte à terre vierge environ 200 grammes de terre, que l'on met dans un mortier, flambé aussi, de même que son pilon. On l'écrase et on l'introduit ensuite dans un flacon de la contenance de deux litres, qui a été auparavant porté à une température de 260 degrés à l'étuve. On ajoute un peu plus d'un demi-litre d'eau distillée et l'on agite fortement. Quelques gouttes d'une solution saturée de chlorure de calcium hâtent la précipitation des matières terreuses les plus lourdes. Dès que cette précipitation est accomplie, on décante au siphon tout le liquide trouble qui surnage, mais de telle façon que l'air rentrant dans le flacon, filtre sur une couche de coton. Cette précaution a été réclamée par la Commission, afin de se mettre à l'abri des germes charbonneux éventuellement suspendus dans l'air d'un laboratoire, où l'on étudie le charbon depuis plusieurs années, nonobstant les précautions prises journellement pour éviter cet inconvénient. On remet de l'eau sur la terre restée au fond du flacon, on décante de nouveau, de la même manière ; on répète six fois la même manœuvre et l'on obtient ainsi par six décantations successives six vases coniques d'eau trouble de un demi-litre environ.

Les terres des fosses de trois ans et celles de douze ans sont traitées d'une façon identique. On remplit de la sorte six vases coniques d'eau pour chacune des trois terres soumises à l'expérience. Ces vases sont soigneusement étiquetés et abandonnés recouverts d'un papier flambé.

Le lendemain, 19 mars, chacun des vases présente une couche

de dépôt pulvérulent de moins de 1 millimètre d'épaisseur. On décante au siphon, et les dépôts des six vases correspondants à chacune des trois terres sont réunis dans un tube à essai, préalablement épuré par la chaleur. On a ainsi trois tubes qui sont fermés à la lampe, étiquetés et portés à une température de 90 degrés pendant vingt minutes, afin de détruire autant que possible les différents germes sans porter atteinte à ceux du charbon. Cependant M. Pasteur annonce à la Commission que, malgré cette précaution, les inoculations reproduiront en grande partie la septicémie.

Les tubes retirés sont ouverts par une section à leur partie supérieure; on aspire le liquide clair qui surmonte les dépôts, et on procède aux inoculations avec ces derniers.

Trois séries de cinq cobayes chacune sont inoculées avec les dépôts des trois terres, à savoir : la terre vierge, la terre de la fosse de trois ans et la terre de la fosse de douze ans. Chaque animal reçoit sous la peau du ventre une quantité de dépôt terreux correspondant à environ dix divisions de la seringue de Pravaz. Les animaux de chaque série sont mis séparément dans trois cages distinctes, étiquetées par la Commission.

La Commission, réunie le 25 mars, procède à l'examen des cobayes inoculés le 19.

Première série (terre de douze ans). — Tous les animaux sont morts ; les quatre premiers ont succombé du 21 au 22 à la septicémie. Le cinquième, mort le 23, est entièrement charbonneux.

On constate de nombreuses bactéridies dans le sang du cœur et de la rate. Celle-ci est considérablement hypertrophiée. Les globules sanguins offrent l'agglutination signalée par M. Davaine.

Deuxième série (terre de trois ans). — Tous les animaux sont eux aussi morts, le premier le 21, trois autres du 22 au 23, et le dernier dans la journée du 23. Les quatre premiers sont septicémiques. Le cinquième est charbonneux : la rate est volumineuse, son sang est rempli de bactéridies, celui du cœur en renferme aussi, mais en moindre quantité.

Troisième série (terre vierge). — Les cinq cobayes sont vivants et bien portants. Ils présentent seulement au lieu de l'inoculation une nodosité de la grosseur d'une petite noisette. On en sacrifie un afin d'examiner cette lésion locale. Elle est constituée par un abcès enkysté dans une membrane pyogénique, les tissus avoisinants sont entièrement sains. Disons par anticipation, que les quatre autres cobayes survivants sont aujourd'hui encore en parfaite santé.

Quatrième série. — Le 30 mars, on répète les mêmes expériences avec les terres de trois ans et de douze ans, traitées comme précédemment. Deux groupes de trois cobayes chacun sont inoculés avec les fins dépôts de chacune de ces terres. Le 3 avril, les six animaux sont morts. Cinq ont succombé à la septicémie aiguë et le sixième au charbon ; ce dernier avait été inoculé avec la terre de douze ans.

Cinquième série. — Le 25 mars, afin de donner une double preuve que les animaux, reconnus charbonneux à la suite des inoculations précédentes, ont bien véritablement succombé au charbon, on inocule deux cobayes, à savoir : un petit, avec le sang du cobaye rendu charbonneux par la terre de trois ans ; un grand, avec le sang du cobaye rendu charbonneux par la terre de douze ans. Le 28, ces deux animaux sont morts du charbon. Une goutte de sang prise à l'oreille de chacun d'eux et ensemencée dans du bouillon de poulet, avait reproduit le 30 la bactéridie charbonneuse avec abondance et à l'état de pureté parfaite.

Sixième série. — Le 25 mars, la Commission ouvre la boîte renfermant les vers de terre recueillis sur la fosse de trois ans, et envoyés par M. Roboïam. On extrait de trois ou quatre de ces animaux encore vivants une petite quantité d'excréments que l'on délaye dans quelques gouttes d'eau distillée. Avec ce mélange on inocule trois cochons d'Inde qui sont trouvés morts le 30. Deux avaient succombé à la septicémie et le troisième au charbon. De ce dernier une goutte de sang prise à l'oreille avait été ensemencée et avait reproduit la bactéridie pure, sans mélange d'aucun autre organisme. La même opération de culture, pratiquée avec le sang des deux autres, n'avait rien donné.

Septième série. — Les expériences de la troisième série rapportées plus haut ont montré que la terre recueillie en dehors des fosses charbonneuses est restée inoffensive pour les animaux inoculés. Mais il faut se rappeler que M. Pasteur avait affirmé, dès 1879, que la plupart des terres étaient susceptibles de donner des morts par septicémie en dehors de tout enfouissement d'animaux charbonneux. A la page 1065 du *Bulletin de l'Académie* de l'année 1879, il s'exprime ainsi : « Dans nos expériences nous avons rencontré cette circonstance remarquable que toutes les terres naturelles que nous avons eu l'occasion d'examiner, renfermaient des germes propres à donner une septicémie particulière. »

Votre Commission a tenu à voir répéter des expériences tendant à infirmer ou à confirmer cette proposition. Voici dans quelles conditions elles ont été exécutées.

Des vers de terre ramassés dans un terrain vague situé sur l'emplacement de l'ancien collège Rollin, où avaient été enterrés des cadavres humains pendant la Commune, ont fourni une certaine quantité d'excréments. Ceux-ci, délayés dans un peu d'eau distillée, ont été inoculés le 28 mars à trois cobayes. Le 1ᵉʳ avril, un de ces animaux est mort septicémique et les deux autres sont encore actuellement bien portants.

Huitième série. — Enfin, des excréments de vers ramassés sur la fosse de douze ans et expédiés par M. Roboüam sont traités par les procédés que nous avons décrits plus haut au sujet des terres de différentes provenances. Et, afin d'isoler les germes charbonneux de ceux de la septicémie, on ensemence les fins dépôts pulvérulents obtenus par décantation. La culture des germes d'après la méthode de M. Pasteur, qui est fondée sur la nécessité de la présence de l'air pour le développement de la bactéridie charbonneuse et sur son absence pour celui du vibrion septicémique, donne une rapide production de bactéridies. Celles-ci sont inoculées le 30 mars à deux cobayes qui succombent le 3 avril au charbon le plus légitime.

Telles sont, Messieurs, les expériences intéressantes au plus haut degré auxquelles a assisté votre Commission. Elles confirment d'une façon évidente les curieux faits annoncés par MM. Pasteur, Chamberland et Roux.

CHAPITRE V

De l'ensemble des expériences qui précèdent il résulte :

1° Que la maladie du charbon est produite par un microbe, la *bactéridie* (bacillus anthracis des Allemands);

2° Que ce microbe donne naissance à des germes qui restent vivants dans le sol pendant plusieurs années;

3° Que les animaux qui mangent des aliments souillés de ces germes peuvent contracter la maladie dite spontanée.

Voici des figures qui montrent l'aspect de la bactéridie ou de ses germes à un grossissement de 400 ou 500 diamètres.

La figure 1 (p. 70) représente le sang d'un animal dans l'état de santé. On ne voit que des globules rouges empilés les uns sur les autres, et quelques globules blancs.

La figure 2 (p. 71) représente le sang d'un animal mort du charbon. On voit que les globules ont perdu la netteté de leur contour; ils sont comme fondus les uns dans les autres, ce qui fait dire que le sang est poisseux et agglutinatif. Mais c'est là un caractère des globules qui ne se présente pas dans tous les cas. Ce qui est constant et ce qui caractérise d'une façon certaine le charbon, c'est la présence des filaments droits, cassés et immobiles qui se trouvent entre les amas des globules du sang. Ces bâtonnets sont les bactéridies.

La figure 3 (p. 72) représente l'aspect d'une culture de sang charbonneux dans le bouillon neutre de poule au bout de vingt-quatre ou quarante-huit heures; les bactéridies, au lieu d'être courtes et cassées comme dans le sang, sont maintenant en filaments excessivement longs et quelquefois enroulés comme des paquets de cordes.

Enfin la figure 4 (p. 73) représente l'aspect de la même culture, mais après plusieurs jours. Beaucoup de filaments paraissent remplis

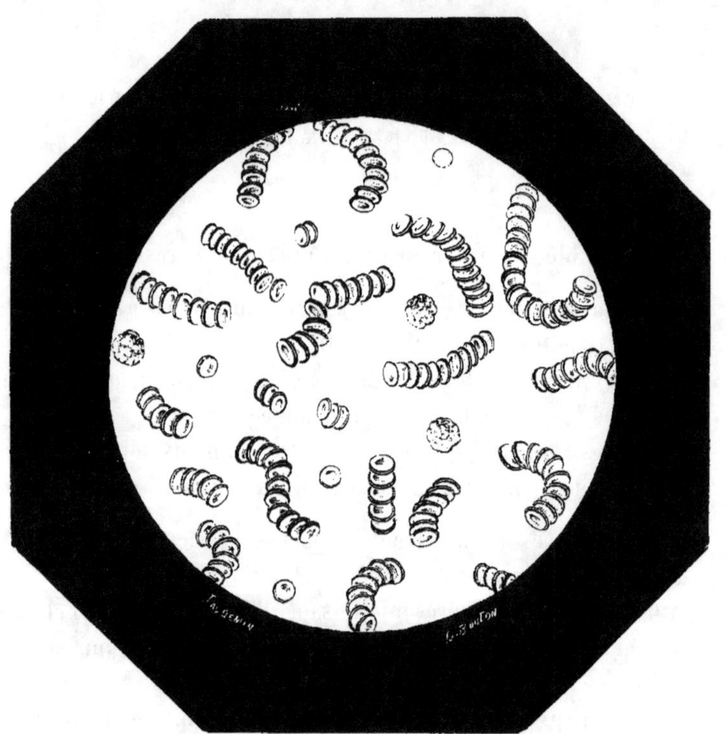

Fig. 1.

de noyaux réfringents un peu allongés. Quelques-uns sont encore dans des filaments très nets, quelques autres forment des chaînes où on reconnaît la forme des filaments qui leur ont donné naissance, mais où le contour a disparu ; d'autres enfin sont tout à fait libres et flottent dans le liquide. Ces noyaux sont les *germes*, les *spores* ou *graines* de la bactéridie, car si on les sème dans du bouillon neutre de poule, on en voit sortir des filaments semblables à ceux de la figure 3.

On peut se demander pourquoi, dans le sang, les bactéridies sont
toujours courtes et cassées, tandis que dans les cultures artificielles
elles sont en général très allongées. La principale cause de cette
différence d'aspect doit tenir à l'influence de l'oxygène de l'air. Dans
le sang, la bactéridie ne trouve qu'une quantité limitée d'oxygène,

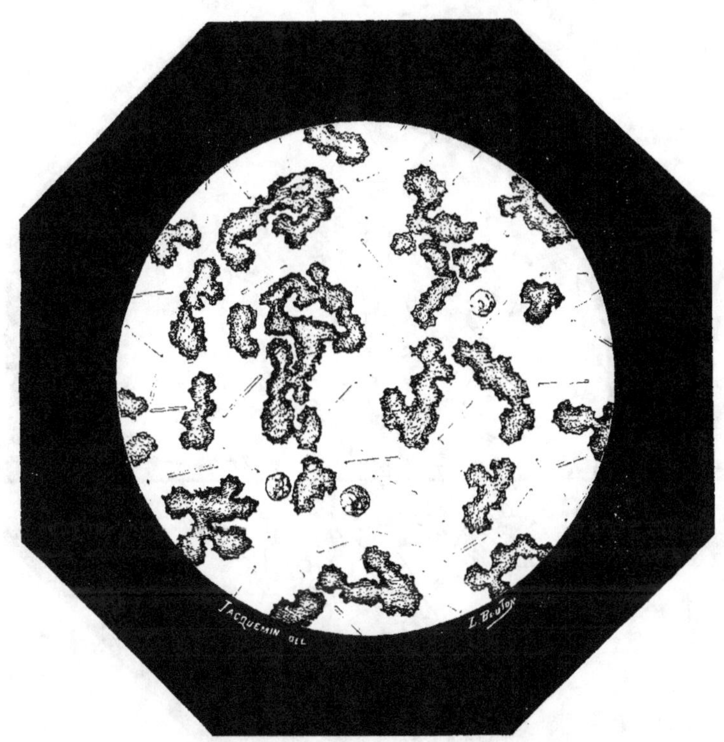

FIG. 2.

tandis que dans une culture artificielle cette quantité est pour ainsi
dire illimitée. Si l'on met, en effet, du sang charbonneux au contact
de l'air, on voit les filaments s'allonger considérablement et prendre
l'aspect qu'ils ont dans les cultures artificielles. Il est possible aussi
que le mouvement rapide du liquide sanguin entraînant les bactéridies, favorise leur segmentation.

La bactéridie existe donc sous deux formes : à l'état de filaments
et à l'état de spores ou germes. Sous ces deux états ses propriétés

sont fort différentes. La bactéridie filamenteuse est tuée par une température de 60 degrés ; elle est tuée par la dessiccation, le vide, l'acide carbonique, l'alcool, l'oxygène comprimé. Les spores, au contraire, résistent à la dessiccation, de sorte qu'elles peuvent former poussière et voltiger dans l'air. Elles résistent à une tempéra-

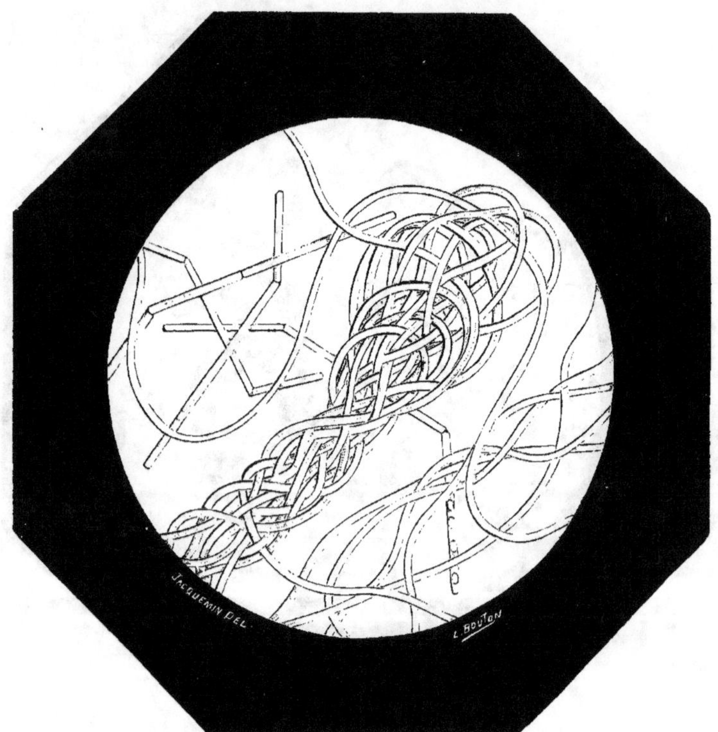

Fig. 3.

ture de 90 à 95 degrés, à l'action du vide, de l'acide carbonique, de l'alcool, de l'oxygène comprimé. En un mot les germes sont beaucoup plus résistants que les bactéridies, à toutes les actions qui tendent à les détruire.

Dans le sang d'un animal mort, tant que ce sang n'est pas mis au contact de l'air, il ne se forme pas de germes, quelles que soient les influences extérieures de chaleur et d'humidité.

Ainsi si on prélève du sang au bout de un, deux, trois jours sur

un animal mort du charbon, et qu'on chauffe ce sang à 60 ou
70 degrés, température qui tue les bactéridies filamenteuses, mais
non les spores, on constate que le sang semé dans du bouillon
neutre de poule ne donne lieu à aucun développement. Le temps
pendant lequel les bactéridies restent vivantes dans le sang, après la

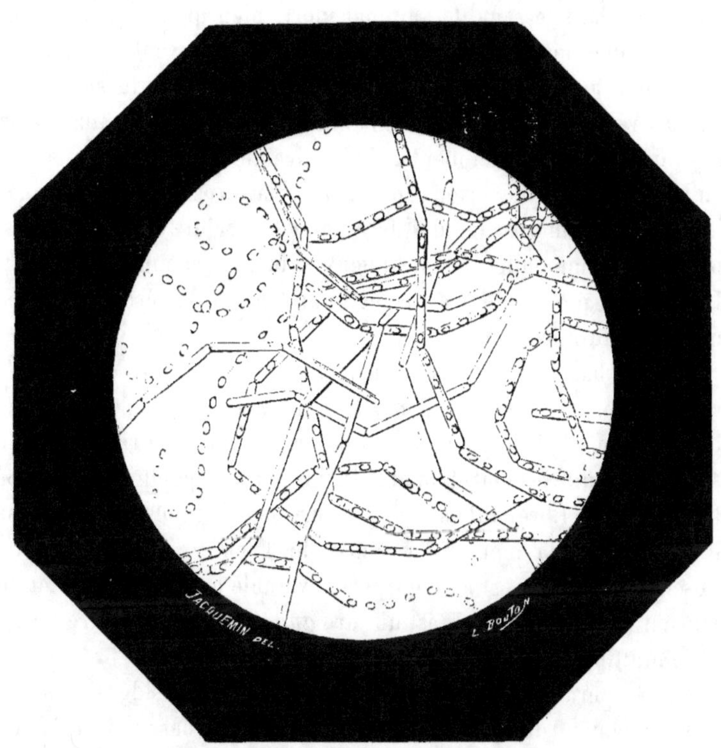

Fig. 4.

mort, est variable avec la température à laquelle se trouve le cadavre.
Au froid, c'est-à-dire à une température de 8 à 10 degrés, les bactéridies sont encore vivantes après sept ou huit jours ; ce dont on
peut s'assurer en semant le sang dans du bouillon ; mais, si le
cadavre est exposé à une température de 25 à 30 degrés, elles
meurent plus rapidement. Il ne faudrait pas tenter des inoculations
dans le but de savoir si les bactéridies sont vivantes ou mortes, car
peu de temps après la mort, quinze ou vingt heures après, comme

nous l'avons vu, ce sang renferme généralement, outre la bactéridie, un autre organisme, le *vibrion septique* venu de l'intestin avec le commencement de la putréfaction. Si l'on inoculait ce sang, l'animal succomberait à une maladie nouvelle, la *septicémie aiguë expérimentale*, plus rapide et plus foudroyante que le charbon. Les bactéridies, n'ayant pas eu le temps de se développer, ne se retrouveraient pas dans le sang de l'animal mort, bien qu'elles existassent dans le sang inoculé. De là la nécessité, lorsqu'on veut transmettre le charbon au moyen du sang, de ne se servir que du sang d'un animal récemment mort, depuis huit ou dix heures au plus. Dans les animaux qui succombent à la septicémie aiguë expérimentale on trouve surtout le vibrion septique dans la sérosité qui entoure les intestins ; au microscope il diffère de la bactéridie en ce qu'il n'est pas droit et immobile, mais sinueux et mobile comme un serpent. La figure 5 (p. 75) montre l'aspect d'une goutte de sérosité péritonéale vue au microscope.

Ainsi la bactéridie ne se transforme pas en germes dans l'intérieur du corps d'un animal mort. Cela tient à ce qu'elle n'a pas d'oxygène à sa disposition pour produire cette transformation. Elle s'est reproduite à l'état filamenteux jusqu'à ce qu'elle ait absorbé tout l'oxygène libre. Elle se trouve alors dans les mêmes conditions que lorsqu'on la met en présence de l'acide carbonique. Cette absence d'oxygène est au contraire favorable au développement du vibrion septique qui, lui, est un être *anaérobie*, c'est-à-dire vivant et se multipliant surtout lorsqu'il n'y a pas d'oxygène.

La température exerce aussi une influence considérable sur le développement des germes. A une température basse, 10 à 12 degrés, les bactéridies, non seulement ne donnent pas de germes, mais même ne se reproduisent pas sous la forme filamenteuse. Elles vivent pendant un temps plus ou moins long, trente ou quarante jours environ, et finissent par périr. Vers 15 degrés elles commencent à se reproduire, mais lentement, et dans ce cas on observe des formes bizarres, plus ou moins monstrueuses. Souvent par exemple, les bactéridies, au lieu d'être en bâtonnets, sont en forme de boule un peu allongée ressemblant presque à des cellules de levure de bière ou mieux à des *dématium*. Elles n'en conservent pas moins leur virulence et elles reprennent leur état normal dès

qu'on les cultive à une température de 30 à 35 degrés. Enfin vers
44 ou 45 degrés elles ne se reproduisent plus du tout et meurent
rapidement.

Ces résultats nous permettent de comprendre ce qui se passe
lorsqu'on enfouit un animal mort du charbon. D'abord on peut dire

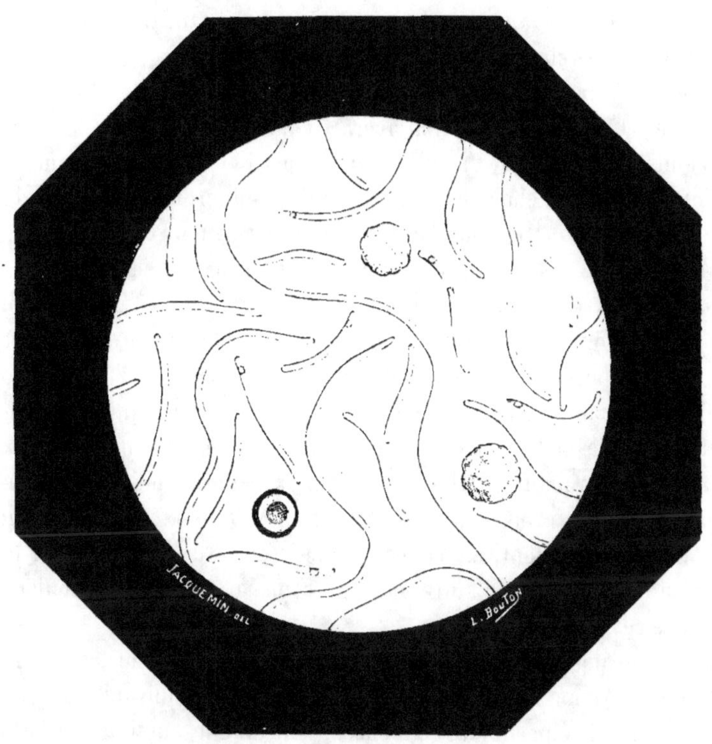

FIG. 5.

que toujours des bactéridies filamenteuses sont mises au contact de
l'air. Le fait est évident si l'on dépouille l'animal avant de l'enfouir.
Mais, même dans le cas où on ne le dépouille pas, il y a presque
toujours du sang qui s'écoule des narines, et de l'urine sanguinolente qui est rejetée par les voies urinaires. C'est, en effet, un des
caractères de cette maladie. De plus la putréfaction ne tarde pas à
amener des déchirures qui laissent suinter des liquides chargés de
bactéridies encore vivantes. Donc des bactéridies se trouvent

mises au contact de l'oxygène de l'air. Deux cas peuvent alors se présenter :

Si l'on est à une époque de l'année où la température du sol est inférieure à 12 degrés, ces bactéridies ne donneront pas de germes et elles mourront. Dans ce cas l'animal enfoui ne pourra pas être une cause de contagion pour l'avenir. Il est bien entendu que dans cette évaluation de la température il faut tenir compte de la chaleur développée par la putréfaction.

Si, au contraire, les bactéridies se trouvent à une température supérieure à 15 degrés, ce qui arrivera fréquemment pendant les mois chauds de l'été, ceux dans lesquels on perd précisément beaucoup d'animaux par le charbon, ces bactéridies donneront naissance à des germes. Ceux-ci, une fois formés, conserveront leur vitalité pendant plusieurs années. Ils seront ramenés à la surface de la terre par les vers de terre, par les différents insectes qui vivent dans le sol, par les labours un peu profonds, par le défoncement du sol, etc.

On comprend ainsi pourquoi il y a des champs *maudits*, c'est-à-dire des champs où l'on ne peut pas faire paître les animaux sans provoquer la maladie charbonneuse. Ce sont des champs où l'on a enfoui des animaux charbonneux, ou bien où l'on a amené de la terre ou des engrais renfermant des débris charbonneux. On comprend également comment, en changeant les troupeaux de place, en les faisant émigrer dans d'autres pâturages, on parvient presque toujours à faire cesser la mortalité.

Ces germes peuvent, à leur tour, être transportés sur les champs de plusieurs manières. Les pluies, et surtout les pluies d'orage, en entraînant les particules terreuses, entraînent aussi les germes. Une partie de ceux-ci se dépose sur les terres, le long des fossés des routes, etc.; une autre partie est entraînée jusqu'au ruisseau le plus voisin, lequel, s'il vient à déborder, va également semer des spores sur ses rives. Il est même très probable que ces spores, se trouvant parfois dans des eaux stagnantes plus ou moins chargées de matières organiques, germent, se reproduisent et donnent de nouvelles spores comme dans les cultures artificielles. C'est probablement là la cause des épidémies charbonneuses qui se déclarent parfois dans les prairies à la suite des inondations.

Une autre cause de dissémination des spores est dans les engrais

qui, souvent, proviennent d'étables où sont morts des animaux charbonneux, ou même de fumiers sur lesquels on a jeté les animaux
ou des débris d'animaux morts du charbon.

Enfin nous avons démontré qu'en faisant manger des spores
charbonneuses à des moutons, tous ne succombent pas. Chez ceux
qui survivent, les spores ingérées ne sont pas détruites par leur passage à travers le canal intestinal. On les retrouve vivantes et virulentes dans les excréments. De sorte que des moutons qui ont
absorbé des spores sur un champ maudit par exemple peuvent ensuite, suivant le chemin parcouru par les animaux, les répandre à
des endroits variables.

Voilà beaucoup de causes, auxquelles sans doute on pourrait encore en ajouter d'autres, qui nous permettent de comprendre comment les germes se disséminent à la surface de la terre. Par les
pluies qui font rejaillir les particules terreuses sur les plantes, par
les poussières détachées du sol, les fourrages peuvent donc être çà
et là recouverts des germes du charbon ; et les animaux qui les
absorbent, se trouvent exposés à contracter la maladie.

Les faits sont nombreux qui prouvent que les endroits où sont
morts, ou bien où ont été enfouis des animaux charbonneux, sont
dangereux, mais parmi tous ces faits je n'en veux citer que deux,
car ils sont très démonstratifs.

Le premier a été relaté dans une communication faite par
M. Pasteur à l'Académie des sciences et à l'Académie de médecine
en 1880. Voici cette communication :

ÉTIOLOGIE ET PROPHYLAXIE DU CHARBON

Par M. PASTEUR.

Académie des sciences, 2 novembre 1880.

Ce n'est pas devant cette Académie qu'il y a lieu d'exalter la nécessité des recherches expérimentales pour éclairer les phénomènes naturels dont les causes nous sont encore inconnues. Alors même que, dans certains sujets, des solutions pratiques semblent se dégager des faits d'observation pure, la vérité n'est acceptée et ne devient féconde en applications suivies que le jour où elle a pour point d'appui des démonstrations rigoureuses.

La maladie désignée vulgairement sous les noms de *charbon, sang de rate, pustule maligne....*, est si anciennement connue que certains auteurs sont portés à croire que ce fut une des dix plaies d'Égypte, sous les Pharaons. Néanmoins, c'est seulement dans le cours de ces derniers mois que nous avons pu en établir sûrement l'étiologie. Cette connaissance a fait surgir aussitôt dans l'esprit de tous, comme par une déduction obligée des faits nouveaux, un ensemble de mesures prophylactiques dont l'application aussi simple qu'efficace peut faire disparaître le fléau dans un nombre d'années très restreint. Ce ne serait pas la première fois qu'une maladie se trouverait facilement combattue — je citerai l'exemple de la gale — à la suite de la découverte de sa véritable nature.

De divers côtés j'ai reçu des témoignages rassurants sur les efforts qui seront tentés contre la fièvre charbonneuse, par les propriétaires intéressés et par l'Administration. S'il fallait ajouter de nouveaux stimulants à l'urgence des mesures à prendre et convaincre des bienfaits dont elles seront le point de départ, aucune communication ne serait mieux faite pour contraindre l'intérêt bien entendu des cultivateurs de nos départements où l'affection charbonneuse

est enzootique, qu'une Note manuscrite qui m'a été confiée par
M. Tisserand, le savant directeur du ministère de l'Agriculture et
du Commerce. Les lectures que j'ai faites récemment à l'Académie
lui ayant rappelé le souvenir de cette Note et son existence dans ses
papiers, il a été assez heureux pour la retrouver. Elle porte la date :
Janvier 1865. C'est à cette époque, à la suite d'une conversation
qu'il eut avec M. le baron de Seebach, ministre de Saxe à Paris,
que celui-ci lui remit cette Note tout entière écrite de sa main en
langue française. Les faits qu'elle relate sont une confirmation si
éclatante de l'étiologie du charbon que j'ai exposée récemment, en
mon nom et au nom de mes collaborateurs MM. Chamberland et
Roux, que je demande la permission de l'insérer intégralement
dans nos *Comptes rendus*. Elle est d'ailleurs aussi courte qu'instruc-
tive.

Note remise par M. le baron de Seebach, ministre de Saxe à Paris (janv. 1865).

En 1845, un nouveau fermier prit l'administration de mon domaine.

Celui-ci comptait faire des améliorations sensibles, surtout rendre
les terres plus fécondes par des engrais.

Dans ces contrées, les terres apportées pendant l'été dans l'étable
des moutons, souvent remuées après avoir servi de litière aux
bêtes pendant la nuit, et après être restées recouvertes par la paille
en hiver, servent d'engrais et ont beaucoup d'avantages. Près de la
ferme, il y avait une bande de terrain assez étendue dans laquelle
les bêtes avaient été enfouies depuis des temps immémoriaux. Elle
apparaissait au fermier comme particulièrement apte à être préparée, par le procédé indiqué, pour servir d'engrais.

Le vieux berger s'opposa à ce que cette terre fût introduite dans
l'étable, mais il ne put obtenir qu'une modification aux dispositions
arrêtées, en ce sens que l'on ne commença que par la moitié de
l'étable.

Près de 900 bêtes étaient couchées sur la terre ainsi introduite :
à côté il y avait les brebis, et le reste, dans le fond, hors de contact
avec les premiers. Pendant quelques jours les pertes n'étaient que

normales. Puis une nuit deux et le lendemain six bêtes crevaient. On attribuait ces pertes à une cause quelconque et on laissait la terre dans l'étable. Le lendemain matin on trouva quarante-cinq bêtes crevées ; une brebis de l'enclos juxtaposé avait partagé le même sort. Dans le cours de la journée cinquante bêtes étaient crevées.

Enfin la terre fut extraite de l'étable et celle-ci nettoyée, et une couche de fumier d'un pied d'épaisseur introduite dans l'étable. Pendant huit jours les pertes furent les mêmes, et ce n'est qu'alors qu'elles diminuèrent petit à petit. Pendant les quinze premiers jours, trois cent douze bêtes du premier enclos crevèrent et huit brebis de l'enclos juxtaposé. Dans la partie qui n'avait aucun contact avec la terre introduite, on n'eut à déplorer aucune perte.

La mortalité continua dans des proportions moindres tout l'hiver, de sorte que jusqu'au moment de la toison, quatre cents bêtes étaient crevées. C'est à ce moment que j'obtins par cession l'administration de la ferme.

Les moutons crevés avaient été enfouis dans le même endroit, et la terre après avoir été bien travaillée avait été employée comme fumier pour une prairie sèche. J'envoie, par principe, les moutons au printemps sur ces sortes de prairies ; je permis donc que les moutons allassent paître sur la prairie ainsi fumée, et d'autant plus facilement qu'il me semblait avantageux d'ameublir ainsi ces terres au moyen des moutons. En huit jours je perdis treize bêtes, et je ne pus comprendre comment cette terre ayant été longtemps exposée à la gelée et à l'air, et travaillée après avoir été mélangée avec de la chaux et de la cendre, pouvait contenir encore des germes de maladie. Afin de me convaincre encore plus complètement, je choisis dix des plus mauvaises bêtes, et je les laissai paître exclusivement sur cette prairie. En trois jours j'en perdis trois. Alors je cessai l'expérience, puisque j'avais acquis la preuve que cette terre contenait des éléments de contagion qui étaient communiqués aux bêtes lorsque leurs nez étaient restés en contact perpétuel avec elle.

On a l'habitude, dans nos contrées, de laisser en été les moutons pendant la nuit sur des terres que l'on veut préparer pour l'ensemencement. Lorsque les moutons crèvent, ils crèvent généralement pendant la nuit et sont enfouis dans le terrain même.

Mon berger avait une répugnance que je qualifiais de superstilieuse, pour certains champs, et ne voulait pas y laisser les animaux pendant la nuit. Il prétendait, sans en savoir la raison, que ces champs étaient malsains. Plus tard j'arrivai à la conclusion qu'il avait raison, et je tâchai de m'en rendre compte.

Le terrain, au printemps, est très dur, et le travail pour y creuser un trou suffisant pour y enfouir les bêtes, est très pénible. On le fait par conséquent très superficiellement, et les cadavres sont très facilement mis à découvert par les chiens. Ceci me paraissait fort dégoûtant, et je donnai une bêche à mes bergers afin de mieux enfouir leurs animaux.

Un jour, des chevaux attelés à une charrue s'enfoncèrent dans le terrain et furent aspergés par une matière putride; la charrue mit à découvert les restes d'un mouton en putréfaction; ceci me dégoûta et j'ordonnai une vigilance sévère sur la manière d'enfouir les bêtes.

Le coin du champ où cet incident était arrivé m'est resté clairement dans la mémoire. Le champ fut ensemencé cette année-là même avec du blé, et l'année suivante avec du trèfle. À la place en question, le trèfle vint avec profusion et à une hauteur extraordinaire. Un jour je m'aperçus que ce trèfle avait disparu, et je ne doutai pas qu'il n'eût été volé.

Le lendemain matin, une femme vint en pleurant à la ferme me dire que sa chèvre était crevée et que sa vache était malade.

Cette circonstance m'ouvrit les yeux, et je me rendis aussitôt dans son étable, où je constatai que la vache avait la maladie de la rate la plus prononcée. Le cadavre de la chèvre me fut apporté, et je constatai également la même maladie.

La femme m'avoua qu'elle avait pris le trèfle justement à la place qui m'était restée dans la mémoire, et qu'elle en avait nourri ses deux bêtes.

Il y avait près de deux ans que le mouton avait été enfoui, et le trèfle qui avait poussé à cette place avait répandu les germes de la maladie. J'ordonnai aussitôt que tous les cadavres fussent apportés à un endroit désigné par moi, que j'entourai d'un fossé de deux pieds et d'une barrière.

Depuis 1854 toutes les bêtes crevées sont enfouies à cette place, et il ne me reste plus qu'à indiquer les résultats de cette précaution:

CH. CHAMBERLAND.   6

De 1849 à 1854, je perdis 15 à 20 pour 100 par an.
De 1854 à 1858, je perdis   7   —
De 1860 à 1864, je perdis   5   —
En 1863, je perdis   3   —

Tels sont les précieux renseignements que contient cette curieuse Note. Aujourd'hui nous savons à quoi nous en tenir sur la véritable cause de l'infection qui s'empara des troupeaux de M. de Seebach. Elle ressort des faits que nous avons publiés récemment sur la culture du parasite charbonneux autour des cadavres des animaux enfouis, et sur les germes nés de cette culture profonde, que les vers, par leurs déjections, ramènent à la surface de la terre et sur les plantes qui y poussent. Elle ressort également de cette décisive expérience où quatre moutons ayant été parqués sur une fosse contenant une vache charbonneuse enfouie plus de deux ans et trois mois auparavant, à 2 mètres de profondeur, un des quatre moutons mourait le huitième jour de son habitation sur la fosse, présentant toutes les lésions du charbon spontané et le sang rempli de filaments du parasite charbonneux. Je rappelle enfin que, depuis deux ans, toutes les tentatives que nous avons faites pour donner le charbon à des cobayes, soit avec la terre de la surface de cette fosse, soit avec les déjections des vers, ont eu des résultats positifs.

Dans les derniers jours du mois d'août, nous avons, M. Chamberland et moi, reproduit cette même expérience sur quatre nouveaux moutons, en les faisant parquer sur une fosse toute semblable à la précédente, dans la même prairie, avec cette seule modification que des barbes d'orge, coupées en fragments de 1 centimètre de longueur environ, furent jetées sur la terre de la fosse, en même temps que la nourriture des moutons. Cette fois un mouton mourut le sixième jour et un second le septième jour de leur habitation sur la fosse. Quatre moutons témoins, nourris de la même manière, parqués à côté, mais non au-dessus d'une fosse, n'eurent aucun mal. Ces faits avertissent une fois de plus les cultivateurs du danger des aliments piquants, non macérés, quand il y a lieu de craindre qu'ils soient souillés par des germes charbonneux.

Dans la Beauce, on a remarqué depuis longtemps que la mortalité se déclare surtout après qu'on a commencé le parcage des troupeaux sur les chaumes.

Deux circonstances contribuent, dans ces conditions, à une exagération de la mortalité relativement à ce qu'elle est à l'étable. Sur les chaumes, les occasions de blessures sont plus fréquentes et les moutons sont à tout moment exposés à rencontrer les sources mêmes des germes du charbon sur les points où, dans les années antérieures, ont été enfouis des cadavres charbonneux.

Quand on envisage les horribles maux qui peuvent résulter de la contagion dans les maladies transmissibles, il est consolant de penser que l'existence de ces maladies n'a rien de nécessaire. Détruites dans leurs principes, elles seraient détruites à jamais, du moins toutes celles, dont le nombre s'accroît chaque jour, qui ont pour cause des parasites microscopiques. Comme tous les êtres, ces espèces parasitaires sont à la merci des corps qui peuvent les frapper. Bien différent est le groupe des affections qui accompagnent les manifestations de la vie considérée en elle-même. L'humanité ne saurait être à l'abri d'une fluxion de poitrine ni de mille accidents divers d'où peut naître la maladie avec toutes ses conséquences. En ce qui concerne l'affection charbonneuse, je crois fermement à la facile extinction de ce fléau. Le monde entier pourrait l'ignorer, comme l'Europe ignore aujourd'hui la lèpre, comme elle a ignoré la variole pendant des milliers d'années.

––––––––––

J'ai trouvé le second exemple de contagion dans les *Annales de l'Agriculture* (1re série, t. XXX, p. 332); les faits qui s'y trouvent consignés ont été recueillies par M. Damoiseau, vétérinaire à Chartres.

Le 21 août 1796, un nommé Davie ramenait une jument affectée du charbon qu'il avait conduite au charlatan empirique de la commune d'Orgères; l'animal succomba sur une digue par où passaient les animaux de la ferme du sieur Le Gouet, à Houë (Eure-et-Loir), pour aller paître dans une prairie ombragée, située au bord de la rivière l'Oise. Le cadavre de cette jument séjourna à cet endroit pendant plus de deux heures; il fut écorché ensuite et traîné sans la peau par deux chevaux du sieur Le Gouet, tout le long de la

digue sur laquelle des muscles déchirés, des intestins même sé-
journèrent ; les excréments et le sang s'y épanchèrent. Ces débris
putrides servirent quelques jours de pâture aux chiens et aux
insectes.

Ce jour-là, comme de coutume, le troupeau du sieur Le Gouet
passa plusieurs fois sur la digue pour aller au pâturage. Les bêtes
flairèrent le sang et les débris cadavériques dans toute la longueur
du trajet qu'avait suivi le cadavre.

Les vaches de la ferme passèrent à leur tour, et, avec elles, le
taureau. Celui-ci, à l'aspect du sol ensanglanté, entra en fureur, se
roula plusieurs fois sur place en poussant des mugissements horribles, en faisant sauter avec ses cornes la terre imprégnée de sang.
Pour l'éloigner de ce lieu, il fallut faire rentrer les vaches et même
employer des moyens violents.

Six jours après le taureau paya le premier tribut à la contagion ;
il tomba malade de la fièvre charbonneuse : on le fit tuer. Le septième jour, plusieurs moutons périrent du charbon. Le huitième, il
mourut deux vaches ; quant aux moutons, ils périssaient en si grand
nombre que l'on fut obligé d'aller, à plusieurs voyages, les chercher
dans les champs, avec un cheval.

Ces bêtes étaient amenées à la ferme et dépouillées ; les cadavres écorchés étaient enfouis si peu profondément dans les héritages
voisins de la ferme, que les chiens, les volailles pouvaient s'en re-
paître en les déterrant. Ces négligences multipliaient les foyers de
contagion : 500 à 600 moutons, parmi lesquels se trouvaient plus
de 60 animaux de race espagnole, périrent du charbon. Le
troupeau de vaches composé de 25 bêtes périt tout entier ; 15 à
18 chevaux eurent le même sort ; et parmi ces dernières victimes
de la contagion, le cheval qui transportait les moutons fut attaqué le
premier.

M. Damoiseau, en opérant un animal d'une tumeur charbonneuse, contracta la maladie dont il guérit heureusement.

Ce qui prouva bien que la contagion avait seule occasionné tous
ces malheurs fut l'observation suivante. Le sieur Le Gouet fit émigrer ses moutons à quatre lieues de Houë : pendant le voyage il en
mourut huit. Ils restèrent près de deux mois à leur nouveau do-
micile sans qu'il en mourût un seul. Ramenés alors dans le lieu

infecté, ils furent frappés de nouveau et la mortalité recommença. Il est à noter que nulle cause infecte n'existait dans la localité où est située la ferme de Houë, et que les animaux de trois autres fermes voisines ont été épargnés. — En outre, un vigneron de Houë ayant passé avec deux vaches sur la digue où gisait le cadavre écorché de la jument morte du charbon, ne fut pas peu surpris lorsque le lendemain matin, entrant dans son étable, il vit qu'une de ses vaches était morte; le surlendemain, l'autre vache subit le même sort.

CHAPITRE VI

MESURES A PRENDRE POUR ÉVITER LA PROPAGATION
DE LA MALADIE

Ces exemples suffisent pour montrer jusqu'à l'évidence que les cadavres des animaux qui ont succombé au charbon sont la seule, ou mieux la principale cause de propagation de la maladie. Que faudrait-il dès lors pour faire disparaître cette redoutable affection ? détruire les cadavres ou les mettre dans un endroit inaccessible aux animaux vivants.

Il est certain que l'incinération ou la cuisson des cadavres serait la mesure la plus radicale et, de beaucoup, la plus efficace. Aussi a-t-on constaté depuis longtemps, que dans les régions où il existe des clos d'équarrissage, la mortalité a subi une notable diminution. Dans une visite que j'ai faite récemment à l'établissement d'équarrissage de Sours, près de Chartres, j'ai pu m'assurer, en consultant les livres d'entrée, que le nombre des animaux amenés à l'établissement avait toujours été en décroissant.

Malheureusement ces établissements sont assez rares; en outre, les petits animaux comme les moutons n'ont pas une valeur suffisante pour que les propriétaires de clos d'équarrissage aient quelque avantage à envoyer chercher les cadavres; de sorte que souvent des moutons sont abandonnés sur les champs où ils ont succombé, ou bien sont enfouis à une très faible profondeur. Quelquefois même ils sont dépouillés sur place par le berger, et la chair est donnée en pâture aux chiens qui en dispersent les débris. Il en résulte que les germes vont se répandre un peu partout dans les champs. En outre, les chiens, par leurs morsures aux autres moutons du trou-peau, pratiquent sur ceux-ci une véritable inoculation et peuvent leur communiquer la maladie.

Lorsque les moutons meurent à la bergerie, leurs cadavres sont souvent jetés sur le fumier : de là ils iront répandre les germes dans les champs, au moment de la fumure. On enfouit aussi quelquefois les animaux dans l'intérieur ou sur le seuil de l'étable, obéissant par là à une vieille superstition qui avait la prétention de conjurer ainsi le mal.

Ces pratiques anciennes doivent être entièrement rejetées, car ce sont elles qui propagent la maladie. S'il existe, dans le voisinage de la ferme, un établissement d'équarrissage, on devra y transporter les cadavres le plus tôt possible. Si cette mesure n'est pas praticable, le procédé le plus sûr et le plus commode consisterait à sacrifier une petite portion de terre que l'on transformerait en un cimetière clos d'un mur assez élevé et assez profondément assis pour que les animaux vivants ne puissent y pénétrer et pour que les eaux de pluie ne puissent entraîner les germes sur les champs voisins.

Il y aurait aussi lieu de chercher à construire un four pour l'incinération des cadavres, ou à établir une chaudière destinée à leur coction. Pour s'assurer si ces derniers systèmes sont susceptibles de passer dans la pratique, il s'agirait d'évaluer, par des devis approximatifs, le prix de leur installation. La coction présenterait des avantages en diminuant les frais d'exploitation, car la chair, après l'opération, pourrait être livrée en pâture aux animaux domestiques tels que le porc, le chien, etc.

Le transport des cadavres exige les plus grandes précautions : en général les animaux laissent suinter du sang par leurs orifices naturels, les naseaux, la vulve, etc. Ce sang coule sur les routes et peut être une cause de contagion. Les équarrisseurs devraient être tenus d'avoir des voitures étanches, des voitures doublées de zinc, par exemple, de manière que les liquides des cadavres ne puissent arriver au sol. Dans les fermes il suffirait d'avoir une sorte de bac en tôle, porté sur deux roues.

Enfin il faut désinfecter les places où sont morts les animaux, ainsi que tous les objets avec lesquels ils ont été en contact. Il ne sera pas toujours possible d'avoir recours à l'action directe du feu ; on utilisera alors la propriété que possède l'eau bouillante de tuer la bactéridie et ses germes. On jettera de l'eau bouillante sur la paille, sur le fumier, sur le sol des écuries, sur les parois des murs, dans les mangeoires, etc., ainsi que sur les peaux qui ne doivent pas être suspendues dans les bergeries sans avoir subi ce lavage. On nettoiera aussi à l'eau bouillante les véhicules qui ont transporté les cadavres, les couteaux et autres instruments qui ont servi à les écorcher.

Si l'animal meurt sur les champs, on brûlera de la paille ou des herbes sèches à l'endroit où il a succombé. Si l'on ne peut produire ces flambées, on arrosera la place avec une solution de sulfate de cuivre (vitriol bleu) renfermant 10 grammes de sel par litre d'eau. Cette solution sera aussi utilement employée à la désinfection des étables ; elle constitue un des agents les plus actifs pour la destruction des microbes en général et de la bactéridie et de ses germes en particulier.

En résumé, par un de ces trois moyens : le feu, l'eau bouillante ou la solution de sulfate de cuivre au centième, il sera possible, dans tous les cas, de détruire la cause de propagation de la maladie.

Si les cultivateurs veulent s'astreindre à appliquer les mesures qui viennent d'être indiquées sommairement, il n'est pas douteux que le charbon finisse par disparaître rapidement. Ils se mettront aussi eux-mêmes à l'abri du fléau ; et on ne signalera plus tous ces cas de pustule maligne dont sont victimes les vétérinaires, les bergers, les bouchers, les tanneurs, les équarrisseurs, etc., et qui déterminent chaque année la mort d'un nombre relativement considérable de personnes.

DEUXIÈME PARTIE

VACCINATION. — RÉSULTATS OBTENUS EN FRANCE
ET A L'ÉTRANGER

PRATIQUE DE L'OPÉRATION

CHAPITRE VII

INTRODUCTION

L'étiologie et la prophylaxie de la maladie charbonneuse étant
bien connues, il restait une dernière question à étudier, celle de la
préservation immédiate des animaux contre cette terrible affection.
Malgré toutes les précautions qui pourront être prises pour empêcher la formation de nouveaux germes de contagion, il est certain
que, dans les localités où la maladie règne à l'état endémique, ces
germes existent, qu'ils peuvent conserver leur activité virulente
durant de longues années et menacer sans cesse la santé et la vie
des animaux. Il était donc très important de trouver un procédé
capable de mettre momentanément les animaux à l'abri de cette
cause de maladie.

Il semblait naturel de chercher à guérir directement les bêtes
malades; aussi les travaux entrepris dans cette direction sont-ils
extrêmement nombreux. Mais il faut reconnaître que tous les
moyens préconisés jusqu'ici et qui ont été soumis au contrôle de
l'expérimentation, n'ont donné que des résultats nuls ou insigni-
fiants. Après un grand nombre d'essais, les cultivateurs lassés de
tout, même de l'espérance, en étaient réduits à voir succomber
leurs animaux sans même essayer de les sauver. Quelquefois ils faisaient émigrer leurs troupeaux; d'autres fois ils se hâtaient de les
vendre pour la boucherie, ce qui leur occasionnait toujours des
pertes assez considérables.

M. Pasteur ne tenta pas d'aborder la question par ce côté. Si l'on
réfléchit que, presque toujours, au moment où l'on s'aperçoit que
l'animal est malade, il est presque complètement infecté parce
qu'il est malade déjà depuis plusieurs jours et que les premiers

symptômes ont passé inaperçus, on comprendra combien il est difficile, pour ne pas dire impossible, d'arriver à la guérison. Souvent l'animal n'a plus que quelques heures ou même quelques instants à vivre ; comment alors peut-on espérer trouver une médication assez énergique pour enrayer le mal ?

M. Pasteur chercha à réaliser cette idée qui doit servir de base à la médecine : prévenir et non guérir. Les personnes, par exemple, qui ont été vaccinées par le vaccin jennérien, sont mises à l'abri de la variole au moins pendant un certain temps. Si l'on veut bien réfléchir à l'importance de ce résultat pratique, on reconnaîtra que cette grande découverte de Jenner est plus importante que celle d'un remède contre la variole, remède qui n'aurait pas supprimé la maladie ni les traces qu'elle laisse après la guérison. Ne serait-il pas possible de vacciner également les animaux contre la maladie charbonneuse ?

En 1880, M. Pasteur découvrait précisément le premier exemple d'une maladie (choléra des poules) produite par un microbe spécial, lequel, par un artifice particulier, pouvait être privé d'une partie de sa virulence et être ensuite inoculé sans danger aux poules. Par ce virus atténué on pouvait communiquer aux poules une maladie bénigne ; et, à la suite de cette légère atteinte, elles étaient préservées contre la maladie mortelle.

C'est là, dis-je, le premier exemple d'une maladie produite par un microbe bien connu et ne récidivant pas. Depuis, plusieurs autres maladies à microbes, également définies, ont été reconnues jouir de la même propriété. Dans les maladies humaines, la plupart de celles qu'on désigne sous le nom de maladies contagieuses comme la fièvre typhoïde, la fièvre scarlatine, la rougeole, etc., ne récidivent pas non plus. C'est là un point de rapprochement très précieux entre ces sortes d'affections et qui peut nous autoriser à penser qu'elles sont produites également par des êtres microscopiques.

M. Pasteur, avec une merveilleuse sagacité, ne manqua pas de faire remarquer que le procédé qui lui avait servi à atténuer l'action du microbe du choléra des poules, devait vraisemblablement être un procédé général d'atténuation de la virulence des microbes en général, causes de différentes autres maladies. Une Communication récente, faite au congrès de Genève par M. Pasteur, en son nom et au nom de MM. Chamberland, Roux et Thuillier, montre la parfaite exactitude de cette prévision.

Aussi M. Pasteur chercha-t-il à appliquer cette méthode générale à la maladie charbonneuse. Le succès ne tarda pas à couronner ses efforts, ainsi que le prouvent les Notes suivantes, qui ont été lues à l'Académie des sciences et à l'Académie de médecine, et que nous reproduisons *in-extenso*.

CHAPITRE VIII

SUR LA NON-RÉCIDIVE DE L'AFFECTION CHARBONNEUSE

Par MM. Pasteur et Chamberland.

Académie des sciences, 27 septembre 1880.

J'ai été chargé par M. le ministre de l'agriculture et par le comité des épizooties, de porter un jugement sur la valeur des procédés de guérison du charbon des vaches, imaginé par un habile vétérinaire du Jura, M. Louvrier. M. Chamberland a bien voulu s'adjoindre à moi pour ces recherches, et c'est en mon nom et au sien que j'en communique à l'Académie les résultats.

Le procédé de M. Louvrier a été décrit dans le *Recueil de médecine vétérinaire* de notre confrère, M. Bouley.

L'auteur s'efforce de maintenir l'animal à une température élevée par des frictions, par des incisions à la peau dans lesquelles il introduit un liniment à la térébenthine; enfin, en recouvrant l'animal, la tête exceptée, d'une couche épaisse de $0^m,20$ de regain, préalablement humecté de vinaigre chaud, qu'on retient par un drap qui enveloppe tout le corps.

Le 14 juillet 1879, nous avons inoculé à deux vaches cinq gouttes d'une culture de parasite charbonneux derrière l'épaule droite. Nous désignerons ces vaches par les lettres M et O. Dès le lendemain un œdème sensible se manifeste sur les deux vaches, moins étendu sur la vache M que sur sa voisine. Le 16 juillet, l'œdème de M paraît déjà diminué; celui de O n'a fait que s'accroître, et il descend même sous le ventre. Notons, en passant, le fait des tumeurs, des œdèmes chez les vaches inoculées. Dans les cas de charbon *spontané* chez les vaches, rien n'est plus rare que la présence des tumeurs symptomatiques. C'est que, suivant les conclusions de mon rapport du 17 septembre 1878, au ministre de l'agriculture, le charbon *spontané* s'inocule par les voies digestives. Dans les cas rares de tumeurs charbonneuses, il doit y avoir eu inoculation directe, par exemple par des mouches piquantes dont le dard vient de puiser le charbon sur un cadavre charbonneux. M. Boutet m'a dit un jour : « Sur cent vaches charbonneuses il n'y en a pas une avec tumeur. »

La vache O est très malade, très faible sur les jambes de derrière, qu'elle écarte comme pour ne pas tomber. La température de cette vache, qui était au début de 38°,8, est montée à 41°,5. C'est alors que M. Louvrier commence à lui appliquer sa méthode de traitement le 16, à neuf heures du soir.

Le 17 juillet, la vache M va bien. Sa température, qui ne s'est pas élevée, est toujours la température du début. La vache O est très malade, les ganglions près de la cuisse sont durs, très engorgés.

Le 18 juillet, la vache M n'a plus d'œdème. Elle est guérie et n'a jamais été sensiblement atteinte. C'est évidemment une vache qui était naturellement réfractaire au charbon. La vache O, au contraire, est toujours malade, avec un énorme œdème sous le ventre, et les ganglions de la cuisse droite sont durs et douloureux. Sa température est cependant descendue à 39°,7.

Le 19 et le 20 juillet, la vache O paraît aller mieux.

Le 21 juillet, sa température est de 39 degrés, quoique l'œdème sous le ventre, devenu fluctuant, soit toujours considérable.

A partir du 22 juillet, la température de cette vache est normale ; l'œdème diminue et se résorbe. La guérison devient peu à peu complète.

La vache M s'étant montrée réfractaire et témoin infidèle, on essaie de suppléer à ce terme de comparaison, qui fait défaut, en réinoculant cette vache M à la place précédemment indiquée, et une nouvelle vache P qui n'a pas encore servi. On emploie cette fois dix gouttes de culture du parasite charbonneux au lieu de cinq. C'était le 4 août. Les jours suivants, la vache M n'a pas changé de température et n'a pas offert d'œdème. La nouvelle vache inoculée P présente un œdème dès le lendemain et sa température a passé de 38°,8 à 39°,3. Le 8 août, elle marque 41°,2 ; l'œdème s'est étendu et les ganglions de la cuisse droite, du côté inoculé, sont enflammés.

Le 9 août, on note 41°,5. L'œdème est descendu sous le ventre ; il est de plus en plus volumineux. La vache est fort triste et très malade.

A partir du 10 août, la température commence à baisser.

Le 13, elle est de 39°,5.

Le 14, elle est de 38°,3. La vache est guérie.

Je répète que cette vache n'a pas été traitée parce qu'elle était destinée à servir de témoin pour la vache O, qui avait subi les remèdes Louvrier.

En résumé, une vache traitée par M. Louvrier a guéri, et une vache non traitée a guéri également.

Ces expériences ne permettent donc pas de porter un jugement sur l'efficacité du remède dont nous avions à juger la valeur pratique. Nous résolûmes de les recommencer ; mais nos travaux nous rappelant à Paris, nous donnâmes rendez-vous à M. Louvrier, dans le Jura, pour l'époque des vacances de 1880. Je vais faire connaître les résultats de ces nouvelles expériences ; mais, auparavant, que l'Académie me permette de l'entretenir du sujet principal de cette Note, de la question de la récidive et de la non-récidive du charbon, dont la solution s'offrait naturellement à nous.

Nous venons de constater que des vaches auxquelles on a donné le charbon par inoculation et qui en ont subi les effets de la manière la plus grave, peuvent se guérir spontanément. Telles sont les vaches O et P, qui ont eu des tumeurs douloureuses énormes, des élévations de température considérables, et qui ont été, à un moment, si malades, qu'elles pouvaient à peine se tenir sur leurs jambes. Nous avons voulu savoir si ces vaches pouvaient reprendre la maladie. Dans l'espoir que du sang charbonneux frais serait plus actif peut-être que des cultures de bactéridies, précédemment employées, nous avons, le 15 août 1879, réinoculé la vache O, très bien guérie, avec du sang charbonneux pris à un cochon d'Inde qui venait de mourir, le sang rempli de bactéridies. On essaie également l'effet de ce sang sur la vache M, qui jusque-là avait résisté à deux inoculations de cultures très chargées du parasite.

Le 16, rien d'apparent dans la région des inoculations.

Le 18, léger œdème aux deux vaches, sans élévation de température.

Le 19, pas d'aggravation.

Le 20, les œdèmes, toujours très faibles, diminuent; la température est normale.

Ce jour, nouvelle inoculation à chacune des deux vaches par dix gouttes d'un liquide de culture de bactéridies. Les jours suivants, rien de visible aux points inoculés et pas d'élévation de température.

Ces faits et particulièrement ceux qui concernent la vache O, qui avait été une première fois malade, avec un œdème considérable et une température élevée de 3 degrés, démontrent qu'une première atteinte de la maladie préserve l'animal d'atteintes ultérieures. Le charbon ne récidiverait pas. On peut présumer, en outre, qu'une récidive, si elle a lieu, est de moins en moins accusée.

Je passe aux résultats de notre étude récente en 1880.

Le 6 août 1880, à onze heures du matin, on a inoculé quatre vaches, A, B, C, D, par cinq gouttes d'une culture du parasite charbonneux. Leurs températures sont comprises entre 38°,5 et 39 degrés au moment de l'inoculation. On décide que les vaches A et B seront livrées à M. Louvrier, qui leur appliquera sa méthode de traitement dans l'écurie même où se trouvent les quatre vaches. Les vaches C et D seront conservées comme témoins.

Le 10 août, à deux heures du matin, c'est-à-dire quatre jours après l'inoculation, les vaches B et D meurent charbonneuses, après avoir eu de fortes tumeurs et une grande élévation de température.

B est une des deux vaches auxquelles M. Louvrier a appliqué sa méthode de traitement; D est une des vaches non traitées. Quant aux deux autres, la vache A, traitée par M. Louvrier, s'est guérie, mais également la vache C, non traitée, et toutes deux ont manifesté des symptômes morbides fort accusés jusqu'au 12 août, jour à partir duquel la température a commencé à diminuer, les ganglions à être moins douloureux et les œdèmes à se résorber, après avoir été énormes, pendants sous le ventre, contenant certainement, disait M. Louvrier, plusieurs litres de sérosité.

Détail des observations de la maladie des deux vaches A et C :

7 août. Vache A, léger œdème, 39 degrés.
— Vache C, pas d'œdème, 38°,7.
8 — Vache A, œdème, 41°,1.
— Vache C, pas d'œdème, 38°,6.
9 — Vache A, œdème descend sous le ventre, 41°,5. Le traitement pour cette vache commence à neuf heures du soir.
— Vache C, léger œdème, 38°,6.
10 — Vache A, œdème considérable, ganglions gros et sensibles, 41 degrés.
— Vache C, gros œdème sous le ventre, ganglions engorgés, 39 degrés.
11 — Vache A, température 41 degrés.
— Vache C, — 41°,5.
12 — Vache A, — 40°,5.
— Vache C, — 41°,5.

Puis, les jours suivants, les températures vont en décroissant assez rapidement.

En résumé, nouvelle impossibilité de rien conclure touchant l'efficacité du remède Louvrier, puisque des deux vaches qu'il a traitées une est morte, que l'autre a guéri et que, des deux témoins, une est également morte et que la seconde également a guéri.

Il n'est pas inutile de faire la remarque que si les vaches A, B, C, D avaient été distribuées différemment, que les vaches A et C eussent été confiées à M. Louvrier, et que B et D eussent servi de témoins, on aurait eu l'illusion de croire que le remède avait été souverain, puisqu'il aurait guéri deux fois sur deux et que les deux vaches témoins seraient mortes. Il ne faut jamais oublier que, dans certaines questions, la méthode expérimentale peut être sujette à ces dangereux hasards.

Laissons donc sans jugement la valeur du remède Louvrier et essayons de soumettre de nouveau à une épreuve expérimentale le problème théoriquement si important de la récidive du charbon.

Le 15 septembre 1880, les deux vaches guéries A et C, qui ont été fort malades, comme on vient de le voir, à la suite des premières inoculations charbonneuses du 6 août, sont réinoculées du côté gauche, c'est-à-dire *du côté opposé aux premières inoculations*. On se sert de cinq gouttes d'une culture de bactéridies du charbon, bactéridies provenant d'une vache charbonneuse et non d'un mouton, car nous avons reconnu qu'entre ces deux sortes de bactéridies il existe une différence sur laquelle nous reviendrons.

Les jours suivants, pas d'œdème sensible ni sur l'une ni sur l'autre vache, et pas d'élévation de température. La question est donc éclaircie; le charbon ne récidive pas, et si l'on se rappelle que, en 1878, dans nos expériences de Saint-Germain, près de Chartres, sur des champs de la ferme de M. Maunoury, sept moutons sur huit qui avaient été malades à la suite de repas souillés de cultures charbonneuses ont résisté à des inoculations directes du sang charbonneux, même à haute dose, on peut dire que le fait de la non-récidive s'applique aux moutons de races françaises comme aux vaches. Sur sept vaches auxquelles nous avons communiqué le charbon par inoculation directe, deux seulement ont péri. N'en soyons pas surpris. Dans les expériences faites de 1850 à 1852, par l'*Association médicale de Chartres* (M. Boutet, rapporteur), dans le but de résoudre la question de l'inoculation possible du charbon aux divers animaux, sur vingt vaches inoculées, une seule a péri. La vache est bien plus réfractaire au charbon inoculé que le mouton. Elle en est malade le plus souvent, mais elle guérit facilement. Sur quarante-sept moutons inoculés directement par l'*Association médicale de Chartres*, trente-cinq sont morts, douze ont survécu (voyez le rapport de M. Boutet, de 1852).

Je dois faire ici un *erratum* à ma Note du 12 juillet 1880. Il est dit dans cette Note: *Les spores, dans ce cas, se retrouvent dans les excréments des cobayes et également dans les excréments des moutons.* Cela va au delà des faits que nous avons constatés. Nous avons reconnu seulement que les excréments des cobayes et des moutons peuvent donner le charbon; mais les spores charbonneuses ingérées y sont-elles *intactes* ou s'y sont-elles *développées* en partie? C'est ce que nous ignorons.

Par mes Communications sur le choléra des poules (9 février et 26 avril 1880), nous connaissions une maladie virulente parasitaire qui est susceptible de ne pas récidiver. Nous en avons maintenant un second exemple dans l'affection charbonneuse. Nous savons également que, dans le charbon comme dans le choléra, des inoculations qui ne tuent pas sont préventives, et qu'enfin, de même que dans le choléra, on peut sans doute prévenir à tous les degrés.

L'importance de ces résultats ne saurait échapper à personne, car la pathologie humaine nous en offre d'analogues, et ils tendent une fois de plus à rapprocher les maladies virulentes à parasites microscopiques des maladies virulentes dont la cause étiologique est encore inconnue. Rappelons que la non-récidive est, au moins pour un temps plus ou moins long, un caractère habituel des maladies virulentes proprement dites, et j'ai eu soin de faire remarquer antérieurement que les faits d'observation de vaccine humaine permettaient de conclure qu'on pouvait être vacciné à divers degrés et que peut-être on l'était rarement au maximum.

Et maintenant rapprochons des observations précédentes le fait que M. Chauveau vient de constater sur des moutons algériens dans une suite de Notes très intéressantes. Après avoir démontré que la race des moutons algériens est moins apte à prendre le charbon que les moutons des races françaises (8 septembre 1879 et 14 et 28 juin 1880), l'éminent directeur de l'École vétérinaire de Lyon a fait voir que cette immunité devient plus marquée à la suite d'une première inoculation, quand celle-ci n'a pas entraîné la mort (19 juillet 1880). M. Chauveau est porté à croire que l'immunité relative des moutons algériens et son renforcement par inoculation préalable « sont dus à des matières nuisibles à la prolifération de la bactéridie » et, fort de cette opinion, qui n'est pourtant qu'une vue préconçue sans appui de l'expérience, M. Chauveau croit trouver dans les faits qu'il a observés une objection à l'explication que j'ai proposée de la non-récidive du *choléra des poules* et des maladies virulentes. Je ne puis me ranger à sa manière de voir, qui a déjà mis en défaut la sagacité de notre savant confrère, M. Bouley. L'immunité relative des moutons algériens me paraît être, comme tous les faits du même ordre, un effet de constitution, de résistance vitale. Celle-ci s'oppose à la prolifération de la bactéridie, comme celle de la poule non refroidie s'y oppose, comme chez la poule encore cette même résistance vitale s'oppose à la prolifération mortelle des virus atténués du choléra des poules... Pas n'est besoin, comme le pense M. Chauveau, d'invoquer l'existence de matières nuisibles à la vie de la bactéridie. Certes, pour la poule, ce n'est

pas vraisemblablement une matière nuisible à la vie de la bactéridie qui empêche celle-ci de proliférer, puisqu'il suffit de refroi-
dir la poule pour qu'elle devienne charbonneuse. Et, quant au fait
du renforcement de l'immunité par de premières inoculations, ne se
confond-il pas avec le fait de la non-récidive de l'affection charbonneuse et ne s'explique-t-il pas par la stérilité qu'amènent plus
ou moins à leur suite dans un même milieu une ou plusieurs cultures successives d'un organisme microscopique? Loin de voir avec
M. Chauveau, dans les faits relatifs aux moutons de l'Algérie, une
objection à la théorie de la non-récidive des maladies virulentes,
telle que je l'ai exposée dans mes Communications sur le choléra
des poules, ils me paraissent en être une confirmation, car ces faits
sont exactement du même ordre que ceux qui, à la suite de mes
études sur le choléra des poules, ont provoqué ma manière de
voir. Je n'abandonnerai pas facilement cette théorie de la non-
récidive des maladies virulentes; elle repose sur des observations
qui leur sont pour ainsi dire adéquates, et elle satisfait l'esprit
dans une question qui défiait jusqu'à l'hypothèse. Quel mystère,
en effet, que celui de la non-récidive d'une maladie virulente! Et
combien plus ce mystère s'est accru lorsqu'il fut démontré que la
non-récidive s'appliquait également à une maladie virulente parasitaire, le choléra des poules! Tant que la théorie que j'ai proposée
de la non-récidive rendra compte des faits acquis, et suivant moi
elle a toujours cette vertu, notamment de par les observations
mêmes de M. Chauveau, qu'elle eût pu prévoir et qu'elle a peut-
être provoquées à l'insu de leur auteur, il sera sage, ainsi que je
le disais récemment dans une lettre à M. Dumas (*Comptes rendus*,
séance du 9 août), de conserver et de tenter de fortifier cette théorie. Dans tous les cas, ces tentatives seules pourront devenir le criterium de son triomphe ou de sa faiblesse.

Cette Note démontre que la maladie charbonneuse ne récidive pas. Il fallait absolument établir ce fait avant de tenter d'atténuer la virulence de la bactéridie afin de communiquer aux animaux une maladie bénigne qui les préservât ensuite de la maladie mortelle.

Les deux Notes suivantes expliquent comment nous sommes parvenus à atténuer la virulence de la bactéridie.

CHAPITRE IX

DE L'ATTÉNUATION DES VIRUS ET DE LEUR RETOUR A LA VIRULENCE

Par MM. Pasteur, Chamberland et Roux.

Académie des sciences, 28 février 1881.

Dans des Communications récentes, j'ai fait connaître le premier exemple d'atténuation d'un virus par les seules ressources de l'expérimentation. Formé d'un microbe spécial d'une extrême petitesse, ce virus peut être multiplié par des cultures artificielles en dehors du corps des animaux. Ces cultures, abandonnées sans contamination possible de leur contenu, éprouvent, avec le temps, des modifications plus ou moins profondes dans leur virulence. L'oxygène de l'air s'est offert à nous comme le principal auteur de ces atténuations, c'est-à-dire de ces amoindrissements dans la facilité de multiplication du microbe ; car il est sensible que la virulence se confond dans ses activités diverses avec les diverses facultés de développement du parasite dans l'économie.

Il n'est pas besoin d'insister sur l'intérêt de ces résultats et de leurs déductions. Chercher à amoindrir la virulence par des moyens rationnels, c'est fonder sur l'expérimentation l'espoir de préparer avec des virus actifs, de facile culture dans le corps de l'homme ou des animaux, des virus-vaccins de développement restreint, capables de prévenir les effets mortels des premiers. Aussi avons-nous appliqué tous nos efforts à la recherche de la généralisation possible de l'action de l'oxygène de l'air dans l'atténuation des virus.

Le virus charbonneux, étant des mieux étudiés, devait le premier attirer notre attention. Toutefois, nous allions nous heurter dès l'abord à une difficulté. Entre le microbe du choléra des poules et le microbe du charbon, il existe une différence essentielle qui ne permet pas de calquer rigoureusement la nouvelle recherche sur l'ancienne. Le microbe du choléra des poules, en effet, ne paraît pas se résoudre, dans ses cultures, en véritables germes. Dans celles-ci, ce ne sont que cellules ou articles toujours prêts à se multiplier par scission sans que les conditions particulières où ils donnent de vrais germes, soient connues.

J'ai fait observer antérieurement que les petits articles du microbe se résolvent en granulations de très petit diamètre. Il est difficile que ces granulations soient les vrais germes des articles, puisque, avec le temps, il y a mort du microbe. Seraient-elles des granulations sans vitalité propre?

La levure de bière est un exemple frappant de ces productions cellulaires pouvant se multiplier indéfiniment, sans apparition de leurs spores d'origine. Il existe beaucoup de mucédinées à mycéliums tubuleux qui, dans certaines conditions de culture, donnent des chaînes de cellules plus ou moins sphériques, appelées *conidies*. Celles-ci, détachées de leurs branches, peuvent se reproduire sous la forme de cellules, sans jamais faire apparaître, à moins d'un changement dans les conditions des cultures, les spores de leurs mucédinées respectives. On pourrait comparer ces organisations végétales aux plantes qu'on multiplie par bouture et dont on ne fait point servir les fruits et les graines à la reproduction de la plante mère.

La bactéridie charbonneuse, dans ses cultures artificielles, se comporte bien différemment. Ses filaments mycéliens, si l'on peut ainsi dire, se sont à peine multipliés pendant vingt-quatre ou quarante-huit heures, qu'on les voit se transformer, principalement ceux qui ont le libre contact de l'air, en corpuscules-germes du petit organisme. Or l'observation démontre que ces germes, si vite formés dans les cultures, n'éprouvent avec le temps de la part de l'air atmosphérique aucune altération, soit dans leur vitalité, soit dans leur virulence. Je pourrais présenter à l'Académie un tube contenant des spores d'une bactéridie charbonneuse formée il y a quatre ans, le 21 mars 1877. Chaque année, on essaie la germination des petits corpuscules et chaque année cette germination se fait avec la même rapidité qu'à l'origine ; chaque année également on éprouve la virulence des nouvelles cultures et elles ne manifestent aucun affaiblissement apparent. Dès lors, comment tenter l'action de l'air atmosphérique sur le virus charbonneux dans l'espoir de l'atténuer ?

Le nœud de la difficulté est peut-être tout entier dans le fait de cette production rapide des germes de la bactéridie que nous venons de rappeler. Sous sa forme filamenteuse et dans sa multiplication par scission, cet organisme n'est-il pas de tout point comparable au microbe du choléra des poules ? Qu'un germe proprement dit, qu'une graine ne subisse de la part de l'air aucune modification, cela se conçoit aisément, mais on conçoit non moins aisément que, s'il doit y avoir un changement, celui-ci se porte de préférence sur un fragment mycélien. C'est ainsi qu'une bouture qui serait abandonnée sur le sol au contact de l'air ne tarderait pas à perdre toute vitalité, tandis que, dans ces conditions, la graine se conserverait, prête à reproduire la plante. Si ces vues ont quelque fondement, nous sommes conduits à penser que, pour éprouver l'action de l'oxygène de l'air sur la bactéridie charbonneuse, il serait indispensable de pouvoir soumettre à cette action le développement mycélien du petit organisme, dans des circonstances où il ne pourrait fournir le moindre corpuscule-germe. Dès lors, le problème qui consiste à faire subir à la bactéridie l'action de l'oxygène revient à empêcher intégralement la formation des spores. La question ainsi posée, nous allons le reconnaître, est susceptible de recevoir une solution.

On peut en effet empêcher les spores d'apparaître dans les cultures artificielles du parasite charbonneux par divers artifices. A la température la plus basse à laquelle ce parasite se cultive, c'est-à-dire vers 16 degrés, la bactéridie ne donne pas de germes, tout au moins pendant un temps très long. Les formes du petit microbe à cette limite inférieure de son développement sont irrégulières, en boules, en poires, en un mot monstrueuses, mais dépourvues de spores. Il en est de même sur ce dernier point aux températures les plus élevées encore compatibles avec la culture du parasite, températures qui varient suivant les milieux. Dans le bouillon neutre de poule, la bactéridie ne se cultive plus à 45 degrés. Sa culture y est facile, au contraire, et abondante, de 42 à 43 degrés, mais également sans formation possible des spores. En conséquence, on peut maintenir au contact de l'air pur, entre 42 et 43 degrés, une culture mycélienne de bactéridie entièrement privée de germes. Alors apparaissent les très remarquables résultats suivants : après un mois d'attente environ, la culture est morte, c'est-à-dire que, semée dans du bouillon récent, il y a stérilité complète. La veille et l'avant-veille du jour où se manifeste cette impossibilité de développement, et tous les jours précédents, dans l'intervalle d'un mois, la reproduction de la culture est, au contraire, facile. Voilà pour la vie et la nutrition de l'organisme. En ce qui concerne sa virulence, on constate ce fait extraordinaire que la bactéridie en est dépourvue déjà après huit jours de séjour à 42 ou 43 degrés et ultérieurement ; du moins ses cultures sont inoffensives pour le cobaye, le lapin et le mouton, trois des espèces animales les plus aptes à contracter le charbon. Nous sommes donc en possession, non pas seulement de l'atténuation de la virulence, mais de sa suppression en apparence complète, par un simple artifice de culture. En outre, nous avons la possibilité de conserver et de cultiver à cet état inoffensif le terrible microbe. Qu'arrive-t-il dans ces huit premiers jours à 43 degrés qui suffisent à priver la bactéridie de toute virulence ? Rappelons-nous que le microbe du choléra des poules, lui aussi, périt dans ses cultures au contact de l'air, en un temps bien plus long, il est vrai, mais que dans l'intervalle il éprouve des atténuations successives. Ne sommes-nous pas autorisés à penser qu'il en doit être de même du microbe du charbon ? Cette prévision est confirmée par l'expérience. Avant l'extinction de sa virulence, le microbe du charbon passe par des degrés divers d'atténuation et d'autre part, ainsi que cela arrive également pour le microbe du choléra des poules, chacun de ces états de virulence atténuée peut être reproduit par la culture. Enfin, puisque, d'après une de nos récentes Communications, le charbon ne récidive pas, chacun de nos microbes charbonneux atténué constitue pour le microbe supérieur un vaccin, c'est-à-dire un virus propre à donner une maladie plus bénigne. Quoi de plus facile dès lors que de trouver dans ces virus successifs des virus propres à donner la fièvre charbonneuse aux moutons, aux vaches, aux chevaux sans les faire périr et pouvant les préserver ultérieurement de la maladie mortelle? Nous avons pratiqué cette opération avec un grand succès sur les moutons. Dès qu'arrivera l'époque du parcage des troupeaux dans la Beauce, nous en tenterons l'application sur une grande échelle.

Déjà M. Toussaint a annoncé qu'on pouvait préserver les moutons par des inoculations préventives; mais, lorsque cet habile observateur aura publié ses résultats, au sujet desquels nous avons fait des études approfondies, encore inédites, nous ferons voir toute la différence qui existe entre les deux méthodes, l'incertitude de l'une, la sûreté de l'autre. Celle que nous faisons connaître a, en outre, l'avantage très grand de reposer sur l'existence de virus-vaccins cultivables à volonté, qu'on peut multiplier à l'infini dans l'intervalle de quelques heures, sans avoir jamais recours à du sang charbonneux.

Les faits qui précèdent soulèvent un problème d'un haut intérêt: je veux parler du retour possible de la virulence des virus atténués ou même éteints. Nous venons d'obtenir, par exemple, une bactéridie charbonneuse privée de toute virulence pour le cobaye, le lapin et le mouton. Pourrait-on lui rendre son activité vis-à-vis de ces espèces animales? Nous avons préparé également le microbe du choléra des poules dépourvu de toute virulence pour les poules. Comment lui rendre la possibilité d'un développement dans ces gallinacés?

Le secret de ces retours à la virulence est tout entier, présentement, dans des cultures successives dans le corps de ces animaux.

Notre bactéridie, inoffensive pour les cobayes, ne l'est pas à tous les âges de ces animaux; mais qu'elle est courte la période de la virulence! Un cobaye de plusieurs années d'âge, d'un an, de six mois, d'un mois, de quelques semaines, de huit jours, de sept, de six jours ou même moins, ne court aucun danger de maladie et de mort par l'inoculation de la bactéridie affaiblie dont il s'agit; celle-ci, au contraire, et tout surprenant que paraisse ce résultat, tue le cobaye d'un jour. Il n'y a pas eu encore d'exception sur ce point de nos expériences. Si l'on passe alors d'un premier cobaye d'un jour à un autre, par inoculation du sang du premier au second, de celui-ci à un troisième, et ainsi de suite, on renforce progressivement la virulence de la bactéridie, en d'autres termes son accoutumance à se développer dans l'économie. Bientôt, par suite, on peut tuer les cobayes de trois et de quatre jours, d'une semaine, d'un mois, de plusieurs années, enfin les moutons eux-mêmes. La bactéridie est revenue à sa virulence d'origine. Sans hésiter, quoique nous n'ayons pas encore eu l'occasion d'en faire l'épreuve, on peut dire qu'elle tuerait les vaches et les chevaux; puis elle conserve cette virulence indéfiniment si l'on ne fait rien pour l'atténuer de nouveau.

En ce qui concerne le microbe du choléra des poules, lorsqu'il est arrivé à être sans action sur ces dernières, on lui rend la virulence en agissant sur des petits oiseaux : serins, canaris, moineaux, etc., toutes espèces qu'il tue de prime-saut. Alors, par des passages successifs dans le corps de ces animaux, on lui fait prendre peu à peu une virulence capable de se manifester de nouveau sur les poules adultes. Ai-je besoin d'ajouter que, dans ce retour à la virulence et chemin faisant, on peut préparer des virus-vaccins à tous les degrés de virulence pour la bactéridie et qu'il en est ainsi pour le microbe du choléra ?

Cette question du retour à la virulence est du plus grand intérêt pour l'étiologie des maladies contagieuses.

Je terminais ma Communication du 26 octobre dernier en faisant remarquer que l'atténuation des virus par l'influence de l'air doit être un des facteurs de l'extinction des grandes épidémies. Les faits qui précèdent, à leur tour, peuvent servir à rendre compte de l'apparition dite *spontanée* de ces fléaux.

Une épidémie qu'un affaiblissement de son virus a éteinte peut renaître par le renforcement de ce virus sous certaines influences. Les récits que j'ai lus d'apparition spontanée de la peste me paraissent en offrir des exemples, témoin la peste de Benghazi, en 1856-1858, dont l'éclosion n'a pu être rattachée à une contagion d'origine. La peste est une maladie virulente propre à certains pays. Dans tous ces pays, son virus atténué doit exister, prêt à y reprendre sa forme active quand des conditions de climat, de famine, de misère, s'y montrent de nouveau. Il est d'autres maladies virulentes qui apparaissent *spontanément* en toutes contrées : tel est le typhus des camps. Sans nul doute, les germes des microbes, auteurs de ces dernières maladies, sont partout répandus. L'homme les porte sur lui ou dans son canal intestinal sans grand dommage, mais prêts également à devenir dangereux lorsque, par des conditions d'encombrement et de développement successifs à la surface des plaies, dans les corps affaiblis ou autrement, leur virulence se trouve progressivement renforcée.

Et voilà que la virulence nous apparaît sous un jour nouveau qui ne laisse pas d'être inquiétant pour l'humanité, à moins que la nature dans son évolution à travers les siècles passés ait déjà rencontré toutes les occasions de production des maladies virulentes ou contagieuses, ce qui est fort invraisemblable.

Qu'est-ce qu'un organisme microscopique inoffensif pour l'homme ou pour tel animal déterminé? C'est un être qui ne peut se développer dans notre corps ou dans le corps de cet animal ; mais rien ne prouve que, si cet être microscopique venait à pénétrer dans une autre des mille et mille espèces de la création, il ne pourrait l'envahir et la rendre malade. Sa virulence, renforcée alors par des passages successifs dans les représentants de cette espèce, pourrait devenir en état d'atteindre tel ou tel animal de grande taille, l'homme ou certains animaux domestiques. Par cette méthode, on peut créer des virulences et des contagions nouvelles. Je suis très porté à croire que c'est ainsi qu'ont apparu, à travers les âges, la variole, la syphilis, la peste, la fièvre jaune, etc., et que c'est également par des phénomènes de ce genre qu'apparaissent, de temps à autre, certaines grandes épidémies, celle de typhus, par exemple, que je viens de mentionner.

Les faits observés à l'époque de la *variolisation* (inoculation de la variole) avaient introduit dans la science l'opinion inverse, celle de la diminution possible de la virulence par le passage des virus à travers certains sujets. Jenner partageait cette manière de voir, qui n'a rien d'invraisemblable. Cependant, jusqu'à présent nous n'en avons pas rencontré d'exemples, quoique nous les ayons cherchés intentionnellement.

Ces inductions trouveront, je l'espère, de nouveaux appuis dans des communications ultérieures.

CH. CHAMBERLAND.   8

CHAPITRE X

LE VACCIN DU CHARBON

Par MM. Pasteur, Chamberland et Roux.

Académie des sciences, 21 mars 1881.

Dans la lecture que j'ai faite à l'Académie le 28 février dernier, nous avons annoncé qu'il était facile d'obtenir le microbe charbonneux aux degrés les plus divers de virulence, depuis la virulence mortelle, c'est-à-dire qui tue, cent fois sur cent, cobayes, lapins, moutons, jusqu'à la virulence la plus inoffensive, en passant d'ailleurs par une foule d'états intermédiaires. La méthode de préparation de ces virus atténués est d'une merveilleuse simplicité, puisqu'il a suffi de cultiver la bactéridie très virulente dans du bouillon de poule à 42-43 degrés et d'abandonner la culture après son achèvement au contact de l'air à cette même température. Grâce à cette circonstance que la bactéridie, dans les conditions dont il s'agit, ne forme pas de spores, la virulence d'origine ne peut se fixer dans un germe, ce qui arriverait infailliblement à des températures comprises entre 30 et 40 degrés et au-dessous. Dès lors la bactéridie s'atténue de jour en jour, d'heure en heure, et finit par devenir si peu virulente qu'on est contraint, pour manifester en elle un reste d'action, de recourir à des cobayes d'un jour. Cette virulence si faible, si près de s'éteindre, nous a portés naturellement à multiplier les expériences afin d'arriver, s'il était possible, à des atténuations encore plus grandes. Nous y sommes parvenus en prenant pour point de départ la bactéridie la plus virulente que nous ayons eue jusqu'à présent entre les mains. C'est précisément celle dont j'ai parlé dans ma lecture du 28 février, provenant de la germination de corpuscules-germes de quatre ans de durée. Cette bactéridie a pu être maintenue sans périr plus de six semaines à 42-43 degrés. L'expérience a commencé le 28 janvier. Dès le 9 février, sa culture ne tuait plus les cobayes adultes. Trente et un jours après, le 28 février, une culture faite à 35 degrés, préparée à l'aide du flacon toujours maintenu à 42-43 degrés, tuait encore les très jeunes souris, mais non les cobayes, les lapins et les moutons. Le 12 mars, c'est-à-dire quarante-trois jours après le 28 janvier, une culture nouvelle ne tuait plus ni souris ni cobayes, pas même les cobayes nés depuis quelques heures seulement. Nous avons été ainsi mis en possession d'une bactéridie qu'il est impossible de faire revenir à la virulence. Si jamais ce retour était obtenu, on peut assurer que ce serait en recourant à des espèces animales nouvelles, aujourd'hui inconnues pour être inoculables, absolument différentes de celles que nous savons être présentement aptes à contracter le charbon. En d'autres termes, nous possédons maintenant, et nous avons le moyen simple de nous procurer, une bactéridie issue de la bactéridie la plus virulente et qui est complètement inoffensive, tout à fait comparable à ces nombreux organismes microscopiques qui remplissent nos aliments, notre canal intestinal, la poussière que nous respirons, sans qu'ils soient pour nous des occasions de maladie ou de mort, parmi lesquels même nous allons chercher souvent des auxiliaires de nos industries.

Que ce résultat est imprévu lorsqu'on songe que cette bactéridie inoffensive se cultive dans des milieux artificiels avec autant de facilité que la bactéridie la plus virulente et que morphologiquement elle ne peut s'en distinguer, si ce n'est par les caractères les plus fugitifs! Lorsque la bactéridie est très atténuée, ses filaments sont plus courts, plus divisés. La culture, moins abondante, forme sur les parois des vases un dépôt uniforme ; tandis que, à l'état virulent, on la voit le plus souvent en flocons cotonneux, constitués par de très longs fils. Cependant il suffit d'attendre la formation des spores et de faire de celles-ci une culture nouvelle, pour qu'elles reprennent les formes de développement de la bactéridie virulente.

Les considérations et les faits suivants ne sont pas moins dignes d'intérêt.

Dans ma lecture du 28 février, j'ai fait observer que le microbe charbonneux se distingue de celui du choléra des poules par l'absence probable dans les cultures de ce dernier, de germes proprement dits. Toutes les cultures, en effet, du microbe du choléra des poules finissent par périr, soit qu'on les conserve au contact de l'air, soit qu'on les enferme dans des tubes clos en présence de gaz inertes, tels que l'azote et le gaz carbonique. Le microbe du charbon, au contraire, se résout dans ses cultures en corpuscules brillants, formant poussière, qui sont de véritables germes. Ce sont eux que nous avons vus se multiplier dans les terres autour des cadavres charbonneux, ensuite ramenés par les vers de terre à la surface, où ils souillent les récoltes et deviennent les agents de propagation de la terrible maladie dans les étables ou sur les terres de parcage.

Nous arrivons ainsi à nous poser la question suivante, si digne d'être méditée quand on la considère du point de vue élevé des principes de la philosophie naturelle : tous ces virus charbonneux atténués qui nous occupent sont-ils capables, eux aussi, de se résoudre en corpuscules-germes, et, si la réponse est affirmative, quels sont les caractères de ces derniers ? reviennent-ils d'emblée à la virulence des germes de la bactéridie virulente d'où on les a tirés par la méthode d'atténuation précédemment exposée ? Sinon, se confondent-ils avec ceux d'une bactéridie sans virulence aucune ? ou bien enfin ces germes, multiples dans leur nature, fixent-ils, et pour toujours, les virulences de leurs bactéridies propres, ajoutant ainsi aux connaissances médicales et aux grandes lois naturelles ce principe nouveau de l'existence d'autant de germes qu'il y a de sortes de virulences dans certains virus animés ?

C'est cette dernière proposition qui est exacte. Autant de bactéridies de virulences diverses, autant de germes dont chacun est prêt à reproduire la virulence de la bactéridie dont il émane.

Ai-je besoin d'ajouter maintenant qu'une application pratique d'une grande importance nous est offerte ? Tout en réservant l'étude ultérieure des difficultés de détail que nous pourrons rencontrer dans la mise en œuvre d'une vaste prophylaxie charbonneuse, il n'en reste pas moins établi que nous avons à notre disposition non seulement des bactéridies filamenteuses pouvant servir de virus-vaccins dans l'affection charbonneuse, mais des virus-vaccins fixés dans leurs germes avec toutes leurs qualités propres, transportables sans altération possible.

A la suite de ces Notes la question théorique de la vaccination charbonneuse était résolue ; elle devait bientôt l'être au point de vue pratique comme le montre la Communication suivante.

CHAPITRE XI

COMPTE RENDU SOMMAIRE DES EXPÉRIENCES
FAITES A POUILLY-LE-FORT, PRÈS MELUN, SUR LA
VACCINATION CHARBONNEUSE

Par MM. Pasteur, Chamberland et Roux.

Académie des sciences, 13 juin 1881.

Dans une lecture que j'ai faite à l'Académie, le 28 février dernier, qui avait pour objet la découverte d'une méthode de préparation des virus atténués du *charbon*, je m'exprimais ainsi, en mon nom et au nom de mes jeunes collaborateurs : « Chacun de ces microbes charbonneux atténués constitue pour le microbe supérieur un *vaccin*, c'est-à-dire un virus propre à donner une maladie plus bénigne. Quoi de plus facile, dès lors, que de trouver, dans ces virus successifs, des virus propres à donner la *fièvre charbonneuse* aux moutons, aux vaches, aux chevaux, sans les faire périr et pouvant les préserver ultérieurement de la maladie mortelle ? Nous avons pratiqué cette opération avec un grand succès sur les moutons. Dès qu'arrivera l'époque du parcage des troupeaux dans la Beauce, nous en tenterons l'application sur une grande échelle. »

L'affection charbonneuse fait perdre chaque année tant de millions à la France, il serait si désirable de pouvoir en préserver les espèces ovine, bovine, chevaline, que l'occasion d'une application de la méthode de vaccination dont je parle s'est offerte à nous presque immédiatement, sans que nous ayons eu à attendre l'époque du parcage des moutons.

Dès le mois d'avril dernier, la Société d'agriculture de Melun, par l'organe de son président, M. le baron de La Rochette, me proposa de se rendre compte, par une expérience décisive, des résultats que je venais d'annoncer à l'Académie. Je m'empressai d'accepter, et le 28 avril il fut convenu et affirmé ce qui suit :

1° La Société d'agriculture de Melun met à la disposition de M. Pasteur soixante moutons.

2° Dix de ces moutons ne subiront aucun traitement.

3° Vingt-cinq de ces moutons subiront deux inoculations vaccinales, à douze ou quinze jours d'intervalle, par deux virus charbonneux inégalement atténués.

4° Ces vingt-cinq moutons seront, en même temps que les vingt-cinq restants, inoculés par le charbon très virulent, après un nouvel intervalle de douze ou quinze jours.

Les vingt-cinq moutons non vaccinés périront tous ; les vingt-cinq vaccinés résisteront, et on les comparera ultérieurement avec les dix moutons réservés ci-dessus, afin de montrer que les vaccinations n'empêchent pas les moutons de revenir à un état normal.

5° Après l'inoculation générale du virus très virulent aux deux lots de vingt-cinq moutons vaccinés et non vaccinés, les cinquante moutons resteront réunis dans la même étable ; on distinguera une des séries de l'autre en faisant, avec un emporte-pièce, un trou à l'oreille des vingt-cinq moutons vaccinés.

6° Tous les moutons qui mourront charbonneux seront enfouis un à un dans des fosses distinctes, voisines les unes des autres, situées dans un enclos palissadé.

7° Au mois de mai 1882, on fera parquer dans l'enclos dont il vient d'être question vingt-cinq moutons neufs, n'ayant jamais servi à des expériences, afin de prouver que les moutons neufs se contagionneront spontanément par les germes charbonneux qui auront été ramenés à la surface du sol par les vers de terre.

8° Vingt-cinq autres moutons neufs seront parqués tout à côté de l'enclos précédent, à quelques mètres de distance, là où on n'aura jamais enfoui d'animaux charbonneux, afin de montrer qu'aucun d'entre eux ne mourra du charbon.

Addition à la convention-programme précédente. M. le président de la Société d'agriculture de Melun ayant exprimé le désir que

ces expériences pussent être étendues à des vaches, j'ai répondu
que nous étions prêts à le faire, en avertissant toutefois la Société
que, jusqu'à présent, les épreuves de vaccination sur les vaches
n'étaient pas aussi avancées que celles sur les moutons, qu'en conséquence il pouvait arriver que les résultats ne fussent pas aussi
manifestement probants que sur les moutons. Dans tous les cas,
j'exprimais ma reconnaissance à la Société d'agriculture de Melun
de vouloir bien mettre dix vaches à notre disposition ; j'ajoutais
que six seraient vaccinées et quatre non vaccinées, qu'après la vaccination les dix vaches recevraient en même temps que les cinquante
moutons l'inoculation du virus très virulent. J'affirmais, d'autre
part, que les six vaches vaccinées ne seraient pas malades, tandis
que les quatre non vaccinées périraient en totalité ou en partie,
ou du moins seraient toutes très malades.

Ce programme, j'en conviens, avait des hardiesses de prophétie
qu'un éclatant succès pouvait seul faire excuser. Plusieurs personnes eurent l'obligeance de m'en faire la remarque, non sans y
mêler quelque reproche d'imprudence scientifique. Toutefois l'Académie doit comprendre que nous n'avions pas libellé un tel programme sans avoir de solides appuis dans des expériences préalables, bien qu'aucune de ces dernières n'eût l'ampleur de celle
qui se préparait. Le hasard, d'ailleurs, favorise les esprits préparés,
et c'est dans ce sens, je crois, qu'il faut entendre la parole inspirée
du poète : *Audentes fortuna juvat.*

Les expériences ont commencé le 5 mai, dans la commune de
Pouilly-le-Fort, près Melun, dans une ferme appartenant à M. Rossignol.

Sur le désir de la Société d'agriculture qui avait pris l'initiative
des essais, on convint de remplacer deux moutons par deux chèvres ; et, comme aucune condition quelconque d'âge ou de race
n'avait été fixée par nous, les cinquante-huit moutons étaient d'âge,
de race et de sexe différents. Sur dix animaux de l'espèce bovine,
il y avait huit vaches, un bœuf et un taureau.

Le 5 mai 1881, on inocula, au moyen d'une seringue de Pravaz,
vingt-quatre moutons, une chèvre et six vaches, chaque animal par
cinq gouttes d'une culture d'un virus charbonneux atténué.
Le 17 mai, on réinocula ces vingt-quatre moutons, la chèvre et les

six vaches par un second virus charbonneux également atténué, mais plus virulent que le précédent.

Le 31 mai, on procéda à l'inoculation très virulente qui devait juger de l'efficacité des inoculations préventives des 5 et 17 mai. A cet effet, on inocula, d'une part, les trente et un animaux précédents, vaccinés ; et, d'autre part, vingt-quatre moutons, une chèvre et quatre vaches. Aucun de ces derniers animaux n'avait subi de traitement préalable.

Le virus très virulent, qui servit le 31 mai, était régénéré des corpuscules-germes du parasite charbonneux conservé dans mon laboratoire depuis le 21 mars 1877.

Afin de rendre les expériences plus comparatives, on inocula alternativement un animal vacciné et un animal non vacciné. L'opération faite, rendez-vous fut pris, par toutes les personnes présentes, pour le jeudi 2 juin, par conséquent après quarante-huit heures seulement depuis le moment de l'inoculation virulente générale.

A l'arrivée des visiteurs, le 2 juin, les résultats émerveillèrent l'assistance. Les vingt-quatre moutons et la chèvre qui avaient reçu les virus atténués, ainsi que les six vaches, avaient toutes les apparences de la santé ; au contraire, vingt et un moutons et la chèvre, qui n'avaient pas été vaccinés, étaient déjà morts charbonneux ; deux autres des moutons non vaccinés moururent sous les yeux des spectateurs, et le dernier de la série s'éteignit à la fin du jour.

Les vaches non vaccinées n'étaient pas mortes. Nous avons déjà prouvé antérieurement que les vaches étaient moins sujettes que les moutons à mourir du charbon ; mais toutes avaient des œdèmes volumineux autour du point d'inoculation, derrière l'épaule. Certains de ces œdèmes ont pris, les jours suivants, de telles dimensions, qu'ils contenaient plusieurs litres de liquides, déformaient l'animal : l'un d'eux même touchait presque à terre. Leur température s'éleva de 3 degrés. Les vaches vaccinées n'éprouvèrent ni élévation de température, ni tumeur, pas la moindre inappétence ; ce qui rend le succès des épreuves tout aussi complet pour les vaches que pour les moutons.

Le vendredi, 3 juin, une des brebis vaccinées mourut. L'autopsie en fut faite le jour même par M. Rossignol et par M. Garrouste, vétérinaire militaire. La brebis fut trouvée pleine, à terme, et l'agneau mort dans la matrice depuis douze à quinze jours. L'opinion des vétérinaires qui ont fait l'autopsie, est que la mort de cette brebis devait être attribuée à la mort du fœtus.

Les expériences dont je viens de présenter un compte rendu sommaire ont excité la plus vive curiosité dans le département de Seine-et-Marne et dans les départements voisins. Elles ont eu pour témoins plusieurs centaines de personnes, parmi lesquelles je citerai : le président de la Société d'agriculture de Melun, M. de La Rochette; M. Tisserand, directeur de l'agriculture; le préfet de Seine-et-Marne, M. Patinot; un des sénateurs du département, M. Foucher de Careil, président du Conseil général; M. Bouley, membre de l'Académie des sciences; le maire de Melun, M. Marc de Haut, président, et M. Decauville, vice-président du Comice de Seine-et-Marne; plusieurs conseillers généraux; tous les grands cultivateurs de la contrée; M. Gassend, directeur de la station agronomique de Seine-et-Marne; M. le docteur Rémilly, président, et M. Pigeon, vice-président de la Société d'agriculture de Seine-et-Oise; M. de Blowitz, correspondant du *Times*; les chirurgiens et vétérinaires militaires en garnison à Melun; enfin, un grand nombre de vétérinaires civils, parmi lesquels je nommerai, outre M. Rossignol, de Melun, MM. Garnier et Percheron, de Paris; Nocard, d'Alfort; Verrier, de Provins; Biot et Grand, de la Société médicale de l'Yonne; Thierry, de Tonnerre; Butel, de Meaux; Borgnon, de Couilly; Caffin, de Pontoise; Bouchet, de Milly; Pion, de Grignon; Mollereaux, de Charenton; Cagnat, de Saint-Denis, etc.

Je ne cacherai pas que j'éprouve ici une vive satisfaction à donner les noms des vétérinaires que le désir de connaître la vérité appela à Pouilly-le-Fort, dans la ferme de leur confrère, M. Rossignol. Le plus grand nombre d'entre eux, sinon tous, avaient accueilli avec incrédulité l'annonce des résultats de notre programme. Dans leurs conversations, dans leurs journaux ils se montraient fort éloignés d'accepter comme vraie la préparation artificielle des virus-vaccins du choléra des poules et de l'affection charbonneuse. Ce sont aujourd'hui les plus fervents apôtres de la nouvelle doctrine. La confiance de l'un d'eux, le plus sceptique au

début, allait jusqu'à vouloir se faire vacciner. C'est d'un bon augure. Ils deviendront les propagateurs de la vaccination charbonneuse. Il importe essentiellement que les cultures vaccinales soient,
pour un temps du moins, préparées et contrôlées dans mon laboratoire. Une mauvaise application de la méthode pourrait compromettre l'avenir d'une pratique qui est appelée à rendre de
grands services à l'agriculture.

En résumé, nous possédons maintenant des virus-vaccins du
charbon, capables de préserver de la maladie mortelle, sans jamais
être eux-mêmes mortels, vaccins vivants, cultivables à volonté,
transportables partout sans altération, préparés enfin par une méthode qu'on peut croire susceptible de généralisation, puisque, une
première fois, elle a servi à trouver le vaccin du choléra des poules.
Par le caractère des conditions que j'énumère ici, et à n'envisager
les choses que du point de vue scientifique, la découverte des vaccins charbonneux constitue un progrès sensible sur le vaccin jennérien, puisque ce dernier n'a jamais été obtenu expérimentalement.

L'expérience de Pouilly-le-Fort étant la première qui ait été faite
publiquement, a eu un retentissement considérable; je crois donc
devoir ajouter à la Note précédente quelques détails explicatifs que
j'extrais du remarquable rapport fait par M. Rossignol à la Société
d'agriculture de Melun.

Les fonds destinés à couvrir les frais de cette expérience furent
fournis par le ministère de l'agriculture, par la Société d'agriculture de Melun, par le Conseil général de Seine-et-Marne, par la
Société centrale et nationale d'agriculture de France, par diverses
Sociétés de médecine vétérinaire et par des particuliers.

Il fut décidé que les expériences auraient lieu dans un local que
M. H. Rossignol avait offert et qu'il désigne depuis sous le nom de
Clos-Pasteur.

M. Rossignol, chargé de trouver les sujets qui devaient être soumis à l'épreuve, s'attacha à ne faire l'acquisition que d'animaux

provenant de fermes où l'affection charbonneuse était inconnue. Il
acheta: 1° 16 agneaux, dishley-mérinos, de sept à huit mois, chez
M. Dubus, de Vaux-le-Pénil, dans l'exploitation duquel le sang de
rate n'a jamais sévi; 2° 16 moutons métis-mérinos, de dix-huit
mois à deux ans, chez M. Bouvart, de Mémorant. La ferme de Mémorant est également à l'abri du charbon ; 3° enfin vingt-six moutons
de tout âge, de tout sexe et de toute race, provenant de la ferme de
Livry, appartenant à M. le comte Aguado. Dans ce lot de Livry se
trouvaient quelques Southdown, deux brebis pleines et des moutons
berrichons. Comme les deux autres fermes, la ferme de Livry est
exempte des atteintes du sang de rate ; 4° deux chèvres jumelles de
huit à dix mois, provenant également d'une maison bourgeoise où
le charbon est inconnu.

Pour les animaux de l'espèce bovine, on se procura huit vaches de
différentes races, un taureau et un bœuf de deux ans. Parmi les vaches,
les unes étaient pleines, l'une d'elles se trouvait taurilière ; deux
ou trois avaient encore du lait : en un mot, on s'était attaché à
trouver un lot d'animaux qui permît de mettre M. Pasteur dans les
conditions de la pratique.

Première séance.

Le jeudi 5 mai, à deux heures de l'après-midi, une foule nombreuse se pressait dans la cour de la ferme de M. Rossignol. Sénateurs, députés, conseillers généraux, agriculteurs, vétérinaires,
médecins, pharmaciens et un grand nombre de curieux avaient
voulu témoigner, par leur présence, de l'intérêt qu'on attache aux
travaux de M. Pasteur.

M. Pasteur, assisté de ses deux collaborateurs, MM. Chamberland
et Roux, ainsi que de M. Thuillier, agrégé-préparateur, commence
par procéder à l'installation des sujets d'expérience.

Dix moutons pris au hasard dans le lot, et par conséquent de tout
âge, de tout sexe et de toute race, furent placés en qualité de témoins dans un bâtiment contigu au hangar qui devait servir de
bergerie aux quarante-huit autres moutons ainsi qu'aux deux
chèvres.

Les quarante-huit moutons et les deux chèvres sont divisés en deux lots égaux ; le hangar qui sert à les loger fut pour cette raison divisé en deux compartiments : l'un destiné aux vaccinés ; l'autre, aux non vaccinés.

Enfin, dans une grange située au nord du hangar et y attenant, on logea sur un premier rang huit vaches ; et, sur un second rang, le bœuf et le taureau.

Cette installation une fois terminée, l'un des lots de moutons et une chèvre, c'est-à-dire vingt-cinq animaux, reçoivent chacun à la face interne de la cuisse droite, dans le tissu sous-cutané, l'injection de cinq gouttes d'un liquide de culture bactéridienne, désigné par M. Pasteur sous le nom de *premier vaccin*. L'injection du liquide vaccinal fut pratiquée à l'aide de la seringue de Pravaz.

Parmi les huit vaches, cinq d'entre elles furent vaccinées de la même façon, ainsi que le bœuf ; chez ces animaux, la dose du liquide fut doublée, et la vaccination eut lieu dans le tissu cellulaire sous-cutané, situé en haut et en arrière de l'épaule droite.

Les moutons et les vaches ou bœufs furent marqués au moment de l'opération de façon à ne pouvoir être confondus plus tard.

Cette opération terminée, M. Pasteur, sur la demande des nombreux assistants, fit, dans la grande salle de la ferme de Pouilly, une conférence sur le charbon, sa contagion, la bactéridie et la transformation qu'il a fait subir à cette dernière pour obtenir le vaccin. Cette conférence eut le plus grand succès ; et M. le baron de La Rochette, se faisant l'interprète du sentiment général, remercia chaleureusement M. Pasteur d'avoir bien voulu terminer la première journée des expériences mémorables de Pouilly par une conférence dont le souvenir restera impérissable dans l'arrondissement de Melun.

Ensuite rendez-vous fut pris pour le 17 mai, jour fixé pour la seconde vaccination.

Les jours suivants, c'est-à-dire les 6, 7, 8 et 9 mai, MM. Chamberland et Roux vinrent prendre les températures de tous les animaux vaccinés. M. Garrouste, vétérinaire du 1er régiment de chasseurs, prêta à son ami M. Rossignol son concours pendant toute la durée des expériences, et prit de son côté les températures de quelques sujets non vaccinés.

M. Rossignol a dressé des tableaux donnant les températures

observées sur les animaux vaccinés et sur ceux qui ne l'étaient pas,
durant une période de cinq jours. Ils montrent que la variation de
température chez les animaux opérés n'a guère dépassé 1 degré,
ce qui prouve que l'état de santé de ces animaux n'a subi aucune
altération sensible, au moins apparente.

Tous les jours, jusqu'au 10 mai inclusivement, MM. Rossignol
et Garrouste ont suivi attentivement l'état des animaux vaccinés et
ils ont constaté que jusqu'au 9 mai la situation sanitaire était excellente ; le 9 mai, quelques moutons sont atteints d'une légère
diarrhée séreuse. Chez tous les sujets, le pouls pris à l'artère
fémorale est égal et régulier ; les pulsations sont de 70 à 75 chez
les moutons, et de 72 à 75 chez la chèvre. Le 10 mai, la diarrhée
persiste chez un seul mouton.

Quant aux bovidés, l'état sanitaire est excellent ; la sécrétion
lactée reste à peu près constante chez les vaches. Mais le 9 mai, le
bœuf est atteint d'une légère diarrhée séreuse, son appétit est cependant bon ; un examen général porte à croire que cette indisposition passagère est due plutôt à la nourriture qu'à la vaccination
elle-même. Enfin le 10 mai, la diarrhée a disparu ; tous les animaux se portent bien. Jusqu'au 17 mai, tous les sujets d'expérience
ont conservé les apparences de la meilleure santé.

Deuxième séance.

Le 17 mai, la même affluence de visiteurs assistait à l'épreuve
de la seconde vaccination sur les animaux déjà inoculés le 6 mai.
Une commission, nommée par la Société d'agriculture de Meaux,
s'était rendue sur les lieux

Cette fois, l'inoculation fut pratiquée chez les moutons et la
chèvre, à la face interne de la cuisse gauche ; et chez les vaches et
le bœuf, en arrière de l'épaule gauche.

Le *deuxième vaccin* employé dans cette circonstance est loin
d'être aussi inoffensif que le premier : d'habitude, lorsqu'on l'inocule d'emblée à des moutons, il amène la mort de ces animaux
dans l'énorme proportion de 50 pour 100.

Les températures furent prises chez tous ces animaux pendant
six jours consécutifs, les 17, 18, 19, 20, 21 et 22 mai. Le 24 mai,

on se contenta de la prendre sur quelques sujets seulement. Des tableaux dressés par M. Rossignol, il résulte que l'écart par rapport à la température normale ne dépassa pas un degré.

Comme la première fois, cette deuxième opération n'a été suivie d'aucun mouvement fébrile très appréciable; chez tous les opérés, à part quelques rares exceptions, l'appétit et la gaieté se sont conservés. A première vue, moutons vaccinés ou non vaccinés ne diffèrent absolument en rien.

Le 17 mai, en quittant Pouilly, M. Pasteur avait fixé au 31 mai le jour de l'épreuve suprême; toutefois, il avait décidé que, le 28 mai, du virus très virulent serait inoculé, d'une part à un mouton *vacciné*, et, d'autre part, à un mouton *non vacciné*.

La même opération devait être renouvelée le lendemain 29 mai, sur deux autres sujets pris dans les mêmes conditions.

Ces deux essais avaient pour but de démontrer aux personnes qui viendraient à la séance du 31 mai, que les prédictions de M. Pasteur se réaliseraient en tous points; elles avaient en outre pour objectif la possibilité de pouvoir démontrer à l'assistance que les animaux morts présenteraient les lésions particulières au sang de rate.

Troisième séance.

Le samedi 28 mai, à deux heures de l'après-midi, MM. Chamberland et Roux, Gassend, Garrouste et Rossignol choisissent deux moutons ; tous deux sont noirs et proviennent de la ferme de Mémorant; ils sont âgés de deux ans. L'un d'eux qui porte le n° 14 dans les tableaux des températures annexés au rapport de M. Rossignol, a été vacciné deux fois ; l'autre est *indemne*.

A l'aide de la seringue de Pravaz, on inocule à ces deux animaux, à la face interne de la cuisse droite, dans le tissu sous-cutané, cinq divisions d'un liquide très virulent. Le liquide en question provient d'une culture bactéridienne qui date de quatre ans et possède le plus haut degré de virulence.

Au moment de l'expérience, ces deux animaux accusent les températures suivantes : le vacciné, 38°,4 ; le non vacciné, 38°,3.

Le dimanche 29 mai et les jours suivants, la température n'a pas varié d'une façon sensible chez le *vacciné;* le 29, elle est à 38°,5 ;

le 30, à 38°, 4 ; le 31, à 38°, 4 ; le 1ᵉʳ juin, légère fièvre, le thermomètre accuse 40 degrés ; le 2 juin, tout symptôme fébrile a disparu, le thermomètre ne marque plus que 38°,4.

Chez le mouton *non vacciné*, l'intoxication bactéridienne ne tarde pas à produire son effet.

Le 29 mai, à deux heures, on constate une température de 40 degrés. Cet animal est triste, la respiration accélérée, le pouls petit, précipité ; la face interne de la cuisse droite est chaude, la peau est soulevée par un œdème chaud, douloureux, d'une dimension égale à celle de la moitié de la main. Le lendemain matin, 30 mai, les hommes chargés du soin des animaux le trouvent mort : à quatre heures il était encore chaud ; la mort ne devait remonter qu'à quelques heures.

Quatrième séance.

Le dimanche 29, on procède absolument de la même façon que la veille. Deux moutons, l'un *vacciné* et l'autre *indemne*, sont inoculés à la face interne de la cuisse droite, avec ce même virus très virulent. Le sujet *vacciné* est un agneau de huit mois, inscrit sous le n° 12 aux tables des températures dressées par M. Rossignol ; il provient de chez M. Dubus ; le *non vacciné* est du même âge et de même provenance.

Les températures données par les deux animaux, le jour de l'expérience et les jours suivants, sont :

Le *vacciné* : le 29 mai, 38°, 8 ; le 30, 39 degrés ; le 31, 38°, 8 ; le 1ᵉʳ juin, 39°, 5.

Le *non vacciné* : le 29 mai, 38°, 7 ; le 30, 41 degrés.

Comme on le voit, l'intoxication a fait chez ce dernier animal des progrès rapides ; il meurt dans la soirée. La température de l'animal *vacciné* est restée sensiblement constante ; son état de santé a toujours été excellent.

Les deux cadavres fournis, l'un par la troisième et l'autre par la quatrième séance, sont placés dans une des fosses creusées à l'avance, et sont recouverts de quelques pelletées de terre, en attendant l'autopsie qui sera pratiquée sur l'un d'eux le lendemain.

CH. CHAMBERLAND.   9

Cinquième séance.

Le 31 mai devait être le jour de l'expérience suprême ; aussi les visiteurs arrivent-ils en foule. « M. Pasteur, impassible, dit M. Rossignol, préside lui-même la séance ; on voit qu'il est sûr du succès : les inoculations du 28 et du 29 permettent, du reste, d'assurer une réussite complète. Invité par M. Pasteur à pratiquer l'autopsie du mouton mort la veille, je procède à l'opération en présence d'une foule de cultivateurs et de collègues. »

Tous les assistants reconnaissent le cortège des symptômes habituels. L'unanimité des assistants est convaincue qu'elle est en présence d'un cas de fièvre charbonneuse bien caractérisé. Pousser les investigations plus loin, semble chose complètement inutile à tout le monde.

On procède ensuite à l'inoculation d'un *virus très virulent*, sur vingt-deux moutons et une chèvre préalablement vaccinés, les 5 et 17 mai, ainsi que sur un nombre égal d'animaux (vingt-deux moutons et une chèvre), complètement indemnes jusqu'à ce jour, et qui constituent le second lot des sujets d'expérience de Pouilly.

Afin d'écarter toute interprétation fâcheuse et toute objection ultérieure, les deux lots d'animaux vaccinés et d'animaux indemnes furent mêlés à tout hasard, et M. Roux inocula les quarante-quatre moutons et les deux chèvres dans l'ordre où on lui présenta les bêtes, sans se préoccuper de savoir si elles étaient ou non vaccinées.

La même opération fut pratiquée sur les vaches et le bœuf préalablement vaccinés, ainsi que sur un *taureau breton* de deux ans, une *vache cottentine* de cinq ans, une *vache bretonne* de sept à huit ans et une *vêle hollandaise* de huit mois environ. Ces quatre derniers animaux étaient indemnes et devaient, d'après le programme de M. Pasteur, périr ou être très malades, des suites de l'infection bactéridienne. Chez tous les inoculés de l'espèce bovine, l'inoculation eut lieu en arrière et en haut de l'épaule droite.

Tout était terminé à trois heures et demie. En quittant Pouilly, M. Pasteur donne rendez-vous pour le surlendemain à tous ceux qui désirent connaître les suites de l'inoculation du 31 mai.

Le lendemain 1er juin, MM. Chamberland, Roux, Gassend, Garrouste et Rossignol se transportèrent à Pouilly-le-Fort, vers deux heures de l'après-midi, pour juger de l'état des inoculés.

Dans le lot des *raccinés*, bœufs, vaches et moutons, tous les animaux vont bien ; c'est à peine si, chez quelques sujets, le thermomètre accuse un peu de fièvre : mais rien dans leur habitude extérieure ne dénote un état maladif qui ait quelque gravité. Chez tous, l'appétit s'est maintenu, même chez le n° 22, qui boite du membre postérieur droit, par suite d'un œdème qui a envahi toute la face interne de la cuisse droite. Malgré cet œdème, la température de ce mouton n'est pas élevée et n'attein que 39°, 4.

Du côté des vaches *non raccinées*, seul le veau hollandais attire notre attention ; un œdème déjà gros existe à l'épaule droite autour du point d'inoculation ; le thermomètre indique pour ce sujet une température de 40 degrés.

Mais dans le lot des moutons non vaccinés, les sujets malades sont nombreux ; on les découvre facilement, car ils se tiennent tous à l'écart et refusent toute nourriture ; l'examen de la face interne de la cuisse droite permet de constater chez tous de la chaleur et de la rougeur du côté de la peau, ainsi que la présence d'un œdème chaud, douloureux, plus ou moins volumineux ; chez tous, la température prise dans le rectum est de 40 degrés environ.

Vers trois heures et demie, le nombre des malades augmente d'une façon sensible du côté des non vaccinés ; vers cinq heures, une douzaine d'animaux refusent toute nourriture, même la luzerne fraîche qui leur est offerte.

A six heures et demie, les symptômes s'accentuent chez tous les malades : ils portent bas la tête ; chez tous, l'essoufflement est considérable, le pouls chez quelques-uns a dépassé cent pulsations ; les battements du cœur sont petits et très rapides, les mouvements du flanc sont entrecoupés de temps à autre par des plaintes. Si on oblige quelques sujets à se déplacer, ce n'est qu'à grand'peine qu'ils se décident à faire quelques pas, tellement leur marche est branlante et vacillante.

A six heures quarante, un mouton tombe sur le sol et meurt aussitôt ; c'est un métis-mérinos noir, âgé de dix-huit mois ; dix minutes plus tard un second succombe ; à sept heures, un southdown tombe à son tour pour ne plus se relever ; on constate, chez ce dernier sujet, de la météorisation au moins dix minutes avant la mort, tandis que les deux précédents n'ont été météorisés qu'après avoir succombé. Il ne s'écoule pas un quart d'heure, que déjà ces trois cadavres présentent des signes de putridité; chez tous, invariablement, s'écoule par les naseaux et le rectum un liquide sanguinolent.

La chèvre non vaccinée est triste, mais elle mange encore. A huit heures du soir, tout fait présager qu'un grand nombre de moutons succomberont dans la nuit.

Le lendemain 2 juin, les hommes chargés de surveiller les animaux ont trouvé morts onze moutons *non vaccinés* ainsi que la chèvre *non vaccinée*. Tous les cadavres étaient transportés au fur et à mesure dans leurs fosses respectives qui avaient été creusées à l'avance selon les ordres de M. Pasteur.

Le 2 juin, à deux heures, M. Pasteur, accompagné de ses collaborateurs, de MM. Tisserant, directeur de l'agriculture, Patinot, préfet de Seine-et-Marne, de Blowitz, correspondant du *Times*, etc., etc..., vient constater les résultats des expériences du 31 mai.

Ces résultats sont connus de tous ; ils tiennent du merveilleux ; cette journée du 2 juin fut un véritable triomphe pour M. Pasteur.

Quatorze moutons *non vaccinés* et la chèvre avaient déjà succombé, et le restant des *non vaccinés* se trouvait aux prises avec la mort. Dans le lot des vaccinés, au contraire, tous les sujets étaient bien portants ; quelques températures prises au hasard ce jour-là indiquaient partout un état normal.

M. de Blowitz, étonné d'un tel résultat, s'empressa d'adresser à son journal le *Times*, un long télégramme relatant ce succès éclatant.

Deux moutons furent autopsiés, séance tenante, l'un par M. Biot, l'autre par M. Rossignol. Chez ces deux animaux, on rencontra toutes les lésions du sang de rate, ainsi que l'œdème de la cuisse inoculée, œdème qui a été signalé dans toutes les autopsies précédentes. Chacun put s'assurer, par l'examen du sang au microscope, que les bactéridies étaient nombreuses dans le sang de ces deux sujets.

Du côté des bovidés, l'influence nocive de l'inoculation est beaucoup moins apparente. Chez les *vaccinés*, bœufs et vaches, le thermomètre n'indique aucun état fébrile, la température est normale ;

quelques-unes de ces bêtes présentent un peu de sensibilité et de l'induration au point inoculé. Mais tous ces animaux ont un excellent appétit; les vaches qui ont du lait n'ont pas éprouvé de diminution dans leur sécrétion lactée.

Les *non vaccinés*, qui sont au nombre de quatre, ne paraissent pas plus malades que les animaux précédents, et rien n'indique chez eux un état fébrile. Le taureau breton, qui fait partie de ce lot, accuse cependant une température de 40°, 2, mais il mange comme d'habitude, n'est nullement essoufflé et n'a rien perdu de son caractère belliqueux. Ces quatre animaux ont de l'œdème, un œdème crépitant au point piqué.

Le soir, de tous les moutons *non vaccinés* et qui ont été inoculés, il n'en reste plus qu'un : les autres sont morts et enfouis.

Le 3 juin, M. Rossignol fait une visite matinale aux animaux; le dernier survivant des moutons *non vaccinés* est mort dans la nuit. Le bœuf et les vaches *vaccinés* vont bien.

Sur les *non vaccinés*, l'infection bactéridienne commence à se traduire par des effets de plus en plus appréciables, du côté de la partie du corps qui a été choisie pour y pratiquer l'inoculation ; les œdèmes signalés le 3, ont augmenté de volume ; le ganglion du flanc droit commence à se dessiner nettement sous la peau de chaque sujet, il présente le volume d'une grosse noisette ; cependant du côté de la température, rien à signaler : elle a plutôt diminué qu'augmenté.

Le samedi 4 juin, MM. Chamberland, Roux, Gassend, Garrouste et Rossignol firent sur les animaux de Pouilly des observations qui furent continuées les jours suivants.

Chez plusieurs moutons, on constate, le 4 juin, à la face interne de la cuisse droite, l'existence d'un noyau induré, de la grosseur d'une noisette, qui occasionne chez quelques-uns une légère claudication. Mais, dès le 5 juin, les noyaux indurés ont complètement disparu ; tous ces animaux sont gais et très bien portants ; chez tous l'appétit est excellent: on ne croirait pas qu'ils ont été soumis à une aussi rude épreuve que celle du 31 mai. A partir de ce jour, leur état sanitaire reste excellent ; et, comme ils sont soumis au régime du vert à discrétion, on les voit profiter à vue d'œil.

Quant aux bovidés *vaccinés*, quelques-uns portent encore, le

4 juin, leurs noyaux indurés en arrière de l'épaule droite, mais ces œdèmes ont plutôt diminué qu'augmenté de volume. Dès le 5, tous les animaux vont bien, toute trace d'inoculation a disparu ; les températures sont normales, l'appétit est excellent ; le lait, chez les bêtes qui en ont, est de bonne qualité. L'état sanitaire reste dorénavant excellent.

Chez les bovidés *non vaccinés*, on constate, le 4 juin, que les œdèmes signalés le 3 ont pris, en vingt-quatre heures, des proportions énormes ; la température atteint en général 40 degrés. Les 5, 6, 7 juin, les œdèmes ont encore augmenté de volume.

Le 7 juin, le ventre de la vache n° 2 touche pour ainsi dire la litière. Toutefois, chez cette bête comme chez les autres, la température a sensiblement baissé ; elle est de 38 degrés, 38°,5 et 39 degrés. Dès le 7, l'œdème a disparu chez le veau hollandais qui porte le n° 3, et une amélioration se manifeste dans l'état du taureau ou sujet n° 4. Il est à remarquer, par exemple chez la vache, n° 1 que, malgré la gravité de la situation, le mufle reste humide et que la bête n'a pas cessé de ruminer. Cette même remarque était faite le 5 juin sur la vache n° 2. D'ailleurs, dès le 5 juin, la sécrétion lactée était complétement supprimée. Le taureau ou sujet n° 4 paraissait, le 5 juin, devoir succomber à l'infection charbonneuse ; sa température s'élevait à 41 degrés ; la respiration était très accélérée, le pouls donnait quatre-vingt-quinze pulsations à la minute. Toutefois, dès le 7, cet animal paraît sauvé ; il a beaucoup maigri, il est encore triste ; cependant il mange quelque peu et la température n'est plus que de 39 degrés.

A partir du 8 juin, l'état des bovidés *non vaccinés* s'améliore tous les jours davantage ; dès le 14 juin, toutes les bêtes qui cependant étaient si malades, ont repris leur appétit ; si ce n'était la maigreur considérable résultant de l'épreuve par laquelle ils ont passé, ces animaux ne différeraient pas des cinq vaches et du bœuf vaccinés. La vache n° 2 porte encore, à cette date du 14 juin, un œdème énorme qui touche presque le sol. Chez les trois autres sujets, il ne reste plus de traces d'inoculation ; les œdèmes et les ganglions du flanc ont disparu, les températures sont revenues à l'état normal.

Enfin, le 29 juin, tous les animaux de l'espèce bovine sont ven-

dus ; les six bêtes *vaccinées* ont pris de l'embonpoint, les quatre
animaux *non vaccinés* sont toujours maigres ; mais chez trois
d'entre eux toute trace d'inoculation a complètement disparu ;
seule, la vache n° 2 n'a pu encore se remettre des suites de l'infection bactéridienne ; cependant son œdème a considérablement
diminué, mais quand disparaîtra-t-il complètement?

La Commission dont M. Rossignol est le rapporteur, a jugé qu'il
était complètement inutile de poursuivre plus loin l'expérience,
d'autant plus qu'il ne s'agissait dans la circonstance que d'une
vache qui avait plus souffert que les autres des suites de l'inoculation du charbon.

Les moutons vaccinés sont expédiés chez M. le baron de la Rochette et chez M. Boullenger, à Saint-Germain-Laxis, où ils sont
tenus à la disposition de M. Pasteur pour les expériences qui doivent avoir lieu en 1882.

———————

RELATION SUR LA BREBIS VACCINÉE QUI A SUCCOMBÉ
APRÈS L'INOCULATION VIRULENTE

Au cours des expériences a succombé une brebis dont la mort
a soulevé, au sein de l'Académie de médecine, des objections contre
les effets certains de la vaccination charbonneuse. Le 1er juin,
vers six heures du soir, cette brebis, qui appartenait à la catégorie
des bêtes *vaccinées*, paraissait très malade ; elle présentait les
mêmes symptômes alarmants que les sujets non vaccinés ; toutefois on ne constatait pas d'œdème à la face interne de la cuisse
droite. Le 2 juin, dans la matinée, la brebis vaccinée va mieux ;
elle a mangé ; le soir, son état présente une amélioration notable ;
la température est tombée à 38°,6, elle a assez bien mangé. Mais,
le 3 juin, cette amélioration ne s'est pas maintenue ; cette bête
est redevenue triste, elle refuse toute nourriture ; sa température
a de nouveau dépassé 40 degrés, tout indique qu'elle succombera
bientôt : en effet, elle meurt dans la nuit du 3 au 4 juin.

La brebis était pleine, et cette circonstance n'était pas connue. La première vaccination, celle du 5 mai, et la deuxième, celle du 17 mai, n'ont exercé aucune influence fâcheuse sur la situation sanitaire de cette bête; l'examen des températures n'a dénoté aucun état fébrile.

L'autopsie fut faite par M. Rossignol, le 4 juin, en présence de MM. Chamberland, Roux, Gassend et Garrouste. D'après les lésions rencontrées dans la matrice et chez le fœtus, MM. Rossignol et Garrouste conclurent que la brebis était morte des suites d'un avortement qui n'a pas pu s'effectuer complètement, parce que cette bête se trouvait en même temps sous le coup de la fièvre de l'infection charbonneuse.

En rendant compte des expériences de Pouilly-le-Fort à l'Académie de médecine, M. Pasteur signala le cas de cette brebis. MM. Blot et Depaul se refusèrent à croire que la mort du fœtus ait pu entraîner celle de la mère, aussi M. Pasteur pria-t-il M. Rossignol de lui adresser une Note à ce sujet. Voici un résumé de cette Note : M. Rossignol combat les arguments de MM. Blot et Depaul qui, raisonnant à priori, voulaient absolument établir une analogie entre ce qui se passe chez la femme enceinte que l'on vaccine au moment de ses couches, et ce qui s'était passé chez cette brebis, prête à mettre bas, qu'on avait non seulement vaccinée, mais encore contagionnée avec un charbon très virulent. En vaccinant une femme enceinte, à terme même, on lui inocule un virus d'une affection bénigne, qui n'amène d'ordinaire qu'une fièvre de réaction à peine appréciable; c'est donc tout au plus si la vaccination, telle qu'on la pratique sur l'espèce humaine, est analogue à la vaccination préventive qui a été faite impunément, à deux reprises différentes, les 5 et 17 mai, sur la brebis qui nous occupe, avec les virus charbonneux atténués. Il en serait tout autrement, si, après la vaccination, on osait inoculer à une femme enceinte du virus variolique très violent.

Ce n'est pas impunément qu'on inocule des maladies virulentes à des femelles pleines. En 1873 et en 1874, le département de Seine-et-Marne a été fortement éprouvé par une épizootie de clavelée. M. Rossignol eut, à cette époque, l'occasion de pratiquer de nombreuses clavelisations; il constata, ainsi que tous ses confrères de la Brie, que l'inoculation de la clavelée a des effets désastreux quand elle est pratiquée sur des brebis prêtes à mettre bas. La mortalité a lieu dans des proportions effrayantes: 20 à 25 pour 100 des animaux inoculés succombent, tandis que la même opération, pratiquée sur les mâles du même troupeau ou sur les femelles non pleines n'occasionne qu'une perte de 3 à 8 pour 100.

La fièvre aphteuse entraîne rarement la mort; quand celle-ci survient, elle frappe généralement les bêtes qui sont dans un état de gestation très avancé; ce fait a été dernièrement établi, lors de l'épizootie de fièvre aphteuse qui a sévi dans la Brie pendant près d'un an.

Enfin MM. Rossignol et Garrouste ont examiné au microscope du sang pris dans les veines et dans le cœur de la brebis; malgré un examen prolongé, ils n'ont pu découvrir qu'à grand'peine un ou deux bâtonnets provenant, à n'en pas douter, de l'inoculation qui avait été pratiquée trois jours auparavant. Mais ce ne sont certes pas les bactéridies qui ont occasionné la mort de la brebis de Pouilly. L'absence des lésions particulières au charbon prouve surabondamment que la mort est uniquement due aux lésions rencontrées non seulement chez le fœtus, mais encore dans les enveloppes fœtales et la matrice elle-même. On trouve dans le fœtus macéré dans la matrice, dans l'adhérence de la peau du fœtus de Pouilly après les enveloppes et dans les lésions de la matrice, des preuves suffisantes pour conclure à un traumatisme qui a amené d'abord la mort du fœtus, ensuite celle de la mère. Tous les ans, au moment de l'agnelage, des brebis meurent lorsqu'elles ne peuvent pas accoucher, absolument dans les mêmes conditions que la brebis de Pouilly-le-Fort. On sait, d'ailleurs, que le mouton est un animal très susceptible; chez lui, tous les traumatismes prennent rapidement un mauvais caractère; aussi la somme de résistance qu'il oppose aux maladies, quelles qu'elles soient, est-elle insignifiante. M. Rossignol a souvent vu des brebis pleines périr au moment de l'agnelage, parce qu'elles étaient atteintes d'une torsion de la matrice.

Enfin il n'est pas rare de voir quelques-unes de ces femelles et même des vaches périr d'empoisonnement septique, soit à la suite de la putréfaction du fœtus, soit après celle d'une portion même minime des enveloppes qui est restée dans l'utérus.

A ce sujet, dit M. Garrouste, s'il ne nous a pas été permis de retrouver le vibrion septique dans le sang de l'animal, cela prouve-t-il que l'animal ne soit pas mort des suites de septicémie ? Assurément non.

Quoi qu'il en soit, disent MM. Rossignol et Garrouste, notre conviction est parfaite à l'égard des causes de la mort de la brebis de Pouilly-le-Fort.

Les lésions tangibles rencontrées dans la cavité abdominale et dans le bassin de la brebis sont certainement capables, à elles seules, d'entraîner la perte de l'animal.

CHAPITRE XII

EXPÉRIENCES DE FRESNE. — VACCINATION DES CHEVAUX

A la suite de cette première expérience publique de vaccination charbonneuse beaucoup d'autres furent faites, en France et à l'étranger, pendant les années 1881 et 1882. Malgré le succès complet obtenu à Pouilly-le-Fort il y avait encore des incrédules. Ceux-ci voulaient voir par eux-mêmes, comme ils le disaient, tellement le résultat leur paraissait surprenant. M. Pasteur accueillit favorablement toutes les propositions qui lui furent faites et c'est ainsi que l'expérience de Pouilly-le-Fort fut répétée à peu près dans toutes les parties de la France. Voici le résumé, aussi fidèle que possible, de ces différentes expériences, par ordre de date.

Extrait *des procès-verbaux relatant les expériences de vaccination préventive du virus charbonneux qui ont eu lieu à Fresne, près Pithiviers (Loiret), en l'année 1881.*

Le 1er juillet 1881, MM. Chamberland et Roux, collaborateurs de M. Pasteur, assistés de MM. Cagny, vétérinaire à Senlis, Leblanc, vétérinaire à Paris, délégués de la Société centrale de médecine vétérinaire et Mignon, vétérinaire à Puiseaux, ont procédé à des expériences de vaccination préventive du virus charbonneux. Le premier vaccin a été inoculé à cent trente-neuf moutons. De ces cent trente-neuf moutons, dix doivent servir à titre d'expériences ; ils font partie du lot d'expériences composé de quarante-deux moutons dont dix ont été achetés chez M. Poisson, de Lolainville ; dix, chez M. Radideau, de Godonvilliers, et vingt-deux, chez M. Lesage, de Fresne.

De plus, on a vacciné ce jour huit bœufs et deux vaches.

Le 13 juillet, les cent trente-neuf moutons, les huit bœufs et les deux vaches vaccinés pour la première fois le 1er juillet, ont reçu la seconde vaccination avec le deuxième vaccin ; de plus, à titre d'essai et afin de constater l'effet produit directement par le second vaccin, dix moutons non vaccinés reçoivent le second vaccin. Deux nouvelles vaches sont vaccinées avec le premier vaccin.

Ce jour il a été fait une première application de la vaccination préventive du virus charbonneux sur quinze chevaux.

Le même jour, il a été vacciné pour la première fois neuf cent cinquante-deux moutons, quatre-vingt-douze vaches et vingt-quatre bœufs, appartenant à MM. Poisson, Bonlieu et à divers autres propriéaires. Pendant ces opérations un des cent trente-neuf moutons ayant reçu les deux vaccinations, s'étant trouvé malade, plusieurs personnes demandent qu'on en fasse l'autopsie, ce qui est accepté par la Commission.

L'autopsie faite par M. Mignon, assisté de ses confrères, a démontré que ce mouton n'avait aucune trace de maladie charbonneuse, mais qu'il était atteint d'un rhume contracté au parc, qu'il était très sain et qu'il se serait parfaitement remis.

Le 27 juillet, à deux heures du soir, en présence de MM. Rousset, sous-préfet de Pithiviers, Rabier, conseiller général et président du Comice agricole de l'arrondissement de Pithiviers, Mignon, Morand, Bouvard, Lejeune, Carnet et Chassinat, vétérinaires, Prud'homme, Morand et Froc, docteurs en médecine, et d'un grand nombre d'agriculteurs du département du Loiret réunis à Fresne, MM. Chamberland et Roux ont inoculé avec le virus très virulent :

1° Dix moutons qui ont reçu le premier et le second vaccin les 1er et 13 juillet ;

2° Dix moutons vaccinés une seule fois avec le second vaccin le 13 juillet ;

3° Dix moutons non vaccinés ;

4° Une vache qui a reçu le premier et le second vaccin les 1er et 13 juillet ;

5° Une vache non vaccinée.

28 juillet. — Tous les animaux mangent comme d'habitude, excepté la vache non vaccinée qui seule a perdu de l'appétit et donne moins de lait.

29 juillet, six heures du matin. — La vache et les dix moutons qui ont reçu les deux vaccinations et qui ont été inoculés le 27 avec le virus très virulent, se portent à merveille; la vache non vaccinée présente au point d'inoculation du virus très virulent un léger bouton et un œdème parfaitement accentué; elle a perdu l'appétit et ne donne plus de lait.

A ce moment, il meurt un des moutons non vaccinés, mais inoculés avec le virus très virulent; il en meurt un second à huit heures; un troisième à dix heures; un quatrième à midi; le cinquième et le sixième meurent de une heure à trois heures, sous les yeux des personnes qui étaient présentes aux expériences du 27 et qui sont revenues aujourd'hui pour constater les résultats.

A une heure, M. Mignon, vétérinaire à Puiseaux, assisté de MM. Morand et Bouvard, ses collègues, commence l'autopsie des animaux morts. Voici le procès-verbal de l'autopsie :

Après l'enlèvement de la peau, la chair apparaît décolorée et comme macérée; le sang des veines sous-cutanées est très diffluent et d'un noir bleuâtre; au siège de l'inoculation, œdème variable de volume; ecchymose profonde, étendue, et infiltration de sérosité dans le tissu cellulaire environnant.

Engorgement avec infiltration des ganglions, de la gorge, de l'aine et des mésentères.

Cavité thoracique : Arborisation vasculaire considérable à la surface du tissu pulmonaire qui est toujours parsemé de taches pétéchiales, variables en nombre et en étendue. Le cœur est décoloré, les ventricules sont remplis par un caillot diffluent, noirâtre, inconsistant, et, chez certains sujets, par du sang poisseux et liquide.

Cavité abdominale : Les mésentères sont le siège d'une arborisation vasculaire produite par un sang noirâtre très liquide; les intestins, surtout l'intestin grêle, présentent toutes les traces d'une vive inflammation; on rencontre un peu de liquide séro-sanguinolent dans le péritoine.

Les parois de la vessie sont rouges et enflammées; l'urine est sanguinolente; le foie est pâle, couvert de pétéchies et très friable sous la pression des doigts.

La rate sur quatre sujets est considérablement tuméfiée; elle se déchire à la moindre pression et laisse sortir une bouillie épaisse, noirâtre et très abondante. Deux des victimes n'ont pas la rate grossie; mais MM. Chamberland et Roux ont pris, séance tenante, du sang sur une coupe faite sur les deux rates, l'ont placé sur le champ d'un microscope et ont trouvé un grand nombre de bactéridies. MM. les vétérinaires, médecins et agriculteurs présents les ont vues tour à tour, grâce à leurs explications.

On pourrait peut-être donner la raison de l'absence de gonflement de la rate chez ces deux sujets, par leur état général qui était très voisin de l'anémie.

Du reste la mort de l'un d'eux a été accélérée par suite de manipulations imprudentes qui ont amené la déchirure de l'estomac.

Quoi qu'il en soit, la conclusion des vétérinaires qui ont fait l'autopsie est unanime : ces six moutons sont morts du sang de rate.

Les quatre moutons restants sont très malades, ils sont mourants.

Les dix moutons vaccinés une seule fois avec le second vaccin et inoculés par le virus virulent se portent à merveille.

Les dix moutons vaccinés le 1er et le 13 juillet et inoculés avec le virus très virulent se portent très bien.

30 juillet. — Les quatre moutons restants sur les dix non vaccinés sont toujours très malades.

Les dix moutons vaccinés avec le deuxième vaccin vont bien.

Les dix moutons qui ont reçu les deux vaccinations vont bien également.

Les vaches vaccinées se portent très bien ; celle non vaccinée est toujours très malade.

31 juillet. — État général pareil ; les moutons et la vache non vaccinés paraissent être moins malades.

1er août. — Les moutons et la vache non vaccinés continuent à aller mieux. Le soir, à cinq heures, il meurt un mouton du lot des cent trente-neuf moutons qui ont reçu les deux vaccinations le 1er et le 13 juillet. M. Lesage l'envoie immédiatement à Pithiviers pour que MM. les vétérinaires en fassent l'autopsie.

2 août, neuf heures du matin. — M. Mignon, assisté de MM. Morand et Bouvard, fait l'autopsie du mouton mort la veille ; ils trou-

vent tous les symptômes de la maladie du sang de rate. Ils emplissent des tubes avec du sang pris dans la rate et le cœur,
M. Lesage l'envoie de suite au laboratoire de M. Pasteur. MM. les vétérinaires inoculent un lapin avec le sang pris dans la rate du mouton dont on vient de faire l'autopsie.

3 août. — Rien de nouveau.

4 août. — Le lapin inoculé le 2 août meurt à quatre heures du matin. Des tubes sont remplis avec le sang de ce lapin et expédiés au laboratoire.

5 août. — Rien de nouveau.

6 août. — Une lettre de M. Roux confirme que le mouton mort le 1er août est bien mort de l'affection charbonneuse.

7 et 8 août. — Tous les animaux se portent très bien.

9 août. — Le berger qui a la garde du lot d'expériences, ayant mené paître ses moutons sur un regain de luzerne trop tendre, a fait enfler huit moutons. Il en est mort un à huit heures du matin ; il appartient au lot des dix qui ont été vaccinés le 1er et le 13 juillet, et qui avaient reçu le virus très virulent ; il est mort de météorisation et non du sang de rate.

Depuis, aucun fait méritant d'être signalé ne s'est produit.

Pour copie conforme :

Le Président de la Commission,

LESAGE.

Cette expérience de Fresne mérite quelques explications.

D'abord il faut rendre justice à l'initiative éclairée du président, M. Lesage, qui, sans le secours d'aucune société savante, était parvenu à intéresser les agriculteurs des environs et avait provoqué leur souscription pour couvrir les frais des expériences.

De plus, le résultat n'est pas aussi net qu'à Pouilly-le-Fort, car si les dix moutons vaccinés n'ont éprouvé aucun effet à la suite de l'inoculation virulente, six moutons seulement sur dix témoins ont succombé, tandis qu'à Pouilly-le-Fort tous les témoins avaient succombé.

Dix moutons ont reçu directement le deuxième vaccin et n'ont pas paru sensiblement malades. Ils ont très bien résisté ensuite à l'inoculation virulente. Ce résultat nous frappa d'autant plus que ce second vaccin inoculé directement faisait périr généralement la moitié des animaux, les autres étant très malades.

Rapprochant ce fait du précédent nous fûmes amenés à conclure que les moutons sur lesquels nous avions opéré offraient une résistance naturelle plus grande aux effets du virus charbonneux. Je reviendrai plus tard sur cette explication. Quant au mouton qui a succombé à la suite de la deuxième vaccination dans le troupeau des cent trente-neuf, il est naturel de penser que sa mort doit être attribuée au charbon spontané, la vaccination charbonneuse n'étant pas complète à ce moment, et la ferme de M. Lesage étant une ferme réputée dangereuse pour le charbon.

Enfin, ainsi qu'il est dit dans le rapport, c'est à Fresne que, pour la première fois, nous tentâmes la vaccination des chevaux Je dois avouer que ce ne fut pas sans une certaine hésitation que nous pratiquâmes cette opération sur un aussi grand nombre d'animaux, tous d'un prix élevé. Mais la confiance de M. Lesage était telle que nous dûmes céder à ses instances. Le succès, comme on le voit, fut complet et, à partir de ce jour, la vaccination des chevaux entra elle-même dans le domaine de la pratique.

Il était à prévoir que les chevaux qui avaient subi les deux inoculations vaccinales seraient préservés comme les moutons et les vaches contre les effets du virus virulent. La première expérience de vérification directe de cette manière de voir fut faite par M. Rossignol dont je mets maintenant le rapport sous les yeux du lecteur :

EXPÉRIENCES DE VACCINATION CHARBONNEUSE
SUR LE CHEVAL

Par MM. Rossignol, Gassend et Garrouste.

M. Rossignol, avec le concours de ses amis MM. Gassend, directeur de la station agronomique de Seine-et-Marne, et Garrouste, vétérinaire au 1ᵉʳ chasseurs, voulut savoir si le cheval vacciné jouirait de l'immunité, et si le même animal non vacciné périrait ou serait très malade des suites de l'inoculation du virus charbonneux. Un poulain plein de vigueur fut mis à sa disposition par M. Moreau-Chaslon, ancien directeur de la cavalerie des omnibus et propriétaire d'un haras à Joinville.

Le 6 août 1881, on fit subir à ce poulain une première vaccination avec du vaccin du premier degré. Le lieu choisi pour pratiquer cette opération fut la face droite de l'encolure. Le poulain reçut dans le tissu cellulaire sous-cutané le contenu de dix divisions de la seringue Pravaz. Ce jour-là la température de cet animal était de 38°,5. Les jours suivants elle ne varia que de quelques dixièmes de degré.

Le 19 août, ce Yearling fut vacciné avec du vaccin n° 2. La température resta normale le 19 ainsi que les jours suivants; elle varia entre 38°,2 et 38°,5.

Le 2 septembre, MM. Gassend, Garrouste et Rossignol se transportèrent au clos d'équarrissage de Melun, où se trouvait le poulain vacciné, ainsi qu'un autre cheval entier, très vigoureux, mais usé des membres antérieurs. Ces deux chevaux furent inoculés par M. Gassend, qui leur injecta dans le tissu cellulaire sous-cutané de la face gauche de l'encolure, quinze divisions de la seringue Pravaz, d'un liquide très virulent que M. Roux avait envoyé. Un lapin recevait en même temps une goutte de ce liquide dans le tissu cellulaire de l'oreille.

Le jour de l'expérience, les deux sujets accusaient les températures suivantes : le Yearling vacciné, 38°, 8; le cheval entier non vacciné, 38 degrés. Le 3 septembre, on ne constata rien d'anormal, la température du Yearling était de 38°, 7, celle du cheval entier de 38°, 2.

Le 4 septembre, aucun des deux chevaux ne paraît malade, tous deux mangent avec appétit leur ration. Le 5, dans la matinée, le cheval entier non vacciné est trouvé mort presque subitement. MM. Garrouste et Gassend firent l'autopsie du sujet; ils constatèrent l'existence des lésions ordinaires qui caractérisent le charbon. Le sang, examiné au microscope, révéla la présence d'un grand nombre de bactéridies en bâtonnets, placées entre les globules, isolés quelquefois, agglomérés assez souvent. Les corpuscules sanguins avaient plus ou moins la forme d'une pomme épineuse. Ils étaient, en un mot, ratatinés. Une diminution notable de volume des globules rouges fut constatée. Le sang étudié avait été pris dans le foie, dans la rate et dans les bosselures ou hémorrhagies de ces organes.

Le lapin avait résisté moins longtemps que le cheval. L'autopsie du lapin a montré chez cet animal les lésions caractéristiques du charbon; l'examen microscopique du sang a permis d'y constater la présence d'un grand nombre de bactéridies.

CHAPITRE XIII

EXPÉRIENCES SUR LA VACCINATION PRÉVENTIVE
DU CHARBON CHEZ LE MOUTON

Rapport de M. BOUTET (de Chartres).

Académie de médecine, 26 juillet 1881.

La grande découverte de l'atténuation des virus à l'aide d'une culture particulière et son application à la vaccination préventive du charbon ne pouvaient pas laisser indifférent le corps médical d'Eure-et-Loir, ce département qui est la terre classique des maladies charbonneuses.

Aussi, dans sa séance du 27 avril dernier, répondant à la demande de médecins et de vétérinaires de la localité, le conseil général invitait-il M. le préfet à constituer une commission d'études expérimentales et votait-il une allocation spéciale pour subvenir aux dépenses de ces études.

Le 10 juin, la Commission était nommée et huit jours après, le 18, elle arrêtait son programme en décidant :

1° Qu'elle bornerait, pour le moment, ses expériences à l'espèce ovine ;

2° Que, pour les expériences, elle se procurerait deux lots de moutons à peu près égaux en nombre, l'un préalablement soumis à la vaccination préventive et l'autre absolument vierge de toute vaccination ;

3° Qu'enfin les deux lots, comprenant de trente à quarante bêtes au total, seraient inoculés au moyen de la seringue Pravaz, avec du sang pris sur un mouton ayant succombé au charbon, dans une ferme beauceronne, depuis moins de douze heures.

Conformément à ce programme, le 16 juillet courant, à dix heures du matin, la Commission se rendait à la ferme de Lambert, commune de Barjouville, près de Chartres, où elle avait réuni depuis quelques jours au milieu d'un pré, seize moutons beaucerons achetés dans les environs, et dix-neuf moutons du troupeau d'Alfort, vaccinés préventivement par l'honorable et savant M. Pasteur.

En même temps, un mouton, mort à six heures du matin chez un cultivateur voisin, était amené dans le champ d'expériences.

Ce mouton ayant été aussitôt ouvert et ayant montré, à l'œil nu comme au microscope, toutes les lésions caractéristiques du charbon, la Commission procéda, avec son sang, à l'inoculation successive des trente-cinq bêtes, en ayant la précaution de les prendre alternativement dans chaque lot.

L'opérateur se servait d'une seringue de Pravaz pouvant contenir un centimètre cube de liquide. L'instrument étant rempli de sang puisé directement dans les diverses parties du corps du mouton charbonneux, notamment dans la jugulaire, dans le cœur, dans la rate, on le vidait en injectant, par parts à peu près égales, le contenu dans le tissu cellulaire sous-cutané de la cuisse gauche de deux bêtes, une de chaque lot. Chaque animal fut ainsi inoculé avec une dizaine de gouttes de sang charbonneux, et les conditions d'inoculation furent exactement les mêmes pour les deux lots.

Le surlendemain, 18, conformément à l'avis publié par les journaux de la localité, la Commission se rendait de nouveau à la ferme de Lambert, où les trente-cinq moutons inoculés avaient séjourné dans le même parc et avaient été soumis à la même alimentation, depuis le commencement des expériences. Elle reconnut aussitôt que pas un mouton d'Alfort n'avait succombé; que pas un ne paraissait même indisposé. Elle remarqua, par contre, que, dans le lot de moutons beaucerons, dix étaient morts et plusieurs étaient tristes, abattus.

Elle procéda à l'autopsie des dix bêtes ci-dessus, en présence de beaucoup de médecins et surtout de vétérinaires des environs; en présence de M. Roux, aide de M. Pasteur; en présence aussi de M. le préfet, de M. Bornier, secrétaire général, de M. Boissard, conseiller de préfecture, de tout le conseil d'arrondissement de Chartres, et d'un assez grand nombre de curieux.

Sur tous les cadavres, elle constata un épanchement de sérosité citrine assez abondant, parsemé de quelques petits caillots de sang noir en dedans de la cuisse gauche et au-dessous de la peau, à la place sur laquelle avait été pratiquée l'inoculation. Elle constata, en outre, comme elle l'avait fait sur le mouton qui a fourni le virus, toutes les lésions particulières au charbon.

Pendant que se faisait l'autopsie des dix moutons qui précèdent, deux autres moutons beaucerons mouraient et présentaient les mêmes lésions.

Enfin, le 19, il y a aujourd'hui huit jours, à neuf heures du matin, soixante et onze heures après l'inoculation, des quatre moutons beaucerons qui restaient, trois encore avaient succombé.

Un seul de ce lot a survécu et survit aujourd'hui.

Quant aux moutons d'Alfort, ils n'ont cessé de bien boire et de bien manger; ils ont continué à être gais, à se bien porter, en un mot jusqu'à samedi dernier, 23 courant, jour auquel ils ont été réexpédiés à la ferme de Vincennes, d'où ils provenaient.

Voilà le fait de Chartres, avec la caractéristique propre qui le distingue un peu du fait de Melun, que l'Académie connaît.

A Melun, les expérimentateurs ont inoculé les animaux avec le virus très virulent cultivé dans le laboratoire de M. Pasteur depuis plus de quatre ans (mars 1877), tandis qu'à Chartres nous avons inoculé les nôtres avec le sang pris sur un mouton mort du charbon dans une ferme de Beauce, depuis quatre heures seulement.

Ajoutons qu'à Melun, le troisième jour de l'inoculation, une des bêtes vaccinées est morte, tandis qu'à Chartres toutes les bêtes vaccinées ont résisté.

Ajoutons enfin, qu'à Melun, tous les moutons non vaccinés ont succombé à la suite de l'inoculation, tandis qu'à Chartres un de ces moutons a été réfractaire. Cette résistance, — un seul sur seize, — n'a nullement étonné les membres de la Commission, qui presque tous s'attendaient à la voir se manifester sur un plus grand nombre de sujets, ainsi qu'ils l'avaient remarqué déjà en 1850, 1851 et

1852, alors qu'ils pratiquaient les nombreuses inoculations qui ont si bien démontré, contrairement à l'opinion généralement admise à cette époque, la nature charbonneuse du sang de rate.

Sauf ces différences, que l'Académie appréciera, les expériences de Chartres peuvent être considérées comme une seconde édition de celles de Melun. Elles se résument, d'ailleurs, en quelques lignes : dix-neuf moutons qui avaient subi la vaccination préventive ont tous résisté à l'inoculation charbonneuse, tandis qu'au contraire, sur seize moutons qui n'avaient pas été soumis à cette vaccination préalable, la même inoculation en a tué quinze.

Les choses étant ainsi, la conclusion que nous avons l'honneur de soumettre à l'Académie nous paraît s'imposer ; la voici :

La vaccination préventive du mouton met complètement la bête à l'abri du charbon.

Reste à savoir combien de temps durera cette immunité.

C'est ce que la Commission locale d'Eure-et-Loir, au nom de laquelle j'ai l'honneur de parler en ce moment devant vous, se propose d'étudier sur les nombreux troupeaux qui vont maintenant être vaccinés dans les environs de Chartres ; et quand notre étude sera complète, nous en ferons l'objet d'une nouvelle communication à l'Académie, si l'Académie veut bien consentir à nous entendre encore une fois sur cet autre côté très intéressant de la question qui nous occupe.

CHAPITRE XIV

RAPPORT ADRESSÉ A M. PASTEUR SUR LES EXPÉRIENCES
FAITES CHEZ M. MAISONS, A LA FERME D'HERBLAY
COMMUNE D'ARTENAY

MONSIEUR,

J'ai l'honneur de vous soumettre le rapport complet des expériences faites chez M. Maisons, à la ferme d'Herblay, commune d'Artenay, arrondissement d'Orléans.

Afin qu'on puisse bien se rendre compte des circonstances et des conditions dans lesquelles l'expérience a été faite, j'ai cru devoir établir exactement l'état des pertes éprouvées par M. Maisons depuis le 17 mai, jour où le premier cas de mort par le sang de rate a été constaté, jusqu'au moment où la première vaccination a été faite.

Du 17 mai au 25 juin, il est mort dix-sept moutons:

Du 25 juin au 1er juillet, dix morts.

C'est à cette date que le troupeau a été envoyé en herbage dans une ferme dont le terrain est très humide et qui est située sur la lisière de la forêt d'Orléans à Cossoles, commune de Chevilly, canton d'Artenay.

Le 17 juillet, les animaux rentraient à la ferme d'Herblay; il en manquait quinze.

En somme, dans la période de deux mois, du 17 mai au 17 juillet, il est mort quarante-deux moutons.

Nous allons relever maintenant, jour par jour, le nombre des cas de mort :

18 juillet..............................	»
19 —	»
20 —	3
21 —	2
22 —	»
23 —	1
24 —	1
25 —	»
26 —	3
27 —	»
28 —	3
29 —	2
30 —	1
31 —	2
Total..............	18

1er août..............................	»
2 —	»
3 —	»
4 —	1
5 —	2
6 —	»
7 —	2
8 —	4
9 —	»
Total..............	9

Total général en deux mois et vingt-deux jours soixante-neuf morts.

Le 9 août, eut lieu la première inoculation sous la direction de M. Roux.

Cette expérience avait comme témoins : M. Darblay, président du Comice; MM. Dubois, Dustruit, Lejeune et Sergent, vétérinaires; MM. Pitou et Rossignol (d'Orléans), Darblay (Louis), Darblay (Joseph), Mazure, Faucheur, Tourne, Popot et beaucoup de cultivateurs des environs.

Ont été inoculés : deux cent cinquante moutons, cinq vaches et deux taureaux.

Il restait non inoculés : cent quarante-neuf moutons, huit vaches et quatre élèves de l'espèce bovine.

Aucune des bêtes ovines non inoculées n'a été malade depuis le jour de la vaccination.

Les vaches et les taureaux inoculés n'ont rien présenté de particulier à noter. L'état sanitaire des non vaccinés est satisfaisant.

Parmi les deux cent cinquante moutons vaccinés il est mort :

10 août	....	»
11	—	1
12	—	»
13	—	1
14	—	1
15	—	2
16	—	»
17	—	2
18	—	1
19	—	»
20	—	»
21	—	»
22	—	»
	Total...............	8

La seconde inoculation a été faite le 23 août à Herblay, sur les deux cent quarante-deux moutons restants, les vaches et les deux taureaux déjà vaccinés.

A cette opération, présidée par M. Roux, assistaient MM. Darblay, président du Comice, Caussé, Dubois, Distruit, Durand, Lagriffouil et Lejeune, vétérinaires; MM. Rousseau, propriétaire, Chambon, Mazure et Venard, cultivateurs.

Les autres vaches et les taureaux n'ont éprouvé aucun dérangement; leur santé est parfaite.

Le 29 août, l'un des moutons vaccinés est mort, vingt jours après la première vaccination.

Enfin, l'inoculation du virus très virulent a été pratiquée à cinq moutons ayant subi les deux vaccinations et à cinq moutons non vaccinés, le 3 septembre, à sept heures et demie du matin, par M. Lejeune, vétérinaire à Artenay, en présence de MM. Darblay (Louis), Lecluc, Menard et Verdureau.

Ces dix moutons ont été amenés chez M. Lejeune et placés ensemble dans un parc d'une superficie de 25 mètres carrés.

Les moutons vaccinés ont supporté l'épreuve sans qu'il ait été possible de constater aucun dérangement dans les fonctions vitales, bien qu'ils aient été surveillés nuit et jour ; à aucun moment ils n'ont présenté d'autres signes que ceux d'une parfaite santé.

Quant aux cinq moutons non vaccinés, le premier est mort le 5 septembre, à deux heures du matin ;

Le deuxième est mort le 5 septembre, à sept heures trente minutes ;

Le troisième est mort le 5 septembre, à onze heures ;

Le quatrième est mort le 5 septembre, à trois heures quarante-cinq minutes du soir ;

Le cinquième est mort le 6 septembre, à neuf heures dix minutes du soir.

L'autopsie des quatre premiers a été faite à Artenay, par MM. Dubois, Lagriffouil et Lejeune, le 5 septembre, à cinq heures du soir.

M. Lagriffouil fera ultérieurement un rapport complet des lésions trouvées à l'ouverture des cadavres.

Après avoir marqué d'une façon indélébile les cinq moutons ayant servi à l'expérience, je les ai rendus à leur propriétaire, le 7 septembre au matin, et ils ont été immédiatement remis dans le troupeau.

En outre, M. Maisons m'apprend que deux de ses moutons non vaccinés viennent de mourir.

Gustave LEJEUNE,

Vétérinaire à Artenay (Loiret).

Artenay, le 7 septembre 1881.

J'ai voulu reproduire en entier le rapport de M. Lejeune qui, du reste, est très court et fort bien fait, parce qu'il nous fournit un très bon exemple de ce qui se passe lorsqu'on vaccine un troupeau atteint de la maladie spontanée. Nous voyons que la mortalité continue pendant la vaccination et jusqu'à ce que cette vacci-

nation soit complète, c'est-à-dire huit ou dix jours après l'inoculation du deuxième vaccin. La vaccination charbonneuse, comme la
vaccine humaine, en effet, n'empêche pas le développement de la
maladie lorsque le germe de cette maladie se trouve déjà dans le
corps au moment de l'inoculation préventive.

CHAPITRE XV

EXPÉRIENCES DE TOULOUSE

Le remarquable rapport adressé par M. Baillet, directeur de
l'École vétérinaire de Toulouse, à M. le ministre de l'Agriculture,
nous fournit les renseignements suivants sur les expériences d'inoculations préventives qui ont été faites en janvier et février 1882 à
l'École de Toulouse. L'Académie des sciences, inscriptions et
belles-lettres de Toulouse, la Société de médecine de Toulouse,
la Société d'agriculture de la Haute-Garonne avaient délégué
plusieurs de leurs membres pour suivre la série des opérations. A
eux s'étaient joints des médecins, des vétérinaires de la ville et de
la garnison : tous ont été frappés du résultat concluant auquel a
conduit la méthode Pasteur. Quelques-uns d'entre eux ont exprimé
le désir que des essais semblables fussent faits sur les bêtes bovines qui, dans cette région, sont peut-être plus fréquemment
atteintes du charbon que les moutons. Tous se sont plu à reconnaître qu'il a été donné à l'École de Toulouse une démonstration
frappante de l'efficacité de la méthode.

Par une lettre en date du 21 décembre 1881, M. le ministre de
l'Agriculture autorisa M. Baillet, directeur de l'École nationale vétérinaire de Toulouse, à faire procéder, à l'École, à une expérience
destinée à démontrer aux élèves l'efficacité de l'inoculation préventive du charbon d'après la méthode Pasteur, et à en vulgariser
la connaissance dans la région.

M. Baillet s'entendit aussitôt avec M. Givelet, propriétaire de la
ferme de Montredon, annexée à l'École ; M. Givelet mit à la dispo-

sition de l'École vingt-six antenais de race lauragaise et quatre brebis pleines, destinés à subir les inoculations préventives. D'un autre côté, M. Baillet fit acheter, pour servir de témoins au moment de l'épreuve définitive, quatre antenais de même race que les précédents et une brebis pleine.

Enfin, dans le cours de l'expérience, deux brebis et plusieurs lapins ont été acquis pour répondre à diverses indications.

Tous ces animaux divisés en deux groupes, celui des brebis et celui des antenais, ont été placés ensemble dans deux locaux différents, et ont vécu de la même vie pendant toute la durée de l'expérience.

Ensuite, M. Baillet, après avoir reçu de M. Pasteur des instructions sur la marche à suivre pour rendre concluante l'expérience projetée, inocula, le 11 janvier, le premier vaccin charbonneux arrivé la veille à Toulouse.

Dans cette première séance, conformément au plan qui, d'après les indications de M. Pasteur, avait été arrêté entre M. Baillet et MM. les professeurs Labat et Peuch, les bêtes ovines dont on pouvait disposer ont été partagées en trois groupes.

Tous les animaux du premier groupe, composé de treize moutons et de deux brebis, ont été inoculés par l'injection à la face interne de la cuisse droite de la quantité du premier vaccin contenue dans une division de la seringue de Pravaz (soit 18 centigrammes).

Tous ceux du second groupe, composé également de treize mâles et de deux brebis pleines, ont été inoculés par une quantité double du même vaccin, injectée, moitié à la face interne de la cuisse droite, et moitié à la face interne de la cuisse gauche.

Enfin tous ceux du troisième groupe, comprenant quatre moutons et une brebis pleine, n'ont été soumis à aucune inoculation.

A la suite de cette première inoculation, pratiquée avec un virus très faible, une deuxième vaccination a eu lieu le 24 janvier 1882 avec le deuxième vaccin, expédié de Paris le 21 janvier et arrivé à Toulouse dans la soirée du 23. Dans cette seconde opération tous les animaux vaccinés le 11, l'ont été de nouveau, mais par une seule injection faite à la face interne de l'une des cuisses. Il est inutile d'ajouter que les quatre moutons et la brebis destinés à servir de témoins n'ont pas subi cette inoculation.

Un incident qui s'est produit à l'occasion de l'envoi du virus a introduit dans les opérations un élément sur lequel on n'avait pas d'abord compté. A la suite d'un malentendu dans les envois, un nouveau tube de deuxième vaccin arriva, le 26, à Toulouse. A cette époque, tous les sujets avaient déjà subi depuis deux jours la deuxième vaccination, et il n'était nullement indiqué de recourir à une troisième. Néanmoins, MM. Baillet, Peuch et Labat se décidèrent à inoculer, le 27, deux brebis étrangères au troupeau. Sur l'une d'elles fut pratiquée une seule injection ; sur l'autre on en fit deux. A partir du 27, ces deux bêtes vécurent avec les autres brebis mises en expérience, mais on doit noter qu'elles ne furent plus soumises à aucune autre inoculation préventive, et qu'elles furent réservées pour être inoculées du virus très virulent au moment où devait se terminer l'expérience.

D'après le premier plan qui avait été tracé, on pensait, à Toulouse, que la vaccination du 24 janvier devait clore la série des inoculations préventives. Il n'en fut rien parce qu'à Paris, M. Pasteur craignit que le virus injecté à cette date fût trop faible (1) pour mettre l'économie à l'abri de la contagion, et avait exprimé le désir qu'une troisième inoculation préventive fût tentée. Celle-ci eut lieu le 6 février avec un troisième vaccin envoyé de Paris le 4 et arrivé à Toulouse dans la soirée. Elle eut lieu sur vingt-cinq des vingt-six moutons (2) déjà inoculés, et sur les quatre brebis qui jusqu'alors avaient subi le même sort. Celles-ci avaient toutes les quatre mis bas la veille, c'est-à-dire le 5 février.

Cette troisième inoculation fut la dernière qui fut pratiquée

(1) Le deuxième vaccin du 24 janvier n'ayant pas été employé en totalité pour les vingt-six moutons et les quatre brebis, M. Peuch utilisa ce qui restait à inoculer deux lapins, l'un par une seule injection, l'autre par deux. Le second de ces animaux mourut cent six heures après l'inoculation, et le premier cent huit heures seulement après cette opération. Tous deux présentèrent à un haut degré toutes les lésions du charbon, et leur sang, riche en bactéridies, fut inoculé à un troisième lapin. Celui-ci mourut quarante-neuf heures après l'inoculation. Ce fait témoigne que le virus jugé trop faible pour vacciner les moutons, suffit pour tuer les lapins.

(2) Nous ne signalerons plus ici que vingt-cinq moutons à inoculer au lieu de vingt-six, parce que l'un d'eux était mort le 26, à la suite d'une indigestion. L'autopsie de ce sujet, faite avec le plus grand soin par M. Peuch, n'a offert aucune des lésions du charbon ; le sang, qui, d'ailleurs, ne contenait pas de bactéridies, a pu être inoculé à un lapin sans provoquer chez ce rongeur aucun trouble de la santé.

comme préventive. Tous les sujets la subirent, comme les deux précédentes, sans qu'aucun d'eux éprouvât dans sa santé des troubles assez sérieux pour compromettre son existence. On peut d'autant plus sûrement donner cette affirmation, que les animaux avaient été soumis à une surveillance assidue, et que des mesures avaient été prises pour s'assurer s'ils seraient ou ne seraient pas en proie à un mouvement fébrile assez accentué.

En effet, d'après les instructions données par M. Pasteur, et afin de mieux juger de l'action produite par le virus, on a fait prendre tous les jours, à trois heures et demie, la température rectale des animaux inoculés. Pour cela, on a attribué à chacun d'eux un numéro, et on a dressé des tableaux où sont consignées les températures de chaque jour. L'opération a constamment été faite avec le plus grand soin par MM. les répétiteurs Cadéac et Pendriez, assistés des élèves de la quatrième année, et sous la direction de MM. Peuch et Labat.

De l'examen de ces tableaux il résulte que dans les jours qui ont suivi chacune des trois inoculations, la température s'est élevée de quelques dixièmes de degré à la fois chez les bêtes inoculées préventivement et chez les témoins ; l'élévation était sensiblement la même de part et d'autre ; il n'y a donc pas lieu d'admettre qu'un mouvement fébrile bien caractérisé ait été la conséquence des inoculations préventives. Pourtant, malgré l'absence de ce caractère, l'immunité a été certainement acquise à tous les sujets d'expérience. C'est ce qui a été clairement démontré par les résultats de l'expérience comparative par laquelle a été terminée la première série des opérations.

Cette dernière expérience a eu lieu le 18 février. A cette époque, nous étions en possession de vingt-cinq moutons et de quatre brebis inoculés préventivement à trois reprises différentes : de deux brebis inoculées préventivement une seule fois, le 27 janvier ; de quatre moutons et une brebis destinés à servir de témoins, et n'ayant subi aucune espèce d'inoculation ; et de trois agneaux nés de mères inoculées, après la deuxième inoculation.

Le quatrième était né de la brebis témoin qui a succombé depuis, comme on le verra plus loin.

Le 18 février, on a inoculé avec le virus virulent :

1° Huit moutons et une brebis qui avaient été vaccinés trois fois préventivement;

2° Deux brebis qui n'avaient été inoculées qu'une fois préventivement;

3° Les quatre moutons et la brebis, témoins.

Un mouton *témoin* est mort le 20 février, quarante-trois heures après l'inoculation.

Un mouton et une brebis *témoins* sont morts dans la nuit du 20 au 21 février, soixante heures après l'inoculation.

Un quatrième mouton *témoin* est mort le 22 février au matin.

Le cinquième mouton *témoin* a été très malade pendant cinq jours, mais il a échappé à la mort et s'est rétabli.

Quant à la brebis et aux huit moutons qui avaient été vaccinés trois fois, ils ont parfaitement résisté. Il en a été de même des deux brebis qui n'avaient été vaccinées qu'une seule fois.

Quelques-uns d'entre eux ont, par moment, manifesté un peu de tristesse, mais ils n'ont jamais cessé de manger et se sont remis rapidement. Leur température s'est pourtant élevée de 1, 2 et même 3 degrés au-dessus de la température initiale : ce qui montre que plusieurs ont été en proie à un mouvement fébrile assez marqué et qu'ils n'ont échappé à l'influence du virus virulent qu'à la faveur de l'immunité dont ils avaient été pourvus par une ou par trois inoculations préventives.

Les cinq témoins inoculés du virus virulent sans avoir été soumis à une vaccination préventive ont tous été atteints du charbon, et si l'un d'eux a survécu, il l'a dû uniquement à une force de résistance que l'on rencontre de loin en loin chez certains animaux.

On n'a pu conserver aucun doute sur la nature de la maladie à laquelle ont succombé quatre des témoins, car, à l'autopsie, ils ont présenté toutes les lésions caractéristiques du charbon, et leur sang s'est montré particulièrement riche en bactéridies.

Les deux tiers des animaux vaccinés et trois agneaux nés pendant l'expérience ont été réservés pour des essais ultérieurs à faire, suivant le désir de la Société d'agriculture, et pour constater :
1° si les animaux vaccinés résisteront aussi bien à l'inoculation du sang charbonneux qu'à l'inoculation du virus très virulent;

2° si l'immunité se conservera au delà d'un certain temps; 3° enfin si l'immunité est acquise aux agneaux nés de mères vaccinées pendant la gestation.

Nous voyons ici intervenir, et pour la première fois, trois inoculations préventives au lieu de deux. Nous avions reconnu, en effet, à ce moment, que nos vaccins avaient sensiblement diminué dans leur virulence. Afin d'être plus certain du résultat, M. Pasteur manifesta le désir de faire subir aux animaux une troisième inoculation préventive, ce qui fut fait. Mais il faut reconnaître que les craintes de M. Pasteur étaient exagérées, car deux brebis qui n'avaient reçu que la seconde inoculation vaccinale résistèrent aux effets du virus virulent.

CHAPITRE XVI

La Société d'agriculture de la Nièvre, convaincue de l'importance considérable qui pouvait résulter pour ce département de l'application de l'immortelle découverte due à M. Pasteur, relativement à la *raccination préventive* des animaux domestiques, et désirant que les propriétaires et les agriculteurs connussent les expériences et pussent se rendre compte par eux-mêmes, de l'exactitude de la méthode pastorienne, décida, dans sa séance du 7 janvier 1882, de renouveler à Nevers les expériences si démonstratives de Pouilly-le-Fort.

Une commission prise dans son sein fut nommée séance tenante ; elle fut composée de M. le comte de Bouillé, président ; MM. Régnier, agriculteur à l'Isle ; Louis Colas, agriculteur au Crot-de-Chevigny ; Suif, propriétaire à Challuy ; Gautier, agriculteur à Chaumont ; Farine, Guerrin, Durand, médecins-vétérinaires à Nevers. Un local des plus convenables, situé au port de Médine, fut mis à la disposition de la Société par l'administration des Ponts et chaussées. Une circulaire fut expédiée par le Président, dans tous les sens, invitant les agriculteurs et les vétérinaires du département et des départements du centre à assister aux expériences qui allaient être effectuées sur des animaux des espèces chevaline, bovine, ovine.

La série des opérations était distribuée dans l'ordre suivant :

Samedi 11 mars, à deux heures du soir : première inoculation vaccinale par *virus charbonneux atténué ;*

Samedi 25 mars, à deux heures du soir : inoculation vaccinale par *virus charbonneux* moins atténué ;

Jeudi 6 avril, à deux heures du soir : troisième inoculation par *virus très virulent* ;

Samedi 8 avril, à deux heures du soir : autopsie des animaux morts.

Les sujets d'expérience comprenaient : trois juments numérotées 1, 2, 3 ; onze animaux bovinés, comprenant : quatre bouvillons, une génisse, deux vaches à lait froment clair ; une vache suitée et son veau femelle âgé de trois mois ; une vache poil blanc, huit ans ; un veau blanc, sept mois.

L'espèce ovine comprenait vingt sujets, savoir : quatre brebis southdown-berrichonnes avec leurs quatre agneaux ; un bélier, deux ans, même race ; six brebis, dix-huit mois, race dishley-berrichonne ; cinq moutons southdown, dix-huit mois.

Il fut convenu : 1° que deux sujets de l'espèce chevaline désignés par leurs numéros seraient vaccinés ;

2° Que six animaux de l'espèce bovine portant dans leur classement les numéros impairs seraient vaccinés ; tandis que quatre ne le seraient pas et que le bouvillon classé n° 8 serait gardé comme témoin ; que ces animaux seraient de plus attachés à la crèche, de façon qu'un sujet non vacciné fût entre deux vaccinés ;

3° Que les onze brebis et agneaux vaccinés seraient distingués par un ruban bleu et mélangés aux non-vaccinés ;

4° Que tous les sujets vaccinés et non vaccinés suivraient le même régime.

Le samedi 11 mars, M. Eugène Viala, délégué du laboratoire de M. Pasteur, procéda à l'inoculation du premier vaccin charbonneux très atténué. Pour l'espèce chevaline, le point vaccinal fut choisi sur le côté gauche de l'encolure ; pour l'espèce bovine, la vaccination eut lieu dans le tissu cellulaire sous-cutané, situé en haut et en arrière de l'épaule gauche.

Les onze sujets de l'espèce ovine, pris indistinctement dans le lot, furent vaccinés à la cuisse gauche.

Rien d'anormal ne se présente dans l'état de ces animaux qui, jusqu'au 25 mars, continuent à se bien porter.

Le 25 mars, a lieu l'inoculation du deuxième vaccin charbonneux, moins atténué que le premier et qui, comme on sait, pourrait être mortel pour des animaux non vaccinés par le premier vaccin. Dans cette opération, on changea le lieu d'élection vaccinale; ainsi, les juments furent vaccinées à la face droite de l'encolure; les bovidés, au défaut de l'épaule droite; les moutons, à la cuisse droite ; l'un de ces derniers, cependant, à la demande de M. Pigeon, fut vacciné à la face interne de l'avant-bras droit et marqué comme signe distinctif, à ce même membre, par un ruban rouge.

Les jours suivants, quelques sujets sont atteints d'œdèmes, de boiterie, de fièvre, de tristesse ; mais peu à peu ils reviennent à l'état normal et, le 7 avril, jour de la troisième vaccination recommandée par M. Pasteur, tous les animaux étaient dans une situation sanitaire excellente. Toutefois un des deux agneaux inoculés mourut le 31 mars. L'autopsie démontra qu'il avait succombé non à la fièvre charbonneuse, mais à la septicémie.

Le 7 avril, eut lieu la troisième vaccination, qui ne parut produire aucun effet appréciable sur les animaux opérés.

Enfin le 20 avril, M. Eugène Viala procéda à l'inoculation virulente charbonneuse de tous les animaux vaccinés ou non vaccinés servant aux expériences. Trois cobayes ayant reçu, avant son départ de Paris, le virus charbonneux, devaient lui fournir le sang mortel nécessaire.

A son arrivée à Nevers, l'un de ces cobayes mourait à onze heures du matin, et c'est avec le sang de cet animal recueilli dans le cœur même que l'inoculation fut pratiquée sur une partie des sujets d'expérience, tandis que l'autre partie de ces sujets était inoculée par le virus très virulent préparé dans le laboratoire de M. Pasteur.

Après un malaise léger et passager, les animaux vaccinés reprennent leur vigueur, leur appétit et leur gaîté ordinaires.

Les résultats de ces opérations peuvent se résumer ainsi :

Trente-quatre animaux appartenant aux trois principales espèces domestiques servirent aux expériences de vaccination charbonneuse et se composaient de : trois juments, onze bovidés, seize brebis et quatre agneaux.

Sur les trois juments, deux furent vaccinées et résistèrent facilement à l'inoculation virulente mortelle. La troisième, non vaccinée, ne put supporter le virus mortel.

Sur les onze sujets de l'espèce bovine, six furent vaccinés et triomphèrent de l'inoculation charbonneuse. L'un de ces animaux, le n° 8, ne fut ni vacciné ni inoculé, afin d'être gardé comme témoin.

Sur les quatre autres sujets de ce groupe, qui ne furent pas vaccinés et qui subirent l'inoculation virulente, deux succombèrent, dont une, la vache n° 6, avec tous les symptômes très accusés de la fièvre charbonneuse, et le n° 4 avec les lésions propres à la septicémie ; tandis que les deux autres, n° 2 et n° 10, après quelques désordres assez graves, symptômes évidents de la lutte que les cellules du corps animal eurent à soutenir contre les microbes mortels introduits, survécurent à cette inoculation charbonneuse.

Sur les vingt animaux de l'espèce ovine, onze sujets furent vaccinés et l'un d'eux, un agneau, succomba à cette opération avec les lésions propres à la septicémie.

Les dix survivants et vaccinés sortirent indemnes de l'épreuve mortelle.

Deux autres sujets ni vaccinés ni inoculés furent gardés comme témoins.

Les sept autres non vaccinés succombèrent très rapidement aux suites de l'inoculation charbonneuse.

En résumé, dix-huit animaux vaccinés et inoculés survécurent, tandis que sur les douze animaux non vaccinés, mais inoculés, dix sont morts.

« Une particularité, dit le rapport, à signaler en faveur de la vaccination, c'est que les animaux vaccinés, qui presque tous présentaient des œdèmes plus ou moins volumineux à la suite des vaccinations des virus atténués, ne présentèrent aucun œdème, même léger, après l'inoculation de la matière virulente mortelle. Il est donc indéniable et patent que la méthode pastorienne a conféré l'immunité absolue, jusqu'à ce jour, aux dix-huit sujets vaccinés. »

J'ai résumé, aussi fidèlement que possible, le rapport fait par M. Durand à la Société d'agriculture de la Nièvre ; il est, comme on le voit, tout à fait favorable à la vaccination charbonneuse. Il y a cependant un point sur lequel je ne suis pas d'accord avec M. Durand, c'est celui où cet habile vétérinaire croit pouvoir affirmer que le veau n° 4 est mort de septicémie et non du charbon. Voici textuellement le rapport de l'autopsie de cet animal :

« Infiltration de toute l'épaule droite se prolongeant sur l'encolure et occupant toute la surface droite et inférieure de l'abdomen. Les muscles, rouge-brun à leur surface, sont pâles et comme cuits dans leur coupe.

» Cavité abdominale : Sérosité abondante ; congestion de l'intestin grêle à certains points ; rate volumineuse, très épaissie au centre ; la coupe laisse échapper un sang lie de vin prononcé ; foie fortement congestionné.

» Cavité thoracique : péricarde et cœur couverts de pétéchies, sang diffluent, non coagulé, noir dans les ventricules ; oreillettes distendues, très flasques ; poumons parsemés de points hépatiques ; bronches remplies de mucosités spumeuses.

» Étudié au microscope, le sang contient les germes de la septicémie. »

Je ne suis pas assez versé dans les connaissances vétérinaires pour savoir si les praticiens reconnaîtront là les signes de la septicémie et non ceux du charbon ; ce que je puis dire c'est que souvent des animaux morts charbonneux nous ont présenté les mêmes caractères.

Ce qui me rend surtout défiant, c'est la phrase où M. Durand dit que le sang étudié au microscope contient les germes de la septicémie. Qu'entend M. Durand par ce terme *germes de septicémie ?* Veut-il parler des véritables germes ou spores qui se forment au bout d'un certain temps dans l'intérieur des filaments du vibrion septique ou bien des vibrions eux-mêmes ? M. Durand n'a pu voir les véritables germes septiques parce que ceux-ci se forment au bout d'un temps assez long dans le sang et l'autopsie a été faite très peu de temps après la mort. Quant aux vibrions septiques eux-mêmes, je doute que M. Durand ait pu les voir dans le sang où ils sont très peu nombreux et où ils sont très difficiles à apercevoir. M. Durand ne dit pas un mot de leur mobilité ; or le caractère ondulatoire et flexueux du vibrion septique entre les globules du sang l'aurait certainement frappé s'il avait eu affaire au véritable vibrion septique.

Pour tontes ces raisons je suis porté à croire que M. Durand a confondu la septicémie avec le charbon, comme MM. Jaillard et Leplat avaient confondu ces deux maladies au moment des travaux de Davaine. Dans tous les cas il est regrettable que des inoculations du sang de cet animal n'aient pas été faites sur des lapins et des moutons, afin de déterminer avec précision la nature de l'affection qui avait amené la mort.

CHAPITRE XVII

EXPÉRIENCES DE MER

Sur l'initiative de M. Bidault, vétérinaire à Mer (Loir-et-Cher), les agriculteurs du canton résolurent d'expérimenter la méthode d'inoculation préventive de M. Pasteur. Un programme fut arrêté et les opérations durent porter sur quinze vaches et trente et un moutons.

Le 12 mars, à deux heures du soir, en présence d'une Commission spécialement nommée et d'un grand nombre d'agriculteurs, MM. Paul Gibier, préparateur au Muséum d'histoire naturelle, et Viala, du laboratoire de M. Pasteur, se mettent en devoir d'inoculer le premier virus vaccinal. Ils sont aidés par MM. les vétérinaires présents, appelés, à tour de rôle, à pratiquer la vaccination charbonneuse sur plusieurs vaches et moutons. L'opération terminée, rendez-vous est pris pour le 22 mars, à deux heures du soir.

Pendant la période de temps écoulée entre le 12 mars et le 22 mars, les animaux sont visités régulièrement trois fois par jour. Ils conservent toutes les apparences de la santé ; l'état général reste aussi satisfaisant que possible. La fièvre bénigne, qui, d'ordinaire, apparaît à la suite de chaque inoculation du virus vaccinal, est tellement faible qu'elle devient inappréciable.

Le mercredi 22 mars, il est procédé à l'inoculation du deuxième virus vaccinal, c'est-à-dire d'un virus moins atténué que le premier. C'est ce deuxième virus qui doit préserver ultérieurement les animaux de la fièvre charbonneuse. Comme la première fois, ces inoculations sont pratiquées sans donner lieu à aucun incident. Une brebis qui n'a pas reçu le premier vaccin, reçoit le second.

A cinq heures du soir il y a : dix vaches vaccinées et cinq qui ne le sont pas ; vingt et une brebis vaccinées, dont une qui n'a reçu que le deuxième vaccin ; et dix brebis qui ne sont pas vaccinées.

Du 22 mars au 30 mars, les animaux continuent à présenter tous les signes extérieurs de la santé ; pas de fièvre appréciable. Le 30 au matin, un mouton est trouvé malade, et, examen fait de l'animal, on le reconnaît atteint d'une broncho-pneumonie qui persiste jusqu'au 2 avril ; on résolut de mettre ce mouton à l'écart et il fut décidé que le virus virulent ne lui serait pas inoculé. Le 31 mars, des œdèmes sensibles se montrent sur deux vaches ; ces tumeurs augmentèrent le lendemain, 1ᵉʳ avril, pour rester ensuite stationnaires. Les autres animaux continuèrent à présenter toutes les apparences de la santé.

Le 2 avril, à deux heures du soir, M. Bidault, assisté de plusieurs de ses collègues, procède à l'inoculation du virus virulent arrivé de Paris, dans la matinée.

Pour qu'il ne reste aucun doute dans l'esprit des personnes présentes, chaque seringue sert à inoculer trois vaches vaccinées et une non vaccinée ou bien six moutons vaccinés et deux non vaccinés.

Le virus virulent porte ainsi sur tous les animaux vaccinés ou non vaccinés (sauf sur le mouton reconnu malade et mis à l'écart) ; rendez-vous est pris pour le 5 avril, à neuf heures du matin.

Le 3 avril, une vache et un taureau non vaccinés ont été un peu malades ; ils ne mangent pas et sont pris de tremblements généraux, mais leur état s'améliore dès le lendemain. Le 4 avril, à cinq heures du matin, M. Bidault trouve deux moutons *non vaccinés* morts depuis quelques heures, car les cadavres sont froids ; entre huit et neuf heures du matin, deux moutons *vaccinés* meurent, et, à onze heures, deux autres moutons *non vaccinés* succombent. Sur tous ces moutons, vaccinés ou non vaccinés, la marche de la maladie est foudroyante.

Pour faire l'ouverture des cadavres, M. Bidault attend l'arrivée de M. Gibier, à qui il fait part de son désappointement. M. Gibier répond qu'il y a eu erreur dans l'envoi des vaccins, et que, malheureusement, l'erreur n'avait été reconnue que le 3 avril. Voici en quoi consistait l'erreur :

La vaccination charbonneuse doit être pratiquée deux fois avec deux vaccins inégalement atténués : le premier, le plus atténué, permettant l'emploi du second. C'est ce dernier, le moins atténué, qui doit définitivement préserver les animaux de la fièvre charbonneuse. Or les deux expéditions de Paris n'avaient apporté que le premier vaccin, et les animaux, imparfaitement vaccinés, subissaient en tout ou en partie, les atteintes de la fièvre charbonneuse, suivant leur degré de résistance. Tout était à recommencer.

Deux dépêches successives de M. Pasteur confirment le récit de M. Gibier ; et la dernière, reçue le mercredi 4 avril, à midi, donne la certitude que, une certaine immunité étant acquise par l'inoculation répétée du premier virus, on n'aurait à déplorer, dans l'espèce ovine, que la perte d'un quart ou d'un cinquième des animaux vaccinés. A deux heures, on procède aux autopsies et on examine au microscope le sang de tous les cadavres. Sur tous, la présence des bactéridies démontre qu'ils ont succombé aux atteintes de la fièvre charbonneuse.

Le 4 avril, à cinq heures du soir, les trois autres vaches *non vaccinées* sont malades. Deux autres moutons non vaccinés meurent, le 4 avril, entre six et sept heures du soir.

Le 5 avril, à quatre heures du matin, deux moutons non vaccinés et un mouton vacciné sont trouvés morts. La mort remonte à quelques heures. Les quatre vaches non vaccinées et le taureau vont mieux. Entre neuf heures du matin et deux heures du soir, deux moutons vaccinés meurent. Le dernier n'a reçu que le deuxième virus vaccinal qui n'est, en réalité, qu'un premier virus. La vache malade, le 3 avril, retombe dans le même état ; le mieux persiste chez les autres. Toutes les vaches vaccinées présentent les signes de la plus parfaite santé. — Les autopsies de tous ces animaux, l'examen du sang au microscope, démontrent qu'ils sont tous morts de la fièvre charbonneuse.

Le 6 avril, un mouton vacciné et un mouton non vacciné meurent dans la matinée. La vache malade, de la veille, va un peu mieux ; ce mieux s'accuse tous les jours, et le 9 elle est complètement rétablie.

Dans la nuit du 8 au 9, un mouton vacciné et un mouton non vacciné succombent. M. Bidault constate sur l'une des vaches non vaccinées un œdème assez considérable, ayant son siège à l'endroit où l'inoculation du virus virulent a été faite. Cet œdème tend à disparaître dans la soirée, et tout porte à croire qu'il aura complètement disparu dans trois ou quatre jours.

Le premier vaccin inoculé deux fois a donc préservé les deux tiers des moutons vaccinés (treize sur vingt) et toutes les vaches vaccinées. Ce résultat, vu l'erreur commise dans l'envoi du vaccin, mérite encore d'être signalé, puisque dix moutons sur dix sont morts dans les non vaccinés, et que toutes les vaches non vaccinées ont été malades, alors que l'état général des autres a toujours été aussi satisfaisant que possible.

« Évidemment, dit M. Bidault, il est regrettable qu'une erreur ait pu se produire au cours de ces expériences, mais ces dernières servent encore à nous donner la mesure de l'immunité acquise par l'inoculation d'un seul et premier vaccin; et nous nous servirons de ces résultats, comme terme de comparaison, dans les expériences que nous allons poursuivre et dont la première aura lieu à Mer, le 12 avril prochain, à deux heures du soir. »

Il fut convenu, entre M. Pasteur et M. Bidault, que la nouvelle expérience serait faite sur trente moutons, dont quinze seraient réservés comme témoins.

Le 11 avril, quinze moutons étaient livrés par un agriculteur de la commune d'Avaray, M. Tournois, de Chaumont, dont la ferme se trouve située dans le val de la Loire, tandis que les quinze autres, amenés le même jour, provenaient de la ferme de M. Guyon, agriculteur au hameau de Pontijou, commune de Maves. Ces animaux, jeunes, relativement vigoureux, étaient, depuis un an, en la possession de ces agriculteurs.

Le 12, au matin, M. Bidault examine attentivement ces animaux : ils présentent tous un état général aussi satisfaisant que possible.

A deux heures du soir, en présence de plusieurs témoins, le premier vaccin est inoculé à quinze moutons marqués aux deux oreilles, à l'aide d'un emporte-pièce.

Aucun incident ne se produit ; on fait rentrer les bêtes inoculées à la bergerie, où elles sont mêlées aux quinze moutons réservés comme témoins.

On fait donner à tous ces animaux une nourriture saine et assez abondante, se rapprochant, comme quantité et comme qualité, de celles qu'ils recevaient habituellement. Tous les jours, ils sont l'objet de deux visites; et du 12 au 24 avril, on ne peut constater rien d'anormal, malgré l'attention apportée à saisir le moindre des symptômes.

Le 24 avril, à deux heures du soir, on inocule le deuxième virus vaccinal, aux quinze moutons qui ont reçu le premier virus le 12 avril. Tous les moutons, à ce moment, continuent à présenter un état de santé aussi satisfaisant que possible. Ainsi que dans la période écoulée entre la première et la deuxième vaccination, ils sont visités régulièrement deux et trois fois par jour.

Quarante-huit heures après cette deuxième inoculation, on constate chez quelques moutons des modifications dans leur manière d'être habituelle. Ils ne sont plus aussi gais, marchent plus difficilement, avec un écartement marqué des membres postérieurs; un, surtout, boite manifestement. Ils mangent moins, la rumination ne s'effectue plus aussi régulièrement et, si on les force à se mouvoir, la respiration devient haletante et provoque par les naseaux plus ouverts l'expulsion d'un peu de jetage mousseux d'un blanc jaunâtre. Le flanc est irrégulier, bat plus vite, même au repos; les muqueuses semblent plus colorées et la pression exercée sur l'épine dorsale, dans la région lombaire, est douloureuse et détermine sur quelques-uns l'écoulement d'une certaine quantité d'urine qui paraît plus foncée. Cet état se continue jusqu'au 27 avril au matin.

Les autres moutons vaccinés, à l'exception de trois, présentent les mêmes symptômes du 26 au 28 avril, et, le 29, sur tous ces animaux, l'état général est aussi satisfaisant que possible. Rien d'anormal du 29 avril au 4 mai.

Le 4 mai, à dix heures du matin, M. Bidault procède à une inoculation virulente sur un mouton et un lapin non vaccinés, à l'aide d'un virus virulent expédié la veille du laboratoire de M. Pasteur : on espérait, en pratiquant cette inoculation, que l'un de ces animaux mourrait dans la matinée du 6 mai, ce qui aurait permis de pratiquer l'inoculation virulente sur les vingt-neuf moutons qui restaient avec du sang pris sur un animal mort de la fièvre charbonneuse. Le mouton fut comme foudroyé et mourut vingt-cinq

heures après l'inoculation, c'est-à-dire trop tôt, car l'état de putréfaction dans lequel il se trouvait le samedi 6 mai ne permettait
pas de prendre sur lui le virus virulent. En inoculant le sang de
cet animal aux autres moutons, on pouvait amener la mort de ces
derniers par la septicémie. Quant au lapin, il ne mourait que le
dimanche 7 mai, vers midi, c'est-à-dire vingt-quatre heures trop
tard.

Du 4 au 6 mai, tous les moutons se portent à merveille.

Le 6 mai, à onze heures du matin, on procède à l'inoculation virulente sur les vingt-neuf moutons, dont quinze sont vaccinés. On
emploie pour cette inoculation un virus violent, expédié la veille,
du laboratoire de M. Pasteur. Cette inoculation est pratiquée comme
dans les expériences précédentes, c'est-à-dire que la charge de la
seringue de Pravaz, contenant huit doses, sert pour quatre moutons
vaccinés et quatre non vaccinés ; et on pratique l'opération alternativement sur un mouton vacciné et sur un mouton non vacciné. A
onze heures trente minutes, tout est terminé ; il ne reste qu'à attendre
le résultat.

Le 7 mai, à quatre heures du matin, tous les moutons sont dans
leur état normal. A dix heures, un mouton non vacciné tombe malade et meurt deux heures après ; entre trois et neuf heures du soir,
trois autres moutons non vaccinés meurent. Le 8 mai, à quatre
heures du matin, quatre nouveaux moutons sont trouvés morts parmi
ceux qui n'ont pas été vaccinés ; les cadavres de deux de ces moutons
sont déjà froids. De cinq à sept heures du matin, deux autres moutons non vaccinés meurent en présence de M. Bidault qui, en ce
même moment, malgré toute son attention, ne peut reconnaître
même un simple malaise sur les moutons vaccinés. Chose digne
d'être relatée ; tous ces moutons, indisposés à la suite de la deuxième
vaccination, ne paraissent pas ressentir les effets du virus porté à
son maximum de virulence, ainsi que le démontrent les effets foudroyants produits par ce virus virulent, dans l'espace de trente-six
heures, sur les non vaccinés, alors que dans les expériences précédentes les moutons n'étaient morts que du deuxième au septième
jour après l'inoculation virulente.

A trois heures du soir, deux autres moutons non vaccinés tombent
foudroyés et meurent en quelques minutes ; le treizième meurt à

sept heures du soir et, à ce moment, le quatorzième est tellement malade, que M. Bidault se croit autorisé à expédier deux dépêches l'une à M. Pasteur, l'autre à M. Cohn, préfet de Loir-et-Cher, leur annonçant le magnifique résultat donné par cette deuxième épreuve. Tous ces animaux sont bien morts de la fièvre charbonneuse, dite sang de rate, et la plupart des agriculteurs venus pour constater les résultats, l'ont parfaitement reconnue, tous les symptômes de cette maladie étaient accusés sur tous ces moutons. Le dernier des moutons non vaccinés mourait dans la nuit du 8 au 9.

Le 13 mai, tous les moutons vaccinés étaient dans l'état de santé le plus satisfaisant et la période d'incubation étant passée, tout danger a disparu pour eux.

Toutes ces opérations, conclut M. Bidault, ont été faites devant témoins, les résultats sont donc indéniables. J'espère qu'il ne restera plus aucun doute dans l'esprit des agriculteurs, ces dernières expériences ayant fourni la démonstration éclatante de la parfaite efficacité de la méthode pastorienne.

« Honneur, s'écrie M. Bidault, honneur à M. Pasteur, ce chercheur infatigable qui, avec cette méthode de l'atténuation des virus, nous donnera successivement le virus vaccinal de toute maladie virulente. »

CHAPITRE XVIII

EXPÉRIENCES DE MONTPELLIER

M. Vialla, vice-président de la Société centrale d'agriculture du département de l'Hérault, a adressé, le 28 juin 1882, à M. le ministre de l'Agriculture, un rapport sur les résultats obtenus par la méthode Pasteur, qui venait d'être appliquée à Montpellier. Nous reproduisons ce document officiel, remarquable à tous égards :

Le programme de la Société d'agriculture, accepté par M. Pasteur, se divisait en deux parties bien distinctes. La première avait pour objet de démontrer l'efficacité de la vaccination sur les races ovines du midi de la France et de faire connaître au public agricole du département de l'Hérault les grands avantages qu'on pourrait retirer de cette opération dans la pratique. La seconde, d'une exécution plus longue et plus difficile, avait pour but de rechercher la durée que l'action préservatrice de la vaccination aura sur les moutons du Midi.

La première partie de ce programme a été exécutée de la manière la plus heureuse.

Le 27 avril 1882, six bêtes ovines appartenant aux races les plus répandues dans l'Hérault : deux brebis *barbarines,* un mouton et une brebis des *Causses,* et deux moutons de *Larzac,* ont reçu, suivant la méthode Pasteur, une première vaccination pratiquée avec un virus-vaccin très atténué.

Le 9 mai, ces animaux ont été soumis à une seconde vaccination pratiquée avec un virus-vaccin plus énergique.

Le 6 juin, les mêmes animaux ont été inoculés avec le virus charbonneux virulent. La même inoculation a été pratiquée le même jour sur cinq bêtes ovines *non vaccinées* : deux *larzacs*, un *caussinard* et deux *barbarines*, dont l'une indigène et l'autre récemment importée d'Afrique, ainsi que sur deux brebis *vaccinées* une fois seulement, le 27 avril : une *barbarine indigène* et une *caussinarde*, de sorte que les expériences ont porté sur treize animaux, six régulièrement vaccinés, deux vaccinés une seule fois et cinq non vaccinés.

Les bêtes non vaccinées devaient être, comme les bêtes vaccinées, au nombre de six; mais une d'entre elles, vaccinée par mégarde par un agent de M. Pasteur, n'avait pas été remplacée.

Les effets produits par ces diverses opérations ont été suivis et notés jour par jour par M. Pourquier, vétérinaire de l'École d'agriculture.

Conformément aux prévisions de la science, les bêtes vaccinées régulièrement, c'est-à-dire deux fois, ont toutes résisté, tandis que les bêtes non vaccinées ont toutes succombé, sauf une *barbarine récemment importée d'Afrique* ; et, à ce sujet, il est bon de remarquer qu'une autre *barbarine* indigène qui se trouvait au nombre des cinq bêtes non vaccinées, n'a pas résisté.

Quant aux deux sujets vaccinés d'une manière incomplète, c'est-à-dire une seule fois, l'une d'elles, la *caussinarde*, est morte, tandis que la *barbarine indigène* a résisté.

Ces résultats offrent une particularité digne d'attention : la race barbarine, si répandue dans les plaines basses de l'Hérault et du Gard, a été importée d'Afrique, au siècle dernier, par M. de Saint-Simon, évêque d'Agde, à cause de sa résistance naturelle au charbon, si fréquent sur les bords de la Méditerranée. Cette race, dont l'immunité au moins relative a été si souvent constatée, s'est probablement croisée et un peu abâtardie. C'est ce qui a fait sans doute qu'une *barbarine indigène*, inoculée sans être vaccinée, est morte, tandis qu'une *barbarine récemment importée d'Afrique* a résisté, quoiqu'elle fût dans les mêmes conditions. D'un autre côté, une *barbarine indigène*, vaccinée une seule fois, a résisté, tandis qu'un mouton des *Causses*, traité de la même manière, a succombé.

Il semblerait résulter de ces deux expériences combinées que les troupeaux de race barbarine, nés et élevés depuis longtemps dans le Midi, ont perdu une partie de leur résistance naturelle au charbon, mais qu'ils ne l'ont pas perdue tout à fait et qu'ils peuvent être mis à l'abri de cette maladie par une seule vaccination pratiquée avec un virus-vaccin très atténué.

Ce fait, si important pour les éleveurs du Midi, a évidemment besoin d'être confirmé et élucidé par de nouvelles expériences. La Société d'agriculture de l'Hérault ne tardera pas certainement à s'occuper de cette intéressante question.

Malgré les légères exceptions qui viennent d'être signalées et auxquelles d'ailleurs on devait s'attendre, les expériences qui précèdent ont, en somme, démontré d'une manière incontestable que le procédé de M. Pasteur n'est pas moins efficace dans le Midi que dans le Nord, et que les éleveurs de nos pays doivent s'empresser d'en faire usage. Pour les encourager à entrer dans cette voie nouvelle, et pour leur en faciliter les moyens, la Société d'agriculture va répandre dans tout le département de l'Hérault une courte instruction pratique rédigée par M. Foex et M. Tayon, sous ses auspices, et approuvée par M. Pasteur. Le but de cette publication est de faire connaître d'une manière bien nette aux agriculteurs la maladie charbonneuse, sa nature, sa cause, ses modes de propagation et les règles à suivre pour pratiquer la vaccination charbonneuse avec succès.

La première partie du programme adopté par la Société d'agriculture peut donc être considérée aujourd'hui comme terminée ; mais la seconde partie demandera plus de temps et présentera plus de difficultés. Elle a déjà reçu un commencement d'exécution. Un troupeau de trente-six bêtes ovines : douze *barbarines indigènes*, douze *caussinardes* et douze *larzacs*, a été acheté, régulièrement vacciné et mis en expériences, conformément à l'autorisation que la Société a bien voulu donner à l'École d'agriculture. Cet établissement, auquel la Société d'agriculture cède la propriété de ce troupeau, doit le garder, le surveiller et l'entretenir à ses frais pendant cinq ou six ans. Chaque année, six bêtes, deux de chacune des trois races qui le composent, seront inoculées avec du virus charbonneux non atténué, afin qu'on puisse savoir exactement combien de temps durera, dans le Midi, l'action préservatrice du virus-vaccin.

Comme nous l'avons déjà déclaré dans notre programme, « si

l'action préservatrice de ce virus-vaccin cesse au bout de deux, trois ans, etc., on pourra faire des expériences très intéressantes en communiquant le charbon aux moutons vaccinés et inoculés restés vivants. On saura, par ce moyen, si l'inoculation du charbon, pratiquée sans danger sous l'influence préservatrice de la vaccine, ne produit pas des effets spéciaux et ne communique pas une immunité plus longue aux animaux qui l'ont subie ».

Quoique ces expériences demandent beaucoup de temps, beaucoup d'attention et une très grande surveillance, la Société d'agriculture espère qu'elle pourra les mener à bonne fin, grâce au concours que l'École d'agriculture doit lui prêter, et qu'elle sera ainsi, dans un avenir prochain, en mesure de fixer les agriculteurs du Midi sur le seul point encore obscur dans la vaccination charbonneuse, la durée de son efficacité.

Il me reste maintenant à faire connaître les services exceptionnels que l'École de Montpellier vient de rendre, dans cette circonstance, à la Société d'agriculture de l'Hérault, et, je ne crains pas de le dire, à toute l'agriculture méridionale. Son directeur, M. Foex, a préparé toutes les expériences qui ont été faites avec une intelligence, un soin et une précision admirables. M. Pasteur avait bien voulu, le 9 mai dernier, faire lui-même, dans l'amphithéâtre de l'École, une conférence qui avait attiré l'élite du monde savant et du monde agricole de Montpellier et du département de l'Hérault. Un peu plus tard, le 9 juin, M. Tayon, professeur de zootechnie, en a fait une seconde sur le charbon et sur l'ensemble des découvertes de M. Pasteur; des projections bien préparées lui ont permis de montrer au public les bactéridies et les spores qui les engendrent; d'un autre côté, M. Pourquier s'est acquitté de toutes les opérations pratiques concernant la vaccination et l'inoculation charbonneuse avec un soin et une habileté qui ont été couronnés par le plus grand succès.

L'agriculture méridionale serait bien injuste si elle ne rendait pas les plus grands hommages au concours empressé que l'École de Montpellier et que l'administration supérieure de l'agriculture ont bien voulu lui prêter dans cette circonstance, comme, du reste, dans bien d'autres.

Quant à la Société d'agriculture, elle me charge, Monsieur le

Ministre, de vous exprimer d'une manière toute particulière sa profonde reconnaissance pour l'appui bienveillant et toujours assuré qu'elle trouve en vous toutes les fois qu'il s'agit des intérêts agricoles du Midi.

Je vous prie d'agréer, Monsieur le Ministre, etc.

Le Vice-Président de la Société centrale d'agriculture de l'Hérault,

VIALLA.

CHAPITRE XIX

Nous trouvons dans les *Annales de la Société d'agriculture de la Gironde* (3ᵉ trimestre 1882) le compte rendu des résultats obtenus par les inoculations préventives contre le charbon, pratiquées par la méthode Pasteur.

Dans la séance du 1ᵉʳ juillet, M. le docteur Micé donne lecture du rapport de la Commission des vaccinations charbonneuses, qui ont eu lieu sur le domaine de M. Bert, à Talais (Médoc). Nous relevons les passages suivants :

Les travaux de M. Pasteur et de ses collaborateurs, MM. Chamberland et Roux, ont abouti à une pratique agricole que notre Société d'agriculture avait pour devoir de vulgariser. Elle y songeait sérieusement, lorsque deux de ses membres sont venus au-devant de ses désirs en lui offrant, l'un, M. Bert, maire de Talais (Médoc), ses troupeaux de moutons et de bœufs; l'autre, M. Gayon, professeur à notre Faculté des sciences et directeur de notre station agronomique, les facilités que devaient lui procurer et ses relations avec M. Pasteur, dont il a été un des élèves les plus distingués, et l'habitude prise par lui, à la suite de récentes visites à ce maître, de la pratique des opérations de vaccination.

La Société, dans la séance du 3 mai 1882, s'empressa d'accepter la proposition de MM. Bert et Gayon. Elle vota les fonds nécessaires à l'acquisition d'animaux destinés à être sacrifiés; elle décida de demander le concours moral (tout au moins la présence d'un délégué) de la plupart des sociétés savantes ou agricoles du département, et elle nomma une commission chargée de lui rendre compte de toutes les opérations.

Cette Commission fut composée de : MM. Richier, président de la Société ; Froidefond, vice-président ; Compérie, secrétaire général ; Régis, ancien président ; Micé, ancien président, professeur à la Faculté de médecine ; Gayon et Bert, auteurs de la proposition ; Descombes, ingénieur en chef du département, président de la Société d'hygiène publique ; Duluc, président de la Société de médecine vétérinaire ; Baillet, vétérinaire de la ville, inspecteur général du service des viandes ; Caussé, médecin vétérinaire, membre du Conseil d'hygiène.

La méthode des vaccinations charbonneuses, dit M. Micé, est entrée dans les mœurs des gens du Nord, et c'est aujourd'hui par centaines de mille de têtes de moutons et par dizaines de mille de têtes de gros bétail que l'on compte les animaux qui ont reçu le bienfait de cette pratique. Il était temps, on le voit, pour la Gironde, d'entrer dans ce grand mouvement. C'était chose particulièrement importante pour le Bas-Médoc, où l'élève des animaux (surtout des *ovins*) se pratique sur une vaste échelle.

La plupart des comices, compagnies ou groupes savants de notre département ont répondu à l'appel de notre Société et ont voulu faire vérifier, par leurs représentants, les faits accomplis ou observés. On peut citer :

La Faculté de médecine, représentée par M. le professeur Guillaud ;

La Faculté des sciences, qui avait fourni en M. Gayon la principale cheville ouvrière de la Commission ;

L'Académie des sciences, belles-lettres et arts, qui avait délégué M. Micé ;

Le Conseil central d'hygiène publique, qui avait envoyé M. Robineaud ;

La Société de médecine et de chirurgie, représentée par son président, M. le docteur Péry ;

La Société de médecine vétérinaire de la Gironde, représentée par M. Gaillard, vétérinaire à Saint-Vivien ;

La Société des sciences physiques et naturelles, qui avait délégué M. le professeur Jolyet ;

La Société d'hygiène publique et le Cercle des étudiants des

Facultés, représentés l'un et l'autre par M. Chambrelent, secrétaire de la première et président du second ;

Le Comice agricole et viticole de Libourne, qui avait envoyé
l'un de ses présidents de section, M. Boiteau, médecin vétérinaire
à Villegouge ;

La Société scientifique d'Arcachon, qui s'est fait officiellement
représenter par M. le docteur Hameau, son président.

Tous ces témoins autorisés de nos expériences en rendront
compte à leurs groupes, dont chaque membre deviendra alors un
propagateur nouveau.

Nous avions pour devoir de faire cette propagation, d'affirmer
d'avance la méthode et d'appeler chacun à s'assurer de la vérité de
nos assertions. Nous n'y avons pas manqué : toutes les excursions
à Talais ont été, au préalable, annoncées dans les journaux par les
soins du Bureau de la Société ; chaque séance a été l'objet d'un
compte rendu rédigé par le rapporteur et envoyé le plus tôt possible
à toutes les feuilles publiques ; M. Bert a fait annoncer dans le
pays la venue de la Commission et le but de ses études ; M. Gayon,
avant de faire les premières inoculations, a exposé, dans une conférence publique faite sur place, les principes de la méthode des
vaccinations charbonneuses et en a montré tous les détails pratiques ; il a, plus tard, à Bordeaux, dans une séance annoncée par
les journaux, fait voir les bactéridies à toutes les personnes qui,
dans le but de les observer, se sont présentées à son laboratoire ;
plusieurs des vétérinaires, médecins, agriculteurs, présents à la
première réunion, se sont exercés dans l'art de vacciner ; le domaine
de M. Bert, enfin, a été, pendant un mois et demi, ouvert à tout
venant.

Parmi les personnes qui, sans délégation spéciale, ont profité de
ce large et facile accès, il convient de citer :

MM. Masse, professeur à la Faculté de médecine ;
  Forquignon, conseiller général du canton de Saint-Vivien ;
  Hourcade, maire de Saint-Vivien ;
  le docteur Lagrolet, chef du laboratoire de médecine expérimentale à la Faculté ;
  le docteur Giraudin, de Castelnau ;

MM. Pouverel, vétérinaire des épizooties de l'arrondissement de
    Lesparre ;

Vène, secrétaire de section de la Société d'agriculture ;

Faure, adjoint au maire de Talais ;

Bellocq, secrétaire général de la Société de médecine vété-
    rinaire ;

Videau, médecin vétérinaire à Castelnau ;

Furt, médecin vétérinaire à Margaux ;

Barthe, pharmacien aide-major à l'hôpital militaire ;

Pruce, conducteur des ponts et chaussées ;

Darnet, pharmacien à Soulac ;

Sauveroche, licencié ès sciences ;

Faure, agent d'affaires du Château-Lagrange, à Saint-Julien ;

Audoy, banquier, à Saint-Vivien ;

Eycard de Morin et Haignous, propriétaires à Saint-Vivien ;

Léon Gaillard, Armand Meynieu et Cuzol, propriétaires à Talais ;

Guidon et Chauvelet, propriétaires à Gueyrac ;

Pauly, propriétaire à Blanquefort et à Parempuyre ;

Lalanne, élève en pharmacie à Soulac, etc., etc.

M. le professeur Guillard a eu la bonne idée d'adopter, le 11 juin,
la région comme but de l'excursion botanique que font, avec lui,
chaque dimanche, pendant l'été, les étudiants de notre Faculté de
médecine et de pharmacie ; de telle sorte que quantité de jeunes
gens compétents ont pu ainsi visiter le champ d'expériences au
moment même où il était le plus intéressant à voir.

Je n'aurai garde d'omettre la présence constante de M. Agier,
vétérinaire à Pauillac, qui, comme un des délégués, M. Gaillard, a
constamment secondé la Commission dans ses opérations, ni
celle de :

MM. Simonnet, chef des travaux chimiques à la Faculté des
    sciences ;

Dupetit, préparateur à la station agronomique ;

Momond, étudiant en médecine, préparateur à la Faculté des
    sciences,

qui ont été pour nous de très précieux auxiliaires.

Je rendrai enfin plus particulièrement hommage à un de nos groupes bordelais, à la Société de médecine vétérinaire de la Gironde, qui ne s'est pas bornée à nous accorder un concours vraiment précieux, mais qui a voulu y joindre le don d'une vache que M. Dompierre d'Hormoy lui avait offerte pour des expériences analogues aux nôtres.

La Commission, dans sa première séance, le 7 mai, a vacciné cent quatre-vingt-huit ovins des deux sexes, dix-sept vaches et un taureau. Les agneaux, destinés à être prochainement vendus, ont été laissés de côté. Quelques brebis ont échappé aux aides.

Cette première opération n'a produit aucun trouble appréciable, ainsi que l'ont déclaré, d'une part, M. Bert, et d'autre part, M. Agier, qui avait bien voulu se charger de visiter les animaux deux ou trois jours après.

L'opération vaccinale du deuxième degré a été exécutée le 21 mai sur l'ensemble des adultes ovins, ainsi que sur le taureau et seize vaches. On a dû délaisser la dix-septième vache à cause de son caractère difficile, des accidents qu'elle avait failli causer la première fois et qui étaient de nouveau imminents. M. Gayon a fait toutes les vaccinations de la bergerie; MM. Caussé et Agier ont exécuté la plupart de celles de l'étable. M. Caussé a adopté une variante à la méthode ordinaire : au lieu de pénétrer par le procédé indiqué dans le tissu cellulaire central du pli cutané, il préfère piquer sur le versant d'une des lames de ce pli.

Le 21 mai était un dimanche. Les trois premiers jours qui ont suivi, on n'a rien observé de particulier. Mais le jeudi, les vaches avaient un œdème prononcé à l'épaule qui avait reçu le vaccin, l'une d'elles avortait; et, dans l'après-midi, un des moutons vaccinés succombait. Un second mouton vacciné mourait dans la nuit du jeudi au vendredi.

Malheureusement, les autopsies de ces deux moutons ne furent pas faites immédiatement, et dans les recherches auxquelles on se livra ensuite sur les cadavres qui avaient été enfouis, il fut impossible de reconnaître si ces deux animaux avaient succombé au charbon ou bien à une maladie étrangère. Par suite d'une négligence du berger, le premier cadavre avait d'ailleurs été dévoré et déchiqueté par les chiens, avant son enfouissement.

Ainsi, à la suite de la deuxième vaccination, les bœufs et les vaches avaient présenté des œdèmes à l'épaule vaccinée, et deux moutons étaient morts.

Qu'il y ait, dit le rapporteur, des phénomènes locaux et généraux à la suite des vaccinations, et surtout de la deuxième, cela se conçoit; il serait même, à priori, fort singulier qu'il n'y en eût aucun. De même que l'implantation du vaccin de génisse ou du vaccin d'enfant sur un bras nouveau détermine la formation locale de pustules et souvent une réaction générale, de même l'injection sous-cutanée d'un virus peu atténué (qui, sans la vaccination antérieure, tuerait la moitié des moutons le recevant) doit produire des phénomènes de même ordre. Cette conclusion s'impose d'autant plus à notre esprit que les vaccinations antérieures n'empêchent pas l'absorption des bactéridies, mais s'opposent seulement à une grande nocuité de leur part quand elles se sont établies dans le sang.

Deux moutons sur cent quatre-vingt-huit, en admettant même qu'ils aient succombé au charbon, ce qui est fort douteux, ce n'est pas encore bien effrayant.

M. Bert a été, du reste, si peu effrayé par la perte de ces deux animaux, qu'il a, le 10 juin suivant, soumis à la première des vaccinations charbonneuses trois cents moutons de plus. La deuxième vaccination a été pratiquée depuis, et, à sa suite, aucune déception ne s'est montrée : « Tout a très bien réussi, écrit l'honorable propriétaire; mes animaux sont en très bonne santé. »

Quant aux œdèmes, ils ont parfois sur le bœuf un développement effrayant. Il n'y a qu'à ne point s'en occuper : « Laissez les vaches se remettre, écrivait M. Pasteur à M. Gayon, à la suite des expériences du 21 mai; les œdèmes sont assez fréquents après les inoculations préventives, après les secondes surtout. Ces œdèmes se guérissent toujours, à moins que les vétérinaires, effrayés, ne les ouvrent, les traitent..., ce qui peut amener des accidents septiques et la mort. » Nous avons fait ainsi, et les œdèmes ont guéri.

La troisième excursion de la Commission à Talais a eu lieu le vendredi 9 juin, et la plupart des membres sont restés au champ d'expériences ou dans les environs : les uns jusqu'au dimanche soir, les autres jusqu'au lundi matin.

Il s'agissait, cette fois, par une inoculation comparative du *virus virulent* à des animaux vaccinés et à des animaux non vaccinés (inoculation que M. Bouley appelle *critère*), de fournir la preuve publique de l'efficacité de la méthode Pasteur.

La Commission est arrivée le 9, à trois heures de l'après-midi. Les animaux ont été numérotés par des plaques de laiton percées à jour et appendues au cou. On a pris la température de la plupart d'entre eux et M. Gayon a procédé aux inoculations. Le virus provenait du laboratoire de M. Pasteur. La dose a été la même que pour les vaccinations; on comprend, en effet, qu'avec la rapide pullulation du microbe, le nombre des individus insérés dans le sang importe peu, et on sait que ce sont les degrés du virus, que c'est sa *qualité*, qui, seuls, produisent soit l'effet vaccinateur, soit l'effet léthifère.

M. Pasteur avait expédié à grande vitesse, comme messager devant apporter le virus destiné aux bêtes bovines, un cochon d'Inde qui, inoculé au moment du départ, devait mourir quelques heures seulement avant le moment indiqué pour l'expérience. Mais cette présomption de décès à un certain moment n'était qu'une probabilité, surtout eu égard au degré d'influence que peut apporter un si long voyage sur les deux lignes d'Orléans et du Médoc. Le cochon d'Inde a succombé dix-sept ou dix-huit heures avant le moment voulu ; dans ces conditions, l'inoculation de son sang risquait d'amener chez tous les animaux, vaccinés ou non vaccinés, non le charbon, mais la *septicémie*.

La Commission ne pouvait exposer à une semblable déconvenue la démonstration qu'elle avait entrepris de faire d'un fait certain ; il fut donc convenu qu'on opérerait sur les bovins avec le liquide envoyé pour les ovins. M. Gayon s'empressa d'annoncer que chez ceux des bovins qui n'auraient pas été vaccinés, on constaterait des troubles plus ou moins marqués, mais qui n'iraient peut-être pas jusqu'à la mort.

Les animaux vaccinés étaient au nombre de dix, dont un bélier, huit brebis et une vache. Les neuf ovins, de race landaise, avaient été achetés, pour notre compte, par M. Bert ; la Société de médecine vétérinaire avait procuré deux vaches ; mais l'une d'elles était, depuis lors, morte d'accident (par submersion) ; il n'était resté qu'une bretonne, c'est celle-ci qui a servi.

Aux neuf ovins nouveaux, ont été opposés dix-huit vaccinés provenant du troupeau de M. Bert. On a bien cru prendre ces dix-huit dans un lot de vingt qui, marqués dès la première séance, avaient tous reçu les deux vaccins successifs inoculés par M. Gayon. Il y a eu, toutefois, un peu d'hésitation dans ce triage, et voici pourquoi : nous avions procédé au marquage en enlevant une touffe de laine à la nuque. Quelque temps après, le moment habituel de la tonte étant venu, on exécuta cette opération. Les moutons mis ainsi totalement à nu, il devint assez difficile de distinguer dans le tas les vingt plus particulièrement pris comme sujets ; on y parvint, toutefois, ou l'on crut y parvenir en recherchant la différence des hauteurs qu'avait dû ramener à la partie supérieure du cou, dans les laines revenues, la différence des moments du marquage et de la tonte générale. Étant donné le caractère peu accusé de ce signe, on comprend l'hésitation qu'ont pu éprouver, dans un cas ou deux, les personnes chargées de préparer les expériences. — Cette circonstance est importante ; nous y reviendrons au sujet d'un accident survenu.

A la vache neuve ont été opposées deux vaches de M. Bert, dont l'une était celle qui avait avorté à la suite de la deuxième vaccination ; il ne reste aucune trace de ce dernier accident. La première, la bretonne, avait environ quatre ans ; les autres, de deux ans et demi à trois ans.

Pour égaliser les chances et éviter l'objection tirée d'un défaut d'homogénéité dans le liquide virulent, on inocula successivement deux ovins vaccinés et un non vacciné, en sorte que, le numérotage s'étant fait dans l'ordre des inoculations, tous les béliers ou brebis devant périr portaient les numéros 3, 6, 9 et autres multiples de 3.

On n'avait rien à attendre des vingt-quatre premières heures consécutives à l'opération. La Commission, — qui, vu le nombre de ses membres et des personnes qui l'accompagnaient, avait dû s'établir à Soulac, — ne revint donc sur les lieux que dans l'après-midi du samedi 18 juin. Elle ne constata rien de notable chez les bovins ; elle ne constata rien non plus chez les brebis vaccinées ; mais elle trouva la température des brebis non vaccinées, sauf une, fort au-dessus de la température normale.

A neuf heures du soir, le gardien du champ des expériences n'avait encore constaté aucun décès.

Le dimanche matin, à quatre heures, il trouvait trois brebis mortes.

Nous en trouvions sept à huit heures et demie, moment de notre arrivée. Toutes faisaient partie du lot des non vaccinées. MM. Duluc et Agier procédaient à l'autopsie de l'une d'elles, portant le numéro 27 et trouvée morte à six heures du matin, avec toutes les précautions indiquées par la prudence, mais aussi avec tout le soin nécessaire à l'édification d'une bonne anatomie pathologique.

Nous assistions en même temps aux derniers moments d'une des brebis figurant parmi les vaccinées, brebis portant le numéro 11, et qui succombait à dix heures et quart. L'autopsie, faite dans l'après-midi par MM. Duluc et Gaillard, établissait qu'elle avait succombé au charbon.

Dans l'après-midi, nous trouvions le bélier mort et nous assistions au décès de la dernière brebis non vaccinée.

Nous n'avons constaté rien d'anormal chez les vaches pendant toute la journée du dimanche ; mais, le lundi matin, la vache inoculée sans vaccinations préalables était très malade ; elle commençait à enfler au côté antérieur gauche (côté inoculé). Le mardi, le mercredi, l'enflure s'étendait ; on constatait aussi une fièvre intense. Le jeudi, l'enflure, par continuation, passait du côté opposé (côté droit), puis la rumination cessait, l'appétit disparaissait ; enfin la bête succombait, après une longue agonie, le samedi à six heures du soir, huit jours pleins après le moment du semis des bactéridies dans son sang.

Aucun phénomène n'a été observé sur les dix-sept brebis témoins qui ont survécu ; quant aux deux vaches de M. Bert, elles ont présenté, au lieu de l'inoculation, un léger empâtement le dimanche ; celui-ci a disparu les jours suivants, et aucun autre symptôme anormal ne s'est montré.

L'expérience des bovins, dépassant les limites que nous avions cru devoir lui assigner, avait donc fourni une démonstration à fortiori de l'efficacité des vaccinations charbonneuses.

L'autopsie de la brebis *non raccinée* portant le numéro 27, a révélé tous les symptômes ordinaires de la maladie charbonneuse.

Le sang de l'animal, immédiatement examiné au microscope, a montré des quantités de bactéridies.

L'autopsie de la brebis 11, considérée comme *vaccinée*, a présenté, à un détail près (celui d'un aspect moins cuit des chairs, caractère qui peut tenir à la différence des races), les mêmes caractères que l'autopsie de la brebis 27. Le sang de la brebis 11, immédiatement examiné au microscope, s'est montré très riche en bactéridies. On s'en est servi pour inoculer un lapin, qui est mort du charbon après quarante-huit heures.

Pour plusieurs membres de la Commission, c'est par erreur que la brebis 11 avait été comprise dans le lot des *vaccinées*. Nous avons relaté les hésitations causées par la difficulté du triage : rien d'étonnant qu'une confusion ait eu lieu ici, et que nous ayons eu affaire à une brebis mal ou pas vaccinée. Le contraste frappant que cette bête, qui est morte dans le même délai que les autres, a présenté avec les dix-sept autres de son groupe, dont aucune n'a montré ni tristesse, ni inappétence, ni fièvre, conduit à cette conclusion.

Mais, dit le rapporteur, admettons que la brebis numéro 11 ait été bel et bien deux fois vaccinée : sa mort ne nuirait en rien à la démonstration de l'efficacité de la méthode Pasteur. Dans l'ordre des sciences biologiques, les vérités, en effet, n'ont pas de caractère absolu ; elles sont trop modifiables par des milliers de conditions pour posséder autre chose qu'un caractère général. Ne voit-on pas des enfants mourir de la variole peu après une vaccination pourtant réussie? des adultes succomber de même après une revaccination ayant fourni de belles pustules? Ces exceptions empêchent-elles les médecins de prôner les bienfaits de la découverte de Jenner ?

Voici les conclusions du rapport :

1° La méthode des deux vaccinations charbonneuses successives et graduées, comme moyen préservatif de la fièvre charbonneuse ou charbon bactéridien, est exempte de dangers sérieux pour les animaux de bergerie ou d'étable ;

2° Elle est efficace pour les premiers, puisque neuf sur neuf ont succombé à l'inoculation d'emblée, tandis que dix-sept au moins, sur dix-huit, et peut-être dix-sept sur dix-sept, ont vaillamment supporté l'inoculation très virulente consécutive aux vaccinations ;

3° Elle est efficace aussi pour les secondes, puisqu'elle a pu en protéger deux (qui n'ont rien éprouvé), alors que le troisième, non vacciné, — malgré l'emploi du virus de culture (et non du virus naturel), — malgré l'emploi d'une dose de ce virus, simplement double de celle implantée sur les moutons, a succombé avec le temps (huit jours) à une inoculation de virus non atténué.

En terminant son compte rendu, la Commission prie la Société d'agriculture de vouloir bien voter l'attribution d'une médaille d'or à M. Bert, pour récompenser l'initiative de cet éleveur distingué, la générosité, l'ardeur et le dévouement dont il a fait preuve pendant toute la durée des expériences accomplies chez lui.

Adopté.

Je crois utile, à la suite de ce rapport, de reproduire une partie du remarquable discours prononcé par M. le président Richier, à la séance générale de la Société d'agriculture de la Gironde, le 3 septembre 1882 :

« Notre collègue, M. Bert, maire de Talais, à l'initiative duquel est due, en partie, l'attitude prise en cette circonstance par notre Société, était animé d'une foi si robuste que, sans hésitation, avant même que nos expériences eussent amené les résultats poursuivis, il avait soumis son troupeau tout entier à l'inoculation préservatrice.

» Peu de temps après, la redoutable épidémie se manifestait dans le pays d'élevage dont Talais est le centre, et, tandis qu'elle y faisait de nombreuses victimes, le troupeau de M. Bert resta indemne, inaccessible à l'influence léthifère qui décimait les bergeries voisines. Mes commentaires ne sauraient rien ajouter à la simple énonciation de ce fait. »

CHAPITRE XX

Le 15 mai 1882, sur la demande de la Société d'agriculture d'Angoulème, commencèrent, aux Jésuites, propriété de M. Trumeau, située à deux kilomètres d'Angoulème, les opérations de vaccination charbonneuse sur les moutons. Sur vingt moutons achetés pour l'expérience, treize furent inoculés par le premier vaccin, sept furent laissés comme témoins.

M. Roux, appelé par ses compatriotes de la Charente, inocule le premier, puis fait pratiquer aux vétérinaires présents la même opération sur les autres animaux. Les moutons sont au fur et à mesure marqués et numérotés, et remis à l'étable avec les moutons non inoculés.

Sur les treize moutons soumis à cette première vaccination, un seul est mort d'une façon tout à fait accidentelle, par suite d'une indigestion avec surcharge alimentaire. L'autopsie, faite très soigneusement, a démontré du reste la cause de la mort et l'absence complète de lésions de nature charbonneuse.

Tous les moutons survivants paraissent être dans un excellent état de santé et n'éprouvent aucun malaise à la suite de l'opération.

Le 29 mai, les douze moutons survivants sont vaccinés une deuxième fois, mais avec un virus moins atténué que celui de la première vaccination. Trois lapins, inoculés ce même jour avec ce virus, succombent, le premier en quarante-huit heures et les deux autres en soixante heures. Malgré cet accroissement de force du virus, les douze animaux vaccinés n'ont rien présenté d'irrégulier dans leur état journalier, et n'ont en rien différé des sept moutons témoins qui n'ont subi aucune vaccination.

Les inoculations avaient été pratiquées tour à tour par les vétérinaires civils et les vétérinaires militaires : MM. Julien, vétérinaire à Angoulême ; Chaumont, vétérinaire en premier en retraite ; Vivier, vétérinaire à Montignac ; Niord, à Angoulême ; Jeannet, à Jarnac ; et Ferrand, aide-vétérinaire au 21ᵉ d'artillerie.

Toutes les dispositions avaient été prises par M. Pécheney, médecin-vétérinaire en premier au 21ᵉ d'artillerie, et par M. Banvillet, président de la Société des vétérinaires de la Charente.

M. de Thiac, président de la Société d'agriculture, MM. les vice-présidents, M. Clément Prieur, secrétaire général, ont déployé la plus grande activité pour le succès de l'entreprise.

Le 15 juin, les douze moutons deux fois vaccinés, et les sept témoins qui n'ont subi aucune opération préventive, sont soumis à l'inoculation du *virus virulent*, arrivé le jour même du laboratoire de M. Pasteur.

Le lendemain 16 juin, la Commission se transporte sur le lieu d'expérience et ne constate aucun changement dans l'état des animaux.

A sa visite du 17 juin, c'est-à-dire quarante-huit heures après l'inoculation, la Commission constate la mort de cinq animaux parmi les sept *témoins* non vaccinés préalablement : trois avaient succombé dans les trente-six heures et deux dans les quarante-huit heures qui ont suivi l'inoculation. Le cinquième est mort dans la soirée du 17 ; et un sixième, dans la nuit du 17 au 18 juin.

Le 18 juin, jour fixé pour la réunion générale, les résultats acquis étaient les suivants : sur les douze animaux soumis aux deux vaccinations préservatrices, tous après l'inoculation du charbon virulent étaient dans un parfait état de santé.

D'un autre côté, sur les sept qui n'avaient pas subi la vaccination, six étaient morts dans l'espace de trente à soixante heures après l'inoculation du même virus charbonneux qui avait servi à inoculer les douze premiers. Il faut ajouter que les dix-neuf animaux ont toujours habité ensemble, et sont restés soumis au même régime.

Un des sept moutons témoins s'est donc montré réfractaire à l'influence du virus charbonneux. Mais ce fait ne doit point surprendre et ne modifie en rien les faits acquis.

« En présence d'un pareil résultat, qui confirme d'une manière si éclatante l'exactitude des faits énoncés par M. Pasteur, tout commentaire est inutile. » Ainsi s'exprime M. Niord dans son rapport à la Société d'agriculture de la Charente.

À l'autopsie des animaux morts, on a reconnu les lésions organiques qui caractérisent l'effet du charbon ; ensuite M. Gayon a montré sous l'objectif du microscope une grande quantité de bactéridies contenues dans le sang pris sur les cadavres.

On a procédé à la destruction immédiate et complète des cadavres, au moyen de l'incinération, afin d'éviter toute contagion.

Ensuite M.-de Thiac, président de la Société d'agriculture, a rendu un public hommage à M. Pasteur et à ses collaborateurs, MM. Chamberland, Roux et Gayon :

« Messieurs, a dit M. de Thiac, en présence de la démonstration si complète dont nous venons d'être les témoins, vous approuverez, j'en suis sûr, que j'adresse à M. Pasteur le témoignage de notre profonde reconnaissance et de notre admiration. Il nous est doux d'y associer nos compatriotes MM. Roux et Gayon. »

CHAPITRE XXI

EXPÉRIENCES DE CLERMONT-FERRAND

Clermont-Ferrand, 15 mai 1882.
Bourdon, 28 mars, 15 et 18 juin 1882.

Aux mois de mai-juin 1882, ont été effectuées à Clermont-Ferrand et à Bourdon des expériences sur la vaccination charbonneuse sous la direction de M. Duclaux, professeur à l'Institut agronomique et élève de M. Pasteur.

La première inoculation a été faite par M. Duclaux : elle a porté sur deux bœufs et cinq moutons appartenant à la compagnie de Bourdon, et sur deux bœufs qui avaient été amenés par M. Briant, propriétaire à Épinay, commune de Saint-Bauzire. L'élévation de la température, tant sur les bœufs que sur les moutons, n'a guère été que de 1 degré à 1 degré et demi ; la fièvre de réaction a donc été peu intense ; elle n'a duré que quarante-huit heures, et les animaux ont toujours pris leur ration avec beaucoup d'appétit.

Une deuxième inoculation eut lieu le 28 mai, avec du virus moins atténué. En l'absence de M. Duclaux, retenu dans le Cantal, l'opération fut pratiquée par M. Henriet, assisté d'un grand nombre d'autres vétérinaires. Les résultats furent identiques à ceux de la première vaccination.

La troisième inoculation avec du virus virulent a eu lieu le 15 juin. Elle a été faite aux cinq moutons déjà vaccinés et à deux moutons vierges. Elle avait pour but de constater l'efficacité de la vaccination, en montrant les effets différents produits par le virus, suivant qu'il agit sur des animaux traités d'après la méthode de M. Pasteur ou sur des sujets non préparés.

Le tableau des températures montre que les moutons vaccinés n'ont eu qu'une fièvre bénigne et leur maladie a été si légère et de si courte durée qu'elle aurait passé inaperçue si elle n'avait pas été observée de très près. Ces cinq moutons ont tous survécu, tandis que les deux autres ont péri : le n° 2 a succombé au bout de trente-six heures et le n° 1 quatre heures plus tard.

A l'autopsie on a constaté sur les cadavres les lésions du sang de rate du mouton, mais avec des caractères moins accentués. La rate est légèrement gonflée, gorgée de sang noirâtre, boueux. Le foie est pour ainsi dire cuit, de couleur feuille morte. Le sang est sirupeux, non coagulé ; dans les cavités du cœur, de légères taches ecchymotiques. Peu ou point de caractères particuliers dans le poumon et l'intestin. Le tissu musculaire n'a rien d'apparent.

Plusieurs vétérinaires, désireux de faire une épreuve plus complète, avaient demandé qu'on n'inoculât pas seulement du virus, mais aussi du sang charbonneux. Pour faciliter l'expérience, M. Pasteur avait bien voulu envoyer deux cobayes inoculés dans son laboratoire, mais ces cobayes moururent prématurément en route. Au jour fixé pour l'expérience, la mort remontait à plus de quarante-huit heures et on ne pouvait songer à injecter leur sang, qui aurait peut-être déterminé la septicémie aussi bien chez les animaux vaccinés que chez les autres. Il fut cependant possible de donner satisfaction au désir exprimé par MM. les vétérinaires.

En effet, les deux moutons non vaccinés qui avaient été inoculés le 15 juin périrent emportés par la fièvre charbonneuse. Le sang de l'un de ces animaux fut inoculé en même temps à un mouton vierge et à un mouton déjà vacciné qui, deux jours auparavant, avait reçu le virus virulent. Celui-ci a parfaitement résisté, tandis que le premier est mort trente heures après l'opération.

Il ne pouvait plus rester aucun doute sur l'efficacité de la vaccination comme moyen préventif, puisqu'on avait injecté le sang d'un animal incontestablement mort du charbon sous les yeux de ceux qui avaient suivi les épreuves.

On voulut néanmoins faire encore une dernière expérience, afin de voir si l'efficacité était la même pour les bœufs que pour les moutons. Le 18 juin, on prit le sang du dernier mouton mort qui, lors de l'autopsie, avait surtout dans le tissu musculaire des lésions encore plus apparentes que celles produites par le virus virulent dans la troisième inoculation. Le sang de ce mouton fut injecté au bœuf portant le n° 3 des expériences du 15 mai et à une vache que la Société d'agriculture mit à la disposition des vétérinaires.

Le bœuf vacciné n'a pas été malade : on n'a constaté qu'un léger gonflement à peine apparent à l'endroit de la piqûre. Les effets ont été tout différents sur la vache. Il s'est développé une tumeur très forte, en arrière de l'épaule gauche. Pendant deux jours, la fièvre a été légère ; l'animal semblait avoir conservé son appétit. Le troisième jour, la fièvre a été plus forte ; la température qui, au début, était de 38°,4 avait dépassé 40 degrés. Enfin, le quatrième jour, la mort est survenue.

A l'autopsie, on n'a pas trouvé de lésions bien accusées. Cette circonstance peut tenir à ce que la vache était atteinte d'un commencement de phthisie pulmonaire ; par suite, elle n'a pas offert une très grande résistance à l'élément bactéridien, et la mort est survenue avant que la fièvre charbonneuse eût accompli son évolution complète. Il n'en est pas moins certain qu'un bœuf vacciné a pu être inoculé impunément avec du sang pris à un animal mort du charbon et qu'une vache non vaccinée a succombé.

Ainsi, l'expérience a démontré une fois de plus qu'on peut prévenir le charbon ou le rendre sans danger pour les animaux des espèces bovine et ovine. Il importe que cette découverte soit mise à profit par tous les éleveurs et notamment par les propriétaires des montagnes dangereuses.

RÉSUMÉ DES RAPPORTS SUR LES VACCINATIONS
FAITES EN FRANCE

Je pourrais citer encore d'autres expériences : par exemple, celles de la Société d'agriculture du Gard faites à Nîmes aux mois d'avril et mai 1882 ; celles de M. Roquebrune, vétérinaire à Salon (Bouches-du-Rhône), effectuées en janvier-février 1882 ; celles du Comice agricole de Nogent-sur-Marne, faites en mai 1882 ; et quantité d'autres que des cultivateurs intelligents entreprirent pour vérifier l'efficacité de la vaccination charbonneuse. Les résultats furent partout identiques. N'ayant pas les rapports détaillés de ces expériences, je ne puis les analyser. On peut donc dire qu'en France la période des essais est close et que la méthode Pasteur est entrée définitivement dans le domaine de la pratique.

On trouvera ci-après (p. 203) un tableau récapitulatif des rapports que je viens d'analyser.

On voit que sur cent trente-cinq moutons *vaccinés* deux au plus ont succombé à l'action du virus virulent, tandis que sur cent cinq moutons *non vaccinés* quatre-vingt-dix-sept ont succombé à cette même action.

Pour les bœufs ou vaches dix-sept ont été vaccinés et n'ont manifesté aucun symptôme de maladie après l'inoculation virulente, tandis que sur onze animaux non vaccinés quatre sont morts et tous les autres ont été plus ou moins gravement malades.

Enfin trois chevaux vaccinés ont très bien supporté l'effet du virus virulent, tandis que deux chevaux non vaccinés ont succombé tous les deux à cette même action.

| EXPÉRIENCES | VACCINÉS | | | NON VACCINÉS | | | MORTALITÉ PAR LE VIRUS VIRULENT | | | | | |
| | | | | | | | VACCINÉS | | | NON VACCINÉS | | |
	Moutons.	Vaches.	Chevaux.	Moutons.	Vaches.	Chevaux.	Moutons.	Vaches.	Chevaux.	Moutons.	Vaches.	Chevaux.
Pouilly-le-Fort (Seine-et-Marne)....	25	6	1 (Exp. Rossignol).	25	4	1	1 (?)	»	»	25	»	1
Fresne (Loiret)...................	10	1	»	10	1	»	»	»	»	6	»	»
Chartres (Eure-et-Loir)...........	19	»	»	16	»	»	»	»	»	15	»	»
Artenay (Loiret).................	5	»	»	5	»	»	»	»	»	5	»	»
Toulouse (Haute-Garonne).........	9	»	»	5	»	»	»	»	»	4	»	»
Nevers (Nièvre).................	11	6	2	7	4	1	»	»	»	7	2	1
Mer (Loir-et-Cher)...............	15	»	»	14	»	»	»	»	»	14	»	»
Montpellier (Hérault).............	6	»	»	5	»	»	»	»	»	4	»	»
Bordeaux (Gironde)...............	18	2	»	9	1	»	1 (?)	»	»	9	1	»
Angoulème (Charente).............	12	»	»	7	»	»	»	»	»	6	»	»
Clermont-Ferrand (Puy-de-Dôme). ..	5	2	»	2	1	»	»	»	»	2	1	»
Total............	135	17	3	105	11	2	2 (?)	»	»	97	4	2

CHAPITRE XXII

EXPÉRIENCES DE VACCINATION FAITES A L'ÉTRANGER
EXPÉRIENCES D'AUTRICHE-HONGRIE

Le charbon étant une maladie très répandue, on devait s'attendre
à voir les pays étrangers s'émouvoir du succès des expériences
faites en France et manifester l'intention de s'assurer eux-mêmes
de l'efficacité des vaccinations.

M. Pasteur, très désireux, de son côté, de répandre sa méthode,
accueillit avec empressement les propositions que lui adressèrent
divers gouvernements. Mais, pour assurer la réussite des essais,
M. Pasteur ne voulut d'abord confier leur direction qu'à une personne attachée à son laboratoire et devenue habile dans la pratique
des opérations. C'est ainsi que M. Thuillier reçut la mission
d'aller faire des expériences publiques d'abord dans l'empire
d'Autriche-Hongrie, au mois de septembre 1881, puis en Allemagne, au printemps de 1882.

Voici le rapport concernant les deux séries d'expériences faites
en Autriche-Hongrie.

EXPÉRIENCES DE BUDAPESTH

RAPPORT DE M. THUILLIER.

Les expériences ont été faites dans les bâtiments de l'Institut
vétérinaire de Budapesth, sous les auspices de Son Exc. le Ministre
de l'Agriculture, de l'Industrie et du Commerce de Hongrie, le

baron de Kemeny, et sous la surveillance d'une commission nommée par Son Excellence et composée de neuf membres :

MM. le docteur Tormay, président, directeur de l'Institut vétérinaire; docteur Azary, secrétaire; docteur Thanhoffer; docteur Czakó; docteur Liebermann, professeur au même Institut;

MM. le docteur Fodor, professeur d'hygiène; docteur Koranyi, professeur de médecine interne; docteur Plósz, professeur de chimie biologique ; Rozsahegyi, privat-docent à la Faculté.

Soixante animaux de l'espèce ovine, dix de l'espèce bovine, ont été consacrés à ces expériences. Ils se répartissent ainsi: trente moutons hongrois, trente moutons mérinos sous-race électorale, trois bœufs hongrois, trois vaches hongroises, trois veaux hongrois, un jeune buffle. Ces animaux ont été achetés sur les marchés de la Ville, deux et trois jours avant la première inoculation. Parmi les moutons se trouvaient quelques individus faibles et quelques cachectiques.

Ils furent répartis de la façon suivante : quinze moutons hongrois et quinze mérinos, destinés à être vaccinés; treize de chaque espèce par des cultures récentes ne renfermant que des filaments et pas de spores; deux de chaque espèce par des cultures anciennes, apportées de Paris, et ne renfermant que des spores; deux vaches, un bœuf et deux veaux hongrois destinés à être vaccinés par des cultures récentes.

Quinze moutons hongrois, quinze mérinos, deux bœufs, une vache, un veau hongrois et le jeune buffle, furent réservés comme témoins.

Tous les moutons furent réunis dans un bâtiment réservé aux chevaux morveux; les bêtes à cornes furent logées dans les stalles de la clinique de l'Institut.

Le 23 septembre, à midi, eut lieu la première inoculation vaccinale. Les quatre moutons inoculés par les spores le furent avec une culture datant du 10 août 1881. Tous les animaux inoculés supportèrent bien la fièvre vaccinale qui suivit cette inoculation. Le matin du 2 octobre, c'est-à-dire neuf jours après l'inoculation, un des treize mérinos inoculés par une culture récente fut trouvé mort. La Commission de surveillance fit l'autopsie et déclara ce mouton mort de pneumonie catarrhale.

Le 5 octobre, à midi, eut lieu la seconde inoculation vaccinale. Les quatre moutons, inoculés le 23 septembre par des spores, le furent ce jour-là par une culture de second vaccin datant du 25 juin 1881, ne renfermant également que des spores. Les animaux inoculés supportèrent, cette fois encore, très bien la fièvre vaccinale qui suivit. Cependant un des moutons mérinos inoculés par une culture récente, mourut. Il fut trouvé mort le matin du 8. Le météorisme du cadavre permit de faire remonter la mort au début de la nuit, c'est-à-dire de cinquante-cinq à soixante heures après l'inoculation. Cette fois encore, l'autopsie montra que la mort n'était pas la conséquence de l'inoculation. La Commission de surveillance déclara ce mouton mort de catarrhe de l'estomac (1).

Le 17 octobre, à midi, eut lieu l'inoculation du virus non atténué. La Commission de surveillance ayant désiré réserver quelques moutons pour des recherches ultérieures, on n'inocula que vingt-cinq moutons de chaque lot. Chaque lot était composé de treize hongrois et de douze mérinos. Tout le grand bétail reçut l'inoculation virulente. Les deux moutons hongrois et le mouton mérinos vaccinés réservés avaient été vaccinés par une culture récente.

Vidi,

Signé : TORMAY,

Président de la Commission.

Le 19 au matin, on trouvait quatorze témoins morts : le 20 on en trouve 4 (5, d'après une lettre datée du mois de mars 1882 du docteur Azary) ; quatre autres moururent encore les jours suivants. Les symptômes cliniques, les lésions cadavériques, la présence des bactéridies dans le sang, caractérisèrent chez tous la mort par le charbon. Pourtant, un mouton cachectique, mort avec les symptômes de la fièvre charbonneuse, ne montra, lors de l'autopsie faite par la Commission, aucun des caractères macroscopiques et microscopiques de cette maladie.

---

(1) L'autopsie en fut faite par M. Czakó, qui déclare ce mouton mort par le catarrhe de l'estomac et de l'intestin grêle. La majorité de la Commission est de son avis. Seul, M. Rozsahegyi attribue cette mort à la seconde inoculation vaccinale.

Le 26 au matin, un des moutons hongrois vaccinés par une culture récente, fut trouvé mort. La Commission en fit l'autopsie et le déclara mort de cachexie provoquée par une multitude de *Distomum hepaticum*.

Chez le grand bétail, dans le lot des vaccinés ne survinrent aucune fièvre, aucune apparence morbide quelconque; dans le lot des témoins la température s'éleva de 2 et 3 degrés; il y eut un peu de tristesse, mais peu d'inappétence.

Dans les jours qui suivirent l'inoculation virulente, la température s'abaissa beaucoup, le temps resta constamment pluvieux et actuellement la neige couvre les environs de Budapesth. Peut-être peut-on attribuer à ces conditions climatériques la lenteur de l'évolution de la maladie dans les lots témoins.

Ces expériences ont pleinement vérifié l'innocuité et l'efficacité absolues de la vaccination. L'expérience faite sur le lot de quatre moutons, vaccinés avec des cultures anciennes apportées de Paris en tubes clos, a montré que le vaccin peut, dans ces conditions, voyager à toutes distances, sans perdre aucune de ses admirables vertus.

L. Thuillier.

Budapesth, 28 octobre 1882.

Vu et approuvé par le Président,
Signé : Tormay.

EXPÉRIENCES DE KAPUVAR

Rapport de M. Thuillier

Appelé à Budapesth pour y démontrer l'innocuité et l'efficacité de la vaccination charbonneuse, j'y reçus du Ministère de l'Agriculture la proposition de répéter la même démonstration, à Kapuvar, chez M. le baron de Berg.

Ignorant des difficultés que j'ai rencontrées plus tard, et bien que n'ayant pas l'assentiment de M. Pasteur, j'acceptai cette mission à mes risques et périls. On va voir quelles circonstances, la plupart indépendantes de ma volonté, m'ont empêché de réussir complètement.

Cette expérience a été faite à la ferme de Ontès, à 12 kilomètres de Kapuvar, sous la surveillance du docteur Azary, délégué du Ministère de l'Agriculture.

Comme à Budapesth, l'expérience porta sur les moutons et le grand bétail.

Cent moutons de race mérinos (sous-race électorale) furent divisés en deux lots égaux, l'un devant recevoir les deux inoculations vaccinales ; l'autre, être réservé comme témoin de la virulence du virus employé pour démontrer l'immunité acquise par le premier lot. Ces animaux, pris parmi les plus mauvais des vingt mille moutons du domaine, étaient très faibles, et beaucoup d'eux étaient cachectiques. Aussi les survivants sont-ils destinés à être sacrifiés ou vendus aussitôt que l'expérience pourra être considérée comme terminée. Néanmoins la méthode de la vaccination est d'une sûreté telle que je n'hésitai pas à entreprendre l'expérience dans ces conditions.

Le gros bétail était en bon état, mais, M. le baron de Berg désirant faire une vulgarisation plutôt qu'une démonstration, ce bétail fut divisé en deux lots inégaux. Quatorze (sept de race hongroise, sept de race suisse) devaient être vaccinés ; six seulement (trois de race hongroise, trois de race suisse) être réservés comme témoins lors de l'inoculation du virus charbonneux mortel.

A cette tâche j'ajoutai celle de vacciner deux cent soixante-sept moutons dans un troupeau ravagé alors par la maladie, afin de montrer que la vaccination est efficace contre l'infection naturelle comme elle l'est contre l'inoculation directe du virus charbonneux.

Le 28 septembre, eut lieu la première inoculation vaccinale. Tous les animaux inoculés supportèrent bien la fièvre légère qui suivit.

Dans le troupeau, deux moutons inoculés, et un mouton non inoculé, moururent du charbon contracté naturellement.

Le 10 octobre, eut lieu la seconde inoculation vaccinale. Tous les animaux supportèrent bien encore la fièvre légère qui suivit, à l'exception de vingt-neuf, savoir : six qui moururent dans le lot des cinquante moutons ; vingt-trois qui furent malades dans le troupeau des deux cent soixante-sept et parmi ceux-ci dix moururent. L'autopsie de tous ces animaux fut faite par le berger, sous les yeux de M. Gyulassy, intendant du domaine. Une cependant, celle du sixième mouton mort dans le lot des cinquante, fut faite par le docteur Hartmann, vétérinaire en chef du haras de l'État à Babolna : le docteur Hartmann déclare ce mouton mort par « pericarditis cum subsequente cachexia hydræmica ». Pour les quinze autres les auteurs des autopsies ont conclu pour le charbon, bien qu'un certain nombre de ces autopsies, dans le résumé qui m'a été communiqué, me paraissent peu caractéristiques.

Quelles explications donner de ces quinze morts ? On peut en donner trois :

1° Ces moutons n'ont pu supporter la seconde fièvre vaccinale. « Votre second vaccin était trop fort », m'a-t-on dit. Non, pour deux raisons. Quatre moutons n'ayant pas reçu la première inoculation et inoculés d'emblée avec ce second vaccin ont parfaitement résisté. Les moutons morts n'étaient pas les plus faibles du lot.

Il faut donc chercher ailleurs la cause de ces morts.

2° Ces moutons ont pu s'infecter naturellement. Ils ont pu, dans leur bergerie, dans leurs fourrages, rencontrer des germes charbonneux virulents. Leur vaccination n'étant pas achevée, ils n'étaient pas encore en état de résister à cette infection naturelle. Pourquoi, objecte-t-on, n'y a-t-il pas eu de mortalité chez les moutons témoins, séparés des vaccinés par une simple barrière et nourris des mêmes fourrages ? Cette objection suppose une répartition uniforme des germes infectieux. Or l'histoire de toutes les épidémies nous les montre répartis de la façon la plus capricieuse, atteignant celui-ci, épargnant le voisin. C'est ainsi que M. de Berg a perdu récemment un bélier de haut prix. Ce bélier ne quittait jamais la bergerie ; il y recevait les fourrages réputés les plus sains du domaine. Un beau jour pourtant il y a trouvé le charbon. Qui osera affirmer que le même accident n'a pu arriver à plusieurs des moutons en question ?

3° Lors de la seconde inoculation, ces moutons n'ont pas reçu le liquide vaccinal à l'état de pureté. A cause de la pluie et de la boue qui régnaient alors, toutes les opérations durent être faites à l'intérieur de la bergerie où étaient réunis les animaux. Le nombre

des personnes venues pour assister à ces vaccinations fut très
grand, grand aussi le nombre des valets que nécessita la capture
des bœufs, jeunes bêtes n'ayant jamais connu l'étable, enlevées
brusquement à la vie sauvage et libre des grands pâturages du
domaine de Kapuvar. Ce fut au milieu des poussières de la bergerie,
soulevées par cette nombreuse assistance et dans lesquelles il
serait facile de constater la présence de la plupart des agents
septiques, que fut transvasé le vaccin et que furent remplis les
vases à col recourbé dont on se sert avantageusement pour remplir
les seringues d'inoculation. Dans le cours de l'opération la personne
chargée du soin de ces vases négligea de les tenir fermés ainsi que
je l'en avais priée.

Nouvelles sources d'impureté : les moutons se trouvaient tous
poisseux d'un suint souillé de poussière et de matières excrémentitielles. Dans ces circonstances les accidents septiques étaient
inévitables.

La probabilité de ces accidents, minime au début de l'opération, croissait avec le temps qui s'écoulait. L'inoculation fut faite
d'abord aux bœufs chez lesquels rien de fâcheux ne survint, puis
aux moutons chez lesquels ces accidents se produisirent : « Mais,
dit-on, les autopsies ne parlent pas de septicémie. » Non, certes;
mais les auteurs des autopsies ont pu la négliger ou ne pas la voir.
Heureusement, les treize moutons malades du lot des deux cent
soixante-sept, qui ne moururent pas, étaient encore malades lors
de mon troisième voyage à Kapuvar. Chez tous la purulence du
point d'inoculation ne laissait aucun doute sur la cause de la
maladie : l'impureté du liquide inoculé.

La possibilité d'une infection naturelle, l'impureté du liquide
inoculé constatée sur les moutons encore malades lors de mon
troisième voyage, ne peuvent être niées. L'expérience de Budapesth,
celle de Kapuvar même, prise dans son ensemble, m'autorisent à
attribuer les morts survenues à ces deux causes.

Ces accidents ne sont pas inhérents à la vaccination elle-même,
mais au mode opératoire. Aussi ont-ils été très instructifs pour les
personnes présentes. Qu'ils le soient surtout pour ceux qui seront
à l'avenir chargés de ces inoculations vaccinales, qu'ils ne se relâ-
chent jamais des précautions minutieuses qu'exige l'inoculation à

l'état de pureté absolue du liquide vaccinal, qu'ils opèrent de préférence au grand air et après la lessive des moutons qui, m'a-t-on dit, n'a lieu qu'une fois l'an, au printemps, avant la tonte.

Le 22 octobre, eut lieu l'inoculation du virus non atténué aux quarante-quatre moutons et quatorze bœufs vaccinés ; aux cinquante moutons et six bœufs, témoins.

Chez les moutons et bœufs vaccinés il n'y eut aucun symptôme morbide. Pourtant un mouton mourut cinquante heures après l'inoculation, avec les symptômes du charbon. Ce mouton était un des plus forts du lot. Il ne présentait à la cuisse aucune trace de la dernière inoculation vaccinale. J'ai la conviction intime que ce mouton n'avait pas reçu la seconde inoculation. Il arrive souvent, en effet, qu'en piquant la peau, celle-ci forme un pli : l'aiguille traverse ce pli, et le liquide, au lieu de se répandre sous la peau, se répand au dehors. Cet accident m'arriva plusieurs fois, mais je m'en aperçus et recommençai l'inoculation. Pourtant, l'obscurité dans laquelle se trouvaient les moutons opérés était telle, que cet accident a pu m'arriver sans que je m'en aperçusse.

Dans le lot des témoins, au contraire, trente heures après l'inoculation, la mortalité apparaissait et ne s'arrêtait plus. Des cinquante moutons témoins, quarante-huit étaient morts lors de mon départ. Dans le gros bétail témoin il y eut des symptômes inquiétants dès le lendemain. Chez trois de ces animaux ils disparurent les jours suivants ; mais chez les trois autres, ils s'aggravèrent. De ces trois derniers, un mourut le 29; à cette date les deux autres étaient très gravement malades, l'un surtout pour lequel on avait perdu tout espoir de guérison.

CONCLUSION

Pour le gros bétail, l'expérience de Kapuvar est donc parfaite. L'inoculation du virus mortel ne produit rien chez quatorze vaccinés, tandis que chez six non vaccinés il détermine une maladie à laquelle trois seulement ont résisté. La vaccination n'a amené aucune altération dans la santé des animaux qui l'ont reçue.

Pour les moutons il y a eu des accidents, dont le mode opératoire a été la cause. Aussi n'ont-ils pas alarmé les intéressés. A peine rentré à Paris, je trouve plusieurs demandes de vaccin.

L. THUILLIER.

6 novembre 1881.

On voit que dans la deuxième série d'expériences, celles qui eurent lieu à Kapuvar, il se produisit un accident qui, d'après M. Thuillier, ne doit pas être imputé à l'action même du virus, mais à des impuretés qui, pendant l'opération, se seraient mêlées au vaccin. Cette explication est, en effet, très plausible, puisque M. Thuillier a constaté de la purulence sur les moutons malades qui ont guéri ensuite; mais depuis que nous savons, à n'en pas douter, que certaines races de moutons sont particulièrement sensibles au vaccin, nous pouvons penser également que la mortalité exceptionnelle qui a frappé les moutons de Kapuvar, dont beaucoup étaient dans un mauvais état de santé, provient d'une trop grande réceptivité de ces animaux pour le charbon. D'ailleurs ce fait isolé, qu'on a cherché à exploiter contre la méthode des vaccinations, n'infirme en rien les conclusions générales sur les effets de cette vaccination. Il sera toujours facile de remédier aux causes perturbatrices telles que l'impureté du vaccin ou sa trop grande activité. Ajoutons que, depuis cette époque, vingt-deux mille moutons et douze cents bœufs ou vaches ont été vaccinés en Autriche-Hongrie et l'opération n'a donné lieu à aucune plainte.

Passons aux expériences faites en Allemagne, en 1882.

CHAPITRE XXIII

RAPPORTS SUR LA PREMIÈRE EXPÉRIENCE
FAITE A PACKISCH

I

Rédigé à Packisch, le 5 avril 1882.

La Commission nommée par M. le Ministre de l'Agriculture, des Domaines et des Forêts, pour témoigner des expériences de vaccination contre le charbon pratiquées par l'assistant de M. Pasteur (de Paris), M. Thuillier, s'est réunie aujourd'hui ici.

Elle se compose de :

MM. le conseiller d'État Beyer, conseiller en exercice au Ministère de l'Agriculture, des Domaines et Forêts ;

le conseiller secret, professeur Virchow, de Berlin ;

le comte de Zieten-Schwerin, de Wustrau ;

le conseiller et directeur de l'École vétérinaire, professeur docteur Dammann (de Hanovre) ;

les conseillers Zimmermann et Benkendorf ;

le préfet (?) Rimpau, de Schlanstedt.

S'y trouvaient aussi :

Le susnommé Thuillier et le professeur Müller, de Berlin ; ce dernier en remplacement du conseiller secret, professeur docteur Roloff, tombé malade.

A environ cinq cents pas de distance du domaine de Packisch, dans un hangar isolé et divisé en deux compartiments, se trouvent d'un côté cinquante moutons, de l'autre douze bêtes à cornes. Les moutons se divisent en trente moutons, achetés dans des localités exemptes de charbon, âgés de deux ans (brebis), et vingt agneaux d'un an, nés sur le domaine de Packisch (mâles et femelles). Les bêtes à cornes consistent en quatre bœufs de labour, deux vaches pleines, deux vaches en pleine lactation, deux taurillons d'un an et deux veaux femelles du même âge.

Tous ces animaux furent examinés au point de vue de leur santé, et, à cet effet, on mesura leur température interne. Celle-ci, pour les moutons, était de 38°,3 à 39°,4 centigrades. La température des bêtes à cornes était également normale. M. Thuillier se rendit compte de toutes ces conditions et approuva le choix des animaux sans restrictions.

On marqua ensuite les cinquante moutons, du n° 1 au n° 50, à l'encre noire. Les bœufs furent également numérotés de 1 à 12, par l'incision de poils sur la région dorsale. Puis M. Thuillier vaccina les moutons numérotés de 1 à 25, ainsi que les bœufs impairs (1, 3, 5, 7, 9, 11) avec le vaccin de M. Pasteur, dont il s'était muni.

L'inoculation des moutons fut pratiquée à la face interne de la cuisse droite; celle des bêtes à cornes, immédiatement derrière l'épaule gauche. Le liquide vaccinal employé pour chaque mouton était de un huitième de centimètre cube, et pour chaque bovidé, de un quart de centimètre cube.

Les moutons vaccinés et les moutons témoins furent séparés par une cloison, de façon à ne pouvoir arriver au contact les uns des autres. Les bovidés demeurèrent en place, de sorte qu'un animal vacciné se trouvait toujours entre deux non vaccinés. Toutes les bêtes à cornes provenaient du domaine de Borschütz, distant de 2 milles, et où le charbon n'avait pas encore fait d'apparition.

On désigna pour demeurer à poste fixe à Packisch, dans le but d'observer les animaux inoculés, M. le vétérinaire Bœkher, assistant à l'École royale vétérinaire de Berlin. Il est chargé de prendre une fois par jour la température des animaux, d'observer exactement leur état général, les modifications du lieu de l'inoculation, et de procéder à l'autopsie rigoureuse de ceux qui pourraient succomber.

La deuxième inoculation fut concertée avec M. Thuillier, pour le 19 avril.

Tous les membres de la Commission, ainsi que M. Thuillier, ont signé le présent protocole.

Signé : BEYER, VIRCHOW, comte de ZICKEN-ZIETEN-SCHWRIN, W. RIMPAU, ZIMMERMANN, D' DAMMANN, L. THUILLIER.

II

Rédigé à Packisch, le 19 avril 1882.

Le soussigné s'est rendu ici aujourd'hui et y a trouvé le professeur Müller, en remplacement du conseiller secret Roloff, tombé malade, et M. Thuillier. Y assistaient en outre : le vétérinaire départemental Œmler, de Merseburg; le conseiller secret, docteur Leisering; et le professeur de médecine vétérinaire Siedam-Grotzki, de Dresde.

On inspecte les animaux vaccinés ainsi que les animaux témoins dans le hangar où ils étaient placés. Tous furent trouvés en état de santé satisfaisant. Puis M. Thuillier réinocula les moutons (vingt-cinq) et les bêtes à cornes (six), inoculés pour la première fois le 5 de ce mois. On s'assura que les numéros dont avaient été marqués les animaux étaient encore distincts. Les moutons, cette fois, furent inoculés à la face interne de la cuisse gauche; et les bêtes à cornes, derrière l'omoplate droite, de la même façon du reste que le 5 courant.

Il fut ordonné que la température des animaux inoculés serait prise quotidiennement, pendant trois jours, par un vétérinaire.

Signé : BEYER.

III

Rédigé à Packisch, le 9 mai 1882.

La Commission soussignée s'est réunie aujourd'hui ici ; composée de :

MM. le professeur Müller, remplaçant le conseiller Roloff ;
    Thuillier, assistant de M. Pasteur, de Paris ;
    le docteur vétérinaire départemental Œmler, de Merseburg.

M. le professeur Müller remit à la Commission le compte rendu ci-joint (voyez plus loin ce rapport, p. 220) des résultats obtenus, le 6 mai, à la suite de l'inoculation, avec du *sang charbonneux*, des moutons et bœufs vaccinés le 5 et le 19 avril, ainsi que de l'état des animaux servant de témoins.

M. Thuillier et M. Œmler signalèrent qu'après l'inoculation pratiquée le 6 mai, ont succombé :

1° Parmi les bœufs témoins :

Le n° 10, à minuit, dans la nuit du 8 au 9 mai ;
Le n° 6, le 9 mai, à dix heures du matin ;
Le n° 2, le 9 mai, à quatre heures et demie de l'après-midi.

2° Parmi les moutons témoins, désignés par les n°ˢ 26 à 50 :

Dans la journée du 7 mai...................... 16 moutons.
 —   —   du 8 mai.................... 8   —
                                    Total.......... 24   —

Des bêtes à cornes témoins sont encore actuellement en vie les n°ˢ 4, 6 et 12, mais ils sont plus ou moins malades du charbon, à la suite de l'inoculation.

Des moutons témoins, *un seul* vit ; c'est le n° 35, quoiqu'il soit tombé malade à la suite de l'inoculation, et qu'aujourd'hui la température rectale marque 41°,1.

Tous les bœufs et moutons inoculés avec le vaccin Pasteur — à l'exception de *trois agneaux d'un an* ayant succombé avant le 6 mai au virus vaccinal — furent examinés par la Commission et trouvés sains. M. Œmler avait pris les températures de tous les animaux, et chez aucun il n'avait constaté une élévation au-dessus de la normale.

Vingt cadavres des moutons témoins avaient été détruits par mesure de sécurité. Mais les cadavres des quatre moutons morts en dernier lieu, et ceux des bêtes à cornes, nᵒˢ 10, 6 et 2, furent encore trouvés par la Commission dans le hangar.

On pratiqua l'autopsie des bœufs nᵒˢ 10 et 6, et du mouton nᵒ 50; et l'examen macroscopique et microscopique montra avec la plus parfaite certitude :

« Que les animaux avaient succombé au charbon véritable. »

Les cadavres, vus par la Commission, furent aussi rendus inoffensifs par la coction.

Tous les animaux sont demeurés depuis le 5 mai jusqu'à aujourd'hui dans le même hangar, et ont été nourris de fourrage provenant du domaine de Borschütz, indemne, jusqu'ici, de charbon.

La Commission s'assura que le hangar, qui avait servi aux animaux, répondait à toutes les exigences de l'hygiène pour les moutons et les bœufs.

Assistaient en outre, ainsi qu'à la deuxième vaccination, le conseiller Dʳ Leisering, et le professeur de médecine vétérinaire, Dʳ Siedamgrotzki, de Dresde.

Ce protocole est signé par tous les membres de la Commission et par M. Thuillier.

Signé : BEYER, comte de ZICKEN-ZIETEN-SCHWERIN,

Dʳ DAMMANN, ZIMMERMANN, THUILLIER,

RIMPAU, VIRCHOW.

Rédigé à Packisch, le 6 mai 1882.

Aujourd'hui, le soussigné s'est rendu ici, accompagné de M. Thuillier et du vétérinaire départemental Œmler (de Merseburg), pour continuer les expériences de l'inoculation du charbon.

Le sang destiné à l'inoculation fut emprunté à un mouton, lequel fut inoculé dans l'après-midi du 3 mai par un liquide virulent envoyé par M. Pasteur et qui mourut dans la nuit du 4 au 5 mai.

Le soussigné et le vétérinaire départemental Œmler se sont assurés que le mouton avait véritablement succombé au charbon et que son sang contenait les bâtonnets charbonneux types.

Étaient vivants dans le hangar : les douze bêtes à cornes (six vaches et les six témoins), et quarante-sept moutons, savoir : vingt-deux moutons numérotés de 1 à 17 et les numéros 19, 21, 22, 23, 25, qui avaient été inoculés avec le vaccin Pasteur le 5 et le 19 avril.

Les moutons vaccinés n⁰ˢ 18, 20 et 24 sont morts, depuis le 19 avril, des suites du charbon vaccinal.

Vivaient aussi les vingt-cinq moutons témoins numérotés de 26 à 50.

M. Thuillier s'assura que les moutons et les bêtes à cornes du hangar étaient parfaitement sains et que les numéros servant à marquer les moutons étaient bien reconnaissables.

Sur ces entrefaites, M. Thuillier inocula les moutons vaccinés le 5 et le 19 avril, et les vingt-cinq moutons témoins, ainsi que les douze bêtes à cornes. Il inocula dans le tissu cellulaire sous-cutané de chaque mouton un huitième de centimètre cube, et de chaque bête à cornes un quart de centimètre cube de sang charbonneux, à l'aide de la seringue de Pravaz.

Le lieu d'inoculation, chez le mouton, fut la face interne de la cuisse gauche, et chez les bêtes à cornes le tissu cellulaire derrière l'épaule droite.

On constata en outre que les moutons de 1 à 15, et de 26 à 40, se trouvent aujourd'hui dans un état d'embonpoint bien plus prononcé que le 5 avril.

M. Thuillier et le vétérinaire départemental Œmler resteront ici jusqu'à samedi et, si cela est nécessaire, jusqu'à mardi. Il est convenu que les cadavres des animaux qui succomberont jusqu'au lundi à midi seront bouillis. Les cadavres des moutons qui succomberont plus tard seront conservés jusqu'à l'arrivée de la Commission, le 9 mai.

Signé : L. THUILLIER, ŒMLER, MULLER.

Ainsi, dans cette première expérience faite en Allemagne, un accident s'était produit sur les moutons. À la suite de la deuxième vaccination trois agneaux avaient succombé, et l'autopsie démontra qu'ils avaient succombé au charbon. Les animaux qui avaient résisté aux deux inoculations supportèrent ensuite parfaitement l'effet du virus virulent, tandis que parmi les témoins vingt-quatre moutons sur vingt-cinq succombèrent, et trois bovidés sur six, les trois autres ayant été très malades.

Cette expérience établissait donc, d'une façon certaine, l'influence préservatrice de la vaccination contre le virus virulent, fait qui jusque-là avait été vivement contesté par un savant allemand, le Dʳ Koch ; mais il ne suffisait pas à démontrer rigoureusement que les vaccinations pouvaient être pratiquées sans danger, puisque trois moutons sur vingt-cinq avaient succombé à la suite du deuxième vaccin. Ce n'était donc qu'un demi-succès, et M. Pasteur, dont les théories ont été si souvent contestées au delà du Rhin, tenait essentiellement à obtenir un succès complet. Or le vaccin qui avait été employé par M. Thuillier était le même qui servait en France, où il ne donnait lieu à aucun accident. Il était donc évident que les moutons allemands étaient plus sensibles aux effets du vaccin que les moutons français. La rapidité de la mort des moutons témoins nous en donnait aussi une preuve. Dès lors nous diminuâmes la virulence relative du second vaccin et M. Pasteur demanda qu'une nouvelle expérience, portant sur un nombre d'animaux beaucoup plus considérable, fût faite avec le nouveau vaccin modifié, afin de bien établir qu'on peut adapter la virulence relative des vaccins aux réceptivités particulières que peuvent présenter les

animaux. Le gouvernement allemand accepta la proposition de
M. Pasteur et une nouvelle expérience eut lieu. Les rapports suivants montrent que, cette fois, le succès fut complet.

DEUXIÈME SÉRIE D'EXPÉRIENCES D'INOCULATION
FAITES A BORSCHUTZ ET A PACKISCH

IV

Rédigé à Borschütz, le 10 mai 1882.

Pour la continuation des expériences touchant l'inoculation du
charbon, se sont rendus ici :

MM. Thuillier, assistant de M. Pasteur ;
le propriétaire Dietze, de Guldenstern ;
le vétérinaire départemental Œmler, de Merseburg.

L'étable contenait :

Deux cent cinquante-six brebis mères de trois à sept ans. La
date de naissance des animaux est inscrite par tatouage dans
l'oreille droite par les dates de 75 à 79 ;

Deux cent vingt-six agneaux de l'âge de sept à onze semaines.

Tous ces moutons avaient été à Packisch jusqu'au 6 mai.

Sur le domaine de Borschütz se trouvaient en outre trois
béliers.

On fit deux lots égaux des brebis mères, la répartition de l'âge
étant égale des deux côtés. A chaque lot étaient attachés les
agneaux nés des brebis qui le composaient. Les deux lots se composaient donc comme suit :

128 brebis mères ;
123 agneaux ;

et, d'autre part :

128 brebis mères ;
103 agneaux.

Les animaux du deuxième lot furent marqués par un trou rond percé à l'oreille droite.

On tira au sort, et le premier lot désigné, composé de cent vingt-huit brebis et de cent vingt-trois agneaux, fut inoculé ; le deuxième lot servit de contrôle.

M. Thuillier inocula ensuite avec le vaccin envoyé par M. Pasteur, de la même façon qu'au 5 avril, les cent vingt-huit brebis et les cent vingt-trois agneaux du premier lot. Chaque brebis et chaque agneau reçut l'injection, sous la peau de la face interne de la cuisse droite, d'un huitième de centimètre cube de la liqueur vaccinale.

Les moutons iront pâturer dans une prairie placée au voisinage du domaine et remplissant toutes les conditions exigées par l'hygiène. Le propriétaire des moutons, M. Lücke, s'est engagé à remettre à l'étable tout animal dès qu'il paraîtrait souffrant, et de l'y maintenir pendant toute la durée de la maladie.

Vu l'impossibilité de mesurer quotidiennement la température de tant de moutons, il fut décidé que l'on prendrait la température des quinze premiers moutons et des quinze premiers agneaux s'échappant de l'étable ; on prendra en outre la température des animaux qui tomberaient malades. Les quinze premières brebis et les quinze premiers agneaux qui sortirent de l'étable furent marqués sur la nuque avec du goudron.

Le 20 mai fut fixé comme jour de la deuxième vaccination.

MULLER,

Professeur à l'Ecole royale vétérinaire de Berlin,
chargé de la rédaction de ce Rapport.

Lu et approuvé,
Signé : R. DIETZE, L. THUILLIER, ŒMLER, LÜCKE.

V

Rédigé à Borschütz, le 20 mai 1882.

Pour procéder à la deuxième inoculation des moutons vaccinés une première fois le 10 mai, se trouvèrent ici, outre le professeur Müller :

MM. le propriétaire Dietze, de Guldenstern ;
     Thuillier, de Paris ;
     le vétérinaire départemental Œmler, de Merseburg.

Les susnommés s'assurèrent que le lot de moutons vaccinés se composait aujourd'hui, ainsi que le 10 mai, de

128 brebis mères,
123 agneaux,

et que tous les animaux étaient bien portants.

Sur ces entrefaites, M. Thuillier inocula, comme au 10 mai, les cent vingt-huit brebis et les cent vingt-trois agneaux, avec le liquide envoyé, dans ce but, de Paris, par M. Pasteur.

Le lieu d'inoculation fut la face interne de la cuisse gauche. Chaque animal reçut le huitième du contenu de la seringue de Pravaz, soit un huitième de centimètre cube.

L'inoculation terminée, on s'aperçut qu'on avait inoculé cent vingt-neuf brebis. Une revue plus exacte des lots montra qu'un mouton du lot de contrôle (reconnaissable au trou de l'oreille droite) avait franchi la ligne de séparation, et s'était mêlé au lot vacciné.

Il fut marqué d'un signe ostensible et il sera observé avec soin.

M. Œmler et M. Thuillier resteront à Borschütz jusqu'à ce que les symptômes résultant de la deuxième inoculation se soient dissipés. M. Œmler prendra la température des quinze brebis mères et des quinze agneaux dont il a déjà relevé la température après la première inoculation, et aussi la température du mouton provenant du lot témoin dont il a été fait mention. M. Lücke dirigera sur Packisch, dimanche 28 mai, le lot vacciné, ainsi que les sujets du lot témoin destinés à l'inoculation faite avec du sang charbonneux.

M. le propriétaire Dietze annonça qu'il se rendrait ce soir, pour raisons de santé, aux bains de Carlsbad et qu'il avait prié M. le propriétaire Rüyter, de Plotha, de le remplacer à Packisch, lors de l'inoculation virulente, le 30 mai.

Lu et approuvé.

Signé : F. DIETZE, L. THUILLIER, ŒMLER

MULLER,

chargé de la rédaction de ce Rapport.

VI

Rédigé à Packisch, le 30 mai 1882.

Le soussigné, professeur Müller, s'est rendu ici aujourd'hui pour continuer les expériences de vaccination du charbon d'après le système de Pasteur, et trouva présents :

M. Thuillier, de Paris ;

M. le propriétaire Rüyter, de Plotha, en remplacement du propriétaire, M. Dietze ;

M. le vétérinaire départemental Œmler, de Merseburg.

Dans le hangar qui avait servi aux premières expériences, faites du 5 avril au 9 mai, se trouvèrent :

Douze brebis et douze agneaux provenant du lot qui avait été inoculé le 10 mai et le 20 mai à Borschütz, avec le liquide de culture de Pasteur ;

Six brebis et six agneaux, ayant un trou à l'oreille, provenant du lot témoin (non vacciné) ;

Les bœufs inoculés le 6 mai, avec du sang charbonneux, qui

étaient tombés malades, mais qui avaient guéri (bœufs nᵒ 4, 8 et
12).

Les soussignés s'assurèrent qu'aucun de ces animaux ne présentait de symptôme morbide.

Sur ces entrefaites, M. Thuillier inocula avec le sang d'un
mouton mort de charbon inoculé, le 29 mai, à cinq heures du
matin, à l'École royale vétérinaire de Berlin :

Six brebis (nᵒ 200, 160, 118 et trois brebis non numérotées),
ainsi que les agneaux 1, 4, 10, 5, 9, 11, du lot inoculé le 10 et le
20 mai ;

En outre, trois brebis-mères et trois agneaux des animaux
témoins désignés par un trou dans l'oreille droite.

Ensuite on inocula avec le liquide virulent envoyé de Paris par
M. Pasteur, et qui avait aussi servi à inoculer le mouton de
l'École vétérinaire de Berlin :

Six brebis mères (nᵒˢ 191, 190, 43, 128), et deux brebis non
numérotées ; ainsi que les agneaux 2, 3, 6, 7, 8, 12, du lot vacciné
le 10 et le 20 mai ; ainsi que trois brebis et trois agneaux munis
d'un trou à l'oreille droite (du lot témoin) ; en outre les trois bêtes
à cornes susmentionnées.

L'inoculation se fit de telle façon qu'alternativement deux moutons vaccinés et un mouton témoin reçurent du liquide virulent provenant de la même seringue.

Chez les moutons, le lieu d'insertion fut la face interne de la
cuisse gauche ; chez les bœufs, le côté gauche du cou. La quantité
de liquide inoculé fut d'un huitième de centimètre cube pour les
moutons et de un quart de centimètre cube pour les bœufs.

M. Thuillier et M. Œmler nous communiquèrent que le 27 mai,
vers onze heures du matin, une des brebis vaccinées à Borschütz
(lot des cent vingt-huit brebis et cent vingt-trois agneaux) le 10 et
le 20 mai, avait succombé. L'autopsie fut faite dans l'après-midi
du 28 mai. M. Thuillier déclare que la putréfaction du cadavre
était trop avancée pour qu'on pût se prononcer nettement sur la
cause de la mort. M. Œmler est d'avis que la brebis est morte du
charbon et il communiquera le protocole d'autopsie.

Les trente-six moutons inoculés aujourd'hui resteront divisés en
deux lots, dans le hangar mentionné. Les places occupées par les

animaux d'expérience n'avaient pas servi antérieurement à loger
des moutons.

Lu et approuvé,

Signé : L. THUILLIER, F.-D. RUYTER, ŒMLER ;

MULLER,

chargé de la rédaction du présent Rapport.

VII

Rédigé à Packisch, le 1er juin 1882.

Le soussigné, professeur Müller, trouva présents aujourd'hui :

M. Thuillier, de Paris ;

M. le propriétaire Rüyter, de Plotha ;

M. le vétérinaire départemental Œmler, de Merseburg.

MM. Thuillier et Œmler déclarent que tous les douze animaux,
à l'oreille percée, inoculés le 30 mai avec le sang charbonneux
ainsi qu'avec le liquide de culture virulent envoyé de Paris, étaient
morts.

Le premier décès eut lieu hier dans l'après-midi, vingt-cinq
heures après l'inoculation ; jusqu'au soir d'hier, neuf autres sont
morts ; et trois dans la nuit d'hier à aujourd'hui.

Aujourd'hui, entre midi et une heure, est mort l'agneau n° 1,
vacciné le 10 mai et le 20 mai ; il avait reçu avant-hier dans le
tissu cellulaire sous-cutané un huitième de centimètre cube de
sang charbonneux.

L'autopsie de ce susdit agneau et de deux des animaux témoins
morts dans la nuit, ainsi que l'examen microscopique du sang,
montra sans laisser aucun doute que :

Les animaux témoins et l'agneau vacciné n° 1 avaient succombé
au charbon.

Les vingt-quatre moutons vaccinés, auxquels, le 30 mai, on a
injecté du sang charbonneux ou de la culture charbonneuse de

Paris, ne présentaient, ni hier, ni aujourd'hui, aucun symptôme morbide. Leur température rectale oscillait entre 38°,2 et 42°,4 centigrades. L'agneau n° 1 présentait hier 41°,5, et ce matin 39°,4. Il mourut subitement, sans symptômes bien accusés.

Les vingt-trois autres moutons se montrèrent parfaitement bien portants, si l'on fait abstraction de l'élévation de température observée chez quelques-uns et encore constatable.

Les bêtes à cornes inoculées le 30 mai dernier, à l'aide de la culture virulente envoyée de Paris (n°s 4, 8, 12), ne présentèrent ni symptôme morbide ni élévation de température, et aujourd'hui encore elles sont parfaitement bien portantes.

Les cadavres des moutons morts ont été rendus inoffensifs par la cuisson à l'aide de vapeur d'eau bouillante.

M. le vétérinaire départemental Œmler restera encore ici jusqu'au soir du 2 juin pour veiller à la désinfection des hangars ayant servi aux animaux d'expérience.

Les mesures de désinfection ont été convenues avec M. Œmler. Ce dernier s'entendra, à cet égard, avec le vétérinaire Kœpke, de Mühlberg, également présent. Celui-ci nous renseignera, dans un rapport ultérieur, sur les mesures de désinfection qui ont été prises.

Lu et approuvé,

Signé : L. Thuillier, Ruyter, Œmler ;

Muller,

chargé de la rédaction du présent Procès-verbal.

Ainsi, dans cette nouvelle expérience, cent vingt-huit brebis et cent vingt-trois agneaux, soit un total de deux cent cinquante et un moutons, ont subi les deux inoculations préventives. Une brebis est morte à la suite du deuxième vaccin. Même dans le cas où elle serait morte du charbon, ce qui n'est pas absolument démontré, on voit que nous sommes loin de la mortalité qui avait sévi dans la première expérience et qui était de trois sur vingt-cinq.

Douze brebis et douze agneaux vaccinés du lot précédent ont été inoculés, moitié par du sang charbonneux virulent et moitié par du virus virulent envoyé du laboratoire de M. Pasteur. Un agneau a succombé au charbon. Quant aux douze témoins non vaccinés, ils ont succombé très rapidement en totalité.

Qu'un jeune agneau vacciné n'ait pu supporter l'action du sang virulent, il n'y a là rien qui doive nous étonner. Il faut au contraire s'attendre à rencontrer quelquefois de ces particularités. Ce qui doit nous étonner, c'est de ne pas les rencontrer plus souvent, car il ne faut pas oublier que dans toutes les expériences qui portent sur la vie, il y a de nombreuses inconnues qu'on ne parviendra probablement jamais à dégager complètement (1).

(1) Une communication de M. Müller nous a appris qu'un second agneau vacciné a également succombé quatorze jours après l'inoculation virulente.

CHAPITRE XXIV

EXPÉRIENCES D'ITALIE

Les expériences d'Autriche-Hongrie et celles d'Allemagne sont les seules qui aient été dirigées par un collaborateur de M. Pasteur. Elles parurent suffisantes pour établir définitivement que la vaccination charbonneuse pouvait être pratiquée sur les diverses races de moutons que l'on trouve en Europe et dans le monde entier.

Dans quelques autres pays des expériences publiques eurent lieu avec des vaccins envoyés par le laboratoire de M. Pasteur; les opérations furent faites par des vétérinaires plus ou moins habiles dans la pratique de la vaccination. Parmi ces dernières citons celles de Turin entreprise par M. Perroncito, professeur distingué de l'École vétérinaire de cette ville, venu auparavant à Paris pour s'initier à la pratique de nos inoculations.

Voici le résumé exact des expériences de M. Perroncito :

Le 14 janvier 1882, à Mongreno, dans une ferme appartenant au docteur Giuseppe Rizzetti, huit moutons, trois chèvres et deux bovidés reçurent la première vaccination qui n'entraîna aucune maladie. La deuxième vaccination eut lieu le 26 janvier et ne causa qu'une légère fièvre chez les animaux; ils conservèrent leur appétit. M. Pasteur ayant reconnu à cette époque que le vaccin employé était un peu faible, et craignant que, dans ce pays où la vaccination était pratiquée pour la première fois, on ne pût obtenir un résultat aussi complet que celui que l'on était en droit d'espérer, conseilla à M. Perroncito d'effectuer une troisième vaccination avec un deuxième vaccin un peu plus fort. Cette troisième inoculation eut lieu le 7 février, elle n'exerça aucun effet apparent sur l'état sanitaire des animaux.

Le 1er mars, eut lieu l'épreuve publique dans une ferme voisine de Turin et appartenant à M. Giusiana. Ces expériences eurent lieu en présence d'une commission nommée par le préfet de la province et composée de : MM. Car. Domenico Vallada, directeur de l'École vétérinaire (M. Vallada donna sa démission le 4 mars et fut remplacé par le vétérinaire en chef Car. Carlo Coscia); Car. dott. Flaminio Dionisio ; et Car. dott. Deniamino Carenzi, membres du conseil sanitaire de la province ; dott. Caretto, vétérinaire à Strambino.

Le virus virulent fut inoculé à vingt animaux, dont dix vaccinés, savoir : un taurillon, une génisse, six moutons, deux chèvres ; et dix non vaccinés, savoir : huit moutons et deux veaux.

Quatre moutons furent conservés au milieu des autres et ne reçurent aucune inoculation. Les moutons, chèvres et bœuf vaccinés supportèrent impunément l'effet du virus virulent. Cinq des moutons non vaccinés moururent en moins de quarante-deux heures ; un autre, après cinquante-trois heures, et un septième qui avait été inoculé avec des spores de bactéridies, ne succomba qu'après quatre-vingt-sept heures. Enfin le huitième mouton survécut après avoir eu une fièvre charbonneuse très intense. Chez les deux veaux non vaccinés il se déclara, vingt-quatre heures après l'inoculation, une fièvre si violente que bientôt leur température s'éleva jusqu'à 41°,9. L'un mourut du charbon après six jours : l'autre succomba plus tard à un œdème produit par l'opération. Les quatre moutons témoins, bien que vivant dans la même étable et exposés à la contagion, ne furent nullement atteints.

Cette expérience, dont le succès eut un grand retentissement, fut faite sous les auspices du comice agricole de la province. Immédiatement après, beaucoup de vétérinaires italiens se livrèrent à des essais analogues; malheureusement ils étaient peut-être moins habiles dans la pratique de l'opération et les résultats qu'ils obtinrent, quoique satisfaisants en général, n'eurent pas la netteté de ceux de M. Perroncito. Les causes des accidents survenus ne sont pas faciles à préciser, d'autant plus que les documents détaillés sur la façon dont les expériences furent conduites font défaut. Parmi les causes d'erreur, il en est une que je crois devoir signaler ; elle a été commise par M. Bassi, collègue de M. Perroncito à l'École vétérinaire de Turin.

Dans une première expérience, faite à l'École vétérinaire de Turin, on inocula trois chevaux, deux bœufs, un bouc et cinq moutons, tous préalablement vaccinés; et six brebis, deux bœufs et deux chevaux, qui n'avaient pas reçu l'inoculation préventive et devaient servir de témoins. Parmi les animaux vaccinés, un cheval, un bouc et cinq moutons moururent: deux chevaux et deux bœufs ne furent même pas malades. Quant aux bêtes non vaccinées, toutes succombèrent, à l'exception d'un cheval et d'un bœuf chez qui se développa, au point d'inoculation, un œdème assez considérable. Cette épreuve était donc défavorable à la vaccination et elle surprit beaucoup M. Pasteur, qui ne tarda pas à découvrir la cause de l'insuccès. Il apprit, en effet, que les inoculations avaient été faites avec le sang d'un mouton atteint du charbon spontané et dont la mort remontait à plus de vingt-quatre heures. Or, d'après les expériences de M. Pasteur, au bout de ce temps le sang du cadavre des animaux charbonneux ne renferme pas seulement la bactéridie charbonneuse, mais aussi le vibrion septique. Aussi M. Pasteur n'hésita-t-il pas à attribuer à cette dernière action, à la virulence septique, l'insuccès apparent de M. le professeur Bassi.

Peu confiant dans les explications données par M. Pasteur et voulant en contrôler l'exactitude, M. Bassi entreprit une nouvelle expérience en se plaçant dans des conditions favorables. Quatorze moutons, trois bovidés et deux chevaux furent vaccinés une première fois, le 20 avril 1882, et une deuxième fois le 5 mai; dans l'intervalle, un mouton était mort de métrite septique. Les inoculations de contrôle eurent lieu le 28 mai. On inocula:

1° Avec une culture non atténuée, envoyée du laboratoire de M. Pasteur:

Six moutons, deux bêtes bovines, un cheval, tous vaccinés; et quatre moutons, deux bovidés, non vaccinés.

Quatre moutons et un bœuf non vaccinés moururent à la suite de l'inoculation. Sur l'autre bœuf se développa une forte tumeur qui disparut peu à peu.

Tous les animaux vaccinés n'éprouvèrent aucun symptôme de maladie.

2° Avec le sang pris deux heures et demie ou trois heures auparavant sur un bœuf mort du charbon:

Six moutons, deux bœufs, un cheval, vaccinés ; et quatre moutons, deux bœufs, deux chevaux, non vaccinés.

Parmi les vaccinés deux moutons moururent après deux et six jours.

Parmi les non vaccinés, trois moutons moururent après quarante-huit heures ; un, après cinquante-six heures ; un bœuf après trois jours ; un cheval après sept jours ; l'autre cheval après neuf jours. Enfin un bœuf survécut à une violente fièvre charbonneuse.

On voit que le résultat de cette deuxième expérience ne présente aucune analogie avec la première. On peut même dire que cette dernière expérience a pleinement réussi, malgré la mort de deux moutons inoculés par le sang et sur laquelle je reviendrai tout à l'heure.

M. le professeur Bassi résume ainsi le résultat de l'ensemble de ses recherches :

I. Les vaccinations pastoriennes peuvent être pratiquées sans danger sur les moutons, bœufs et chevaux.

II. Les fièvres de réaction après la première et après la deuxième vaccination sont minimes et de courte durée ; pourtant celle qui suit la deuxième inoculation préventive est plus forte.

III. Du sang sans élément septique, recueilli sur le cadavre d'un bœuf ou d'un mouton mort du charbon inoculé, *tua neuf animaux sur vingt vaccinés ; et quinze sur dix-huit non vaccinés.*

IV. Les brebis possèdent la plus faible, et les bœufs la plus forte puissance de résistance aux inoculations du sang charbonneux ; celui-ci ne tue que la moitié des bœufs non vaccinés.

V. Le virus charbonneux non atténué du laboratoire Pasteur *ne tua que les moutons non vaccinés.*

Ces conclusions sont loin d'être exactes ; elles ont tout au moins besoin d'explications. M. Bassi, qui aurait dû être convaincu à la suite de sa deuxième expérience de l'erreur commise dans la première, n'en tient cependant aucun compte ; et, pour arriver à établir une forte proportion d'animaux vaccinés morts à la suite de l'inoculation virulente, l'honorable professeur fait entrer en ligne de compte les résultats obtenus dans sa première expérience, qui est défectueuse, et ceux que lui a fournis la seconde, effectuée dans les conditions normales. La proposition III devrait être basée seulement sur la deuxième expérience, et être ainsi formulée :

Du sang sans élément septique, recueilli sur le cadavre d'un bœuf mort du charbon inoculé, tua : deux animaux vaccinés sur neuf; et sept bêtes non vaccinées sur huit. En outre, il faut remarquer que les deux animaux vaccinés qui ont succombé, sont des moutons, et M. Bassi n'indique pas la dose de sang inoculé ; enfin l'animal non vacciné qui a survécu est un bœuf.

La proposition V est, elle aussi, erronée, puisque, sur deux bœufs, un est mort à la suite de l'inoculation du virus non atténué du laboratoire Pasteur, l'autre a survécu.

Si la traduction qui me fournit ces résultats, est exacte (tirage à part des *Archiv für Wissensch. und prakt. Thierheilkunde. —* B. VIII — H. 6. — 1882), il ne me paraît pas douteux que M. le professeur Bassi n'a pas voulu se rendre à l'évidence, malgré le succès de sa seconde expérience.

CHAPITRE XXV

EXPÉRIENCES DE BELGIQUE

Arrivons maintenant aux expériences plus récentes qui ont été effectuées en Belgique par un membre de la Commission, qui, à l'exemple de M. Perroncito, était venu à Paris pour s'exercer à la pratique de l'opération.

Voici l'analyse du rapport des expériences faites en Belgique :

Au mois de mai 1882, une commission composée de membres de la Société de médecine vétérinaire de Liège et du Conseil administratif de la section agricole de Herve-Aubel-Fléron, se constitua dans le but d'organiser des expériences de vaccination charbonneuse, d'après la méthode de M. Pasteur. Trois exploitations agricoles contiguës, sises à *Elvaux-Herve*, et où le typhus charbonneux sévit de temps immémorial, furent choisies pour y instituer les expériences (1).

L'épreuve de la première vaccination fut fixée au 25 juin. Assistaient à l'opération : M. Cornet, membre de la députation permanente, délégué par M. le gouverneur de la province ; M. le greffier

---

(1) On avait adopté le programme suivant :

A. — 1° Dans la ferme de M. Dedye, composée de six vaches laitières de tout âge et de deux génisses, les sujets seront soumis à l'action des premier et deuxième vaccins, puis subiront l'inoculation critère avec du virus mortel. A côté d'eux seront tenues cinq génisses témoins, devant plus tard être directement inoculées avec du virus pur.

L'expérience portera également, dans cette exploitation, sur quatre moutons, dont deux auront été vaccinés, les deux autres servant de témoins.

2° Dans la ferme occupée par M. Cabay et composée de sept vaches laitières de tout âge, et de deux veaux de l'année, le bétail adulte seul sera vacciné.

3° Dans la métairie exploitée par le sieur Delhaes et qui compte dix vaches laitières de tout âge, trois d'entre elles seront vaccinées.

B. — Six mois après l'épreuve concluante, de nouvelles expériences seront

provincial; M. J. Neef, président de la Commission d'agriculture ; MM. Degive, Wehenkel et Courtoy, professeurs à l'École de médecine vétérinaire ; plusieurs vétérinaires et bon nombre de cultivateurs.

Dix-huit têtes de bovidés de tout âge, appartenant aux sieurs Dedye, Cabay et Delhaes, reçurent le premier vaccin, qui fut inséré par une piqûre pratiquée en arrière de l'épaule gauche. Une brebis et un mouton de race indigène, achetés par le Comité organisateur, furent également vaccinés à la face interne de la cuisse droite.

Cette première vaccination fut suivie d'un accident qui, du reste, ne peut lui être imputable. Une vache mourut le lendemain matin, et, à son autopsie, on constata les lésions caractéristiques de la fièvre charbonneuse, sans que toutefois aucune altération de tissu ait été observée au point inoculé. Cette mort est indépendante de la vaccination, car l'animal, au moment où celle-ci fut pratiquée, se trouvait sous le coup du charbon naturel, ainsi que les témoignages et les faits l'ont prouvé.

A part cette coïncidence malheureuse, et qui aurait pu être évitée, la première vaccination ne fut suivie d'aucun accident. Tous les sujets conservèrent leur gaieté et leur appétit ; chez aucun d'eux on ne put constater le moindre symptôme fébrile, ainsi qu'il résulte du tableau des températures.

La deuxième vaccination eut lieu, le 8 juillet, sur les animaux déjà inoculés le 25 juin. Elle fut pratiquée derrière l'épaule droite avec un liquide vaccinal bien moins inoffensif que le premier, car lorsqu'on l'insère d'emblée à des moutons, il amène la mort de ces animaux, dans la proportion de 50 pour 100 environ.

Cette deuxième vaccination ne fut suivie d'effets appréciables que sur trois sujets bovidés ; chez l'un on constata l'existence d'un œdème au membre antérieur droit ; chez un autre, engorgement au point d'inoculation, accompagné de boiterie ; chez le troisième,

instituées pour s'assurer si l'immunité conférée par la vaccination est toujours persistante.

C. — La même tentative sera renouvelée au bout d'un an.

D. — Des expériences seront faites pour démontrer la nocuité des lieux ayant servi à l'enfouissement des cadavres d'animaux charbonneux.

E. — Des recherches seront établies afin de prouver que le charbon du pays de Herve est d'essence parasitaire et de même nature que celui qui sévit dans la Brie et dans la Beauce.

grand abattement, respiration accélérée, température 42°,4 ; sécrétion laiteuse diminuée de moitié, appétit nul, poil piqué. Mais, peu de jours après, ces symptômes ont disparu et l'état sanitaire devient excellent.

Le samedi 22 juillet eurent lieu à Herve les expériences concluantes de la vaccination charbonneuse. Parmi les nombreux assistants, on remarquait : MM. O. Massart, membre de la députation permanente, délégué par M. le gouverneur ; Angenot, greffier provincial ; Léon d'Andrimont, représentant de Verviers ; Sagehomme, commissaire de l'arrondissement de Verviers ; Remy, délégué du Conseil provincial ; Dartois, Scheen, Nols et Hodeige, conseillers provinciaux ; Thiernesse et Wehenkel, délégués de M. le ministre de l'intérieur ; Siegen, délégué du gouvernement grand-ducal de Luxembourg ; J. Neef, président de la Commission provinciale d'agriculture et de la Société royale agricole de l'est de la Belgique ; Cajot-Lejeune, président de la section Herve-Aubel-Fléron ; Verlat et Dellicour, vice-présidents de cette dernière section ; Degive, professeur de clinique à l'École de médecine vétérinaire ; plusieurs bourgmestres et échevins ; M. le docteur Marvet, délégué de la Société médico-chirurgicale de Liège ; M. André, médecin vétérinaire, délégué de la Société de médecine de Charleroi ; plusieurs médecins et pharmaciens ; un grand nombre de vétérinaires, de propriétaires et de cultivateurs.

L'avant-veille, dans l'après-midi, M. Remy avait inoculé du virus charbonneux pur à quatre moutons. Deux de ces animaux avaient été vaccinés le 25 juin et le 8 juillet ; les deux autres n'avaient pas été soumis à cette pratique préventive. M. Remy avait également inoculé ce virus mortel à deux jeunes bovidés, tenus comme témoins depuis le début des expériences.

Au moment de la réunion, l'expérience avait déjà produit ses conséquences fatales : dès le vendredi, vers dix heures du soir, c'est-à-dire trente heures après l'inoculation, les deux brebis *non vaccinées* succombaient après avoir présenté les symptômes propres à la fièvre charbonneuse. A côté de ces victimes, on était très étonné de voir les deux autres moutons, pleins de vie et de santé, brouter l'herbe de la prairie, bien qu'ils eussent été soumis à la même épreuve expérimentale. La vaccination que ces derniers

avaient subie leur avait donc conféré l'*immunité*, autrement dit,
les avait garantis contre les atteintes du charbon inoculé.

D'ailleurs, pour convaincre quelques spectateurs incrédules,
l'autopsie fut faite par M. Braham; l'état du sang, de la rate et du
tube digestif prouva bien que ces brebis étaient victimes du charbon
qui leur avait été inoculé. En outre, l'examen microscopique du
sang de ces animaux, auquel procéda M. le professeur Wehenkel,
confirma les données autopsiques en y démontrant la présence de
bactéridies.

Après avoir vu et apprécié des résultats si concluants, les spectateurs furent invités à voir pratiquer l'inoculation très virulente,
d'où devait jaillir la preuve nouvelle de l'efficacité des vaccinations
préventives auxquelles le bétail de la ferme *Dedye* a été soumis les
25 juin et 8 juillet derniers. On sait que sept bêtes bovines de tout
âge y avaient été vaccinées; à côté d'elles, se trouvaient quatre
autres sujets témoins, et l'un de ceux-ci devait être conservé pour
servir à des expériences ultérieures.

Afin de rendre l'épreuve de l'inoculation plus comparative et
d'aller au-devant de toute critique, on convint que cinq bêtes vaccinées et deux sujets témoins seraient alternativement inoculés
avec le virus de M. Pasteur, et que les deux autres bêtes vaccinées
ainsi que le troisième sujet témoin seraient inoculés avec le sang
virulent recueilli sur les cadavres des brebis. M. Remy inocula
successivement les dix sujets dont il s'agit, et, pendant le cours de
cette opération, il expliqua à l'assistance tout ce qui se rattache au
procédé opératoire.

Pour compléter les démonstrations de cette intéressante séance,
il ne restait plus qu'à faire voir les deux bovidés témoins, inoculés
le jeudi, en même temps que les moutons, et à l'aide du virus dont
on s'était servi pour ces derniers. L'assemblée constate que ces
bovidés sont déjà très visiblement malades; aux points inoculés, on
remarque des engorgements œdémateux douloureux, et l'un d'eux
présente des symptômes généraux qui permettent d'entrevoir sa
mort très prochaine.

Après ces démonstrations, M. Remy invite les personnes présentes
à suivre chaque jour l'état sanitaire des animaux en expériences,
afin de s'assurer d'une part que les sujets vaccinés souffriront peu

des effets de l'inoculation, tandis que ceux qui n'ont pas reçu les bienfaits de cette pratique contracteront des engorgements volumineux, auront leur santé profondément altérée, et que, peut-être même, plusieurs d'entre eux finiront par succomber. Il annonce ensuite que la Commission organisatrice se réunira le mardi 24 courant, à trois heures de relevée, pour revoir les sujets opérés.

La plupart des assistants se sont ensuite rendus à l'exploitation de M. Cabay, où les sept bêtes bovines ont également subi les deux vaccinations; ensuite, ils ont visité la ferme de M. Delhaes, où trois des vaches ont également été soumises à la méthode préventive.

Le résultat de cette journée, dit le rapporteur, reste donc favorable à la belle découverte de M. Pasteur, et tout autorise à croire que l'expérience tentée sur le troupeau de M. Dedye ne fera que la confirmer plus complètement encore.

Cette intéressante séance fut clôturée, à l'hôtel de ville, par un banquet organisé par les soins du Bureau de la section agricole de Herve-Aubel-Fléron, et auquel prirent part toutes les personnes qui avaient assisté aux expériences. L'assemblée acclama une adresse de félicitations et de remerciements à M. Pasteur : elle lui fut immédiatement transmise par voie télégraphique.

Il restait à connaître les observations recueillies tant sur les sujets vaccinés que sur les sujets témoins, depuis le jour des inoculations virulentes.

Les bovidés et les ovidés vaccinés ne présentèrent rien d'anormal dans leur état sanitaire. Tous conservèrent leur gaieté et leur appétit. Deux d'entre eux seulement présentèrent, au point d'inoculation, un léger engorgement qui resta sans influence sur l'état général. Et même, ce qui est digne de remarque, la sécrétion du lait des vaches ne fut nullement influencée par l'opération.

Mais les choses se passèrent tout autrement pour les sujets bovidés témoins. Le sujet n° 1 succomba soixante-seize heures après l'inoculation. L'autopsie démontra les lésions viscérales très accentuées et caractéristiques de la maladie charbonneuse, et on constata dans le sang la présence de nombreuses bactéridies. La génisse n° 2 ne témoigna qu'une indisposition de courte durée. Les sujets n°ˢ 3 et 4, inoculés avec du virus Pasteur, ainsi que le numéro 5, inoculé avec du sang virulent fourni par les brebis, furent assez grièvement et assez longtemps malades ; toutefois, le 4 août, ils étaient revenus à un état sanitaire rassurant. Mais, pour retrouver leur état de santé primitif, il leur fallut encore un certain temps.

« Quand on constate, dit le rapporteur, les terribles effets produits par l'infection bactéridienne chez ces sujets témoins, alors qu'à côté d'eux les animaux vaccinés restent complètement réfractaires à un virus aussi actif, on est bien forcé de rendre hommage à la grande découverte de M. Pasteur. »

La première partie du programme arrêté par le Comité organisateur des expériences de vaccination charbonneuse de Herve était donc exécutée. Il y aura lieu, six mois après, de renouveler ces essais, afin de s'assurer de la durée de l'*immunité* conférée aux animaux vaccinés (1).

(1) Cette expérience a eu lieu le 9 janvier 1883. — En voici la relation d'après le *Journal de la Société royale agricole de l'Est de la Belgique :*
« Le 9 janvier, a eu lieu, à Herve, une expérience de contrôle dont les résultats viennent mettre en pleine lumière la valeur préventive de la méthode de M. Pasteur. Il s'agissait en effet de constater si l'innocuité conférée aux animaux avait une durée d'au moins six mois. Pour faire cette importante vérification, la Commission avait réservé deux génisses vaccinées les 24 juin et 8 juillet 1882. Ces deux sujets avaient supporté sans aucune manifestation appréciable, l'inoculation critère du 22 juillet, faite avec le sang virulent recueilli sur les cadavres des moutons morts du charbon. Inoculés, cette fois, avec du virus mortel, cultivé par M. Pasteur, ces animaux sont parfaitement restés réfractaires ; car, en dehors d'un très léger engorgement au point d'insertion du liquide virulent et qui s'est résolu au bout de huit jours, on n'a remarqué aucun signe d'indisposition ; ce qui démontre, à la dernière évidence, que ces sujets continuent, même après six mois, à jouir de l'immunité contre les atteintes du charbon.

CHAPITRE XXVI

On voit que les essais ont pleinement réussi en Belgique.

Afin qu'on ne puisse pas m'accuser de partialité dans le choix de mes documents, je veux encore signaler quelques autres essais faits à l'étranger. Ils vont d'ailleurs nous permettre d'indiquer quelques-unes des causes de non réussite complète de ces essais, comme nous avons déjà eu l'occasion de le faire pour M. le professeur Bassi, de Turin.

Les expériences de M. le professeur Guillebeau, à Berne, ont porté sur trois moutons, un bœuf d'un an et plusieurs lapins. Après avoir constaté que le bœuf et les moutons avaient bien supporté la première et la seconde inoculation, l'auteur s'exprime ainsi (1) :

« Le sang recueilli d'un lapin mort du charbon fut additionné avec 6 pour 100 d'eau salée. Le liquide ainsi préparé, dans lequel on pouvait voir des bactéridies charbonneuses, fut inoculé à un mouton vacciné et à deux lapins semblables à la dose de 0^{gr},05 à 0^{gr},1. — Les lapins moururent bientôt du charbon. Le mouton eut une forte fièvre, qui persista quatre jours. Mais lorsque nous injectâmes à un mouton déjà inoculé 0^{gr},25 de sang encore fluide d'un lapin mort du charbon, le mouton, trente heures après cette injection beaucoup trop forte, n'était plus qu'un cadavre. Nous avions amené nos moutons d'expérience au point qu'ils supportaient de petites doses de germes infectieux non atténués, tandis que des doses plus fortes les tuaient. »

Après une inoculation effectuée le 28 avril 1882 avec du virus

(1) *Schweizerischss Archiv für Thierh und Thierz*, 1882. p. 129

Pasteur non atténué, le bœuf ne montra aucun symptôme morbide ; chez les moutons survint une fièvre légère d'un jour. Le 30 mai, on fit aux animaux d'expérience, ainsi qu'à un mouton de contrôle non encore inoculé, quelques entailles dans la peau, et dans les blessures on déposa de la pulpe de rate d'un lapin mort du charbon. Le mouton de contrôle mourut du charbon ; trente-six heures après, les moutons vaccinés restèrent complètement bien portants, tandis que ceux-ci montrèrent trois jours durant une fièvre assez forte après qu'on leur eut injecté, le 8 juin, $0^{gr},25$ de sang charbonneux fluide d'un lapin.

M. Guillebeau ajoute :

« Ces moutons seraient encore maintenant vraisemblablement susceptibles de mourir du charbon si on leur inoculait de 1 à 2 décilitres de sang charbonneux frais, tandis que déjà après la seconde inoculation ils peuvent prendre sans accident les germes de la maladie à la dose où ils se trouvent naturellement dans la nourriture. »

On voit que M. le professeur Guillebeau a porté la question sur un terrain où elle n'avait pas encore été placée. Après avoir reconnu que les deux inoculations préventives suffisent pour préserver les animaux contre une petite quantité de virus virulent, ce qui est le fait annoncé par M. Pasteur, M. Guillebeau montre que ces animaux peuvent succomber à l'inoculation d'une grande quantité de virus. C'est là un fait intéressant, sans doute, mais qui ne doit en rien nous étonner. Il est probable que si l'on inoculait la variole à doses massives à des personnes vaccinées, un certain nombre d'entre elles, sinon toutes, contracteraient la maladie, et cependant personne ne songerait à dire que la vaccination jennérienne ne préserve pas de la variole. Ce qu'il faut chercher à réaliser, ce n'est pas de préserver les animaux contre des causes artificielles quelconques de contagion, mais bien de les préserver contre les causes de contagion naturelle. Les expériences de M. le professeur Guillebeau ne sont donc qu'une confirmation de celles de M. Pasteur ; cependant elles nous montrent comment, en ne suivant pas exactement les indications qui ont été données, on peut arriver à des résultats en apparence négatifs. Il est possible que les deux moutons morts dans la seconde expérience de M. le professeur

Bassi aient succombé, eux aussi, à l'inoculation d'une trop grande quantité de sang charbonneux.

Le docteur Klein, en Angleterre, a tenté également des expériences de vaccination charbonneuse. Elles n'ont pas eu de succès.

« Les résultats de ces expériences, dit le docteur Klein (*British medical Journal*, 7 octobre 1882, p. 692), conduisent à dire : (*a*) les animaux inoculés avec ce vaccin (1ᵉʳ et 2ᵉ) ne sont pas prémunis contre le charbon, et (*b*) ces deux vaccins (1ᵉʳ et 2ᵉ) sont capables de donner le charbon mortel.

» Les faits suivants prouvent ces propositions :

» Expériences avec le lot A. Sont inoculés avec le premier vaccin deux moutons, deux cobayes et deux souris. Pas de changement chez aucun des animaux. Ces deux moutons et ces deux cobayes sont inoculés avec le deuxième vaccin ; un des moutons montre une élévation de température et refuse la nourriture deux jours après la deuxième inoculation ; trois jours après tout allait bien. Les deux cobayes étaient morts du charbon type après quarante-huit heures. Les autres souris furent inoculées avec le sang des cobayes, toutes les quatre moururent du charbon type au bout de quarante-huit heures.

» Les deux moutons qui avaient reçu le premier et le deuxième vaccin auraient dû être rendus réfractaires au charbon.

» Or voilà ce qui arriva. Selon M. Pasteur, le bacillus anthracis du sang d'un animal mort du charbon, cultivé à 42 ou 43 degrés pendant douze jours, perd toute virulence et est converti en vaccin. J'ai cultivé le bacillus du sang d'un cochon d'Inde mort du charbon à une température de 42 à 43 degrés pendant vingt et un jours et avec cette culture j'ai inoculé les deux moutons ci-dessus. Le résultat a été que les deux animaux sont morts du charbon type en quarante-huit heures.

» Expériences avec le lot B. Sont inoculés avec le premier vaccin, quatre cochons d'Inde et six souris. En quarante-huit heures trois des cochons d'Inde et trois des souris moururent du charbon type. La méthode employée pour l'inoculation exclut absolument tout accident de contamination et ce qui en découle doit être accepté comme exact. »

Le docteur Klein conclut :

« Le charbon étant relativement rare en Angleterre, l'inoculation de ce qu'on appelle vaccin charbonneux me paraît dangereuse et capable de produire d'incalculables accidents. »

Ainsi voilà un expérimentateur très habile, habitué aux recherches scientifiques, qui n'hésite pas, après avoir fait un si petit nombre d'essais, à formuler des conclusions sévères en opposition avec le grand nombre des résultats obtenus dans quantité d'autres pays.

Voyons si le docteur Klein avait le droit de tirer ces conclusions, Je n'insisterai pas sur la deuxième, savoir : les deux vaccins (1er et 2e) sont capables de donner le charbon mortel, attendu que les moutons ont supporté ces deux vaccins et que ce sont les cobayes et les souris qui ont succombé. Je ne puis croire que le docteur Klein ait pensé un seul instant pouvoir vacciner des cobayes et des souris avec les vaccins qui servent à vacciner les moutons. La simple lecture des Notes publiées par M. Pasteur l'aurait prévenu que des vaccins qui font périr de petits animaux n'en font pas périr de gros et ces Notes ne renferment pas un mot relativement à la vaccination des souris et des cobayes. Cette deuxième conclusion est donc sans valeur.

Quant à la première on est surpris de voir comment le docteur Klein a négligé de suivre les précautions les plus élémentaires pour obtenir le résultat annoncé par M. Pasteur et qu'il cherchait sans doute à obtenir aussi. En effet, après avoir inoculé les deux vaccins aux deux moutons, que devait-il faire ? inoculer ces deux animaux avec du virus virulent provenant d'une culture artificielle ou du sang frais d'un mouton mort spontanément du charbon. Or le docteur Klein fait une culture à 42-43 degrés, il laisse cette culture pendant vingt et un jours à l'étuve, puis l'inocule aux moutons qui meurent alors, d'après lui, du charbon type. Quel pouvait bien être le but du docteur Klein en laissant cette culture pendant vingt et un jours à 42-43 degrés ? Évidemment de transformer cette culture en vaccin. Mais alors pourquoi l'inoculation de ce nouveau vaccin aux moutons ? ce n'était pas pour s'assurer de leur immunité, puisque déjà ces moutons devaient être vaccinés. D'ailleurs, si la culture à 42-43 degrés avait été faite dans de bonnes conditions, non seulement elle n'aurait pas tué les moutons, mais elle aurait été incapable de tuer même des cobayes. Le docteur Klein a donc négligé d'appliquer ce principe fondamental dans les sciences d'expérimentation d'après lequel, pour s'assurer de l'exactitude d'une expérience annoncée par un auteur, il faut s'astreindre à la répéter dans les mêmes conditions.

Maintenant pourquoi la culture à 42-43 degrés s'est-elle montrée si virulente après vingt et un jours ? Il est possible que des organismes étrangers provenant d'une impureté se soient développés dans cette culture et aient amené la mort des moutons, mais comment concilier cette hypothèse avec ce fait que les animaux, d'après le docteur Klein, ont succombé au charbon type ? Peut-être les bactéridies vaccinales se sont-elles développées dans le corps des moutons à la faveur de la maladie provoquée par les impuretés. Ce n'est là qu'une hypothèse. Pour discuter rigoureusement une telle expérience en contradiction avec tant de faits bien observés il faudrait en connaître tous les détails et le docteur Klein ne les a pas publiés.

Quoi qu'il en soit, les conclusions du docteur Klein ne sauraient être admises. Avant de tenter d'infirmer les résultats si nombreux obtenus soit en France, soit à l'étranger, il faut que le docteur Klein se place dans les mêmes conditions que ceux qui les ont obtenus. Ensuite il pourra rechercher les causes d'erreur commises par les expérimentateurs qui ont obtenu des résultats positifs, alors qu'il n'obtenait que des résultats négatifs.

De l'ensemble des résultats obtenus tant en France qu'à l'étranger sur les vaccinations, il me paraît évident que tous les expérimentateurs qui voudront s'assurer désormais de l'efficacité de la vaccination charbonneuse et qui ne réussiront pas dans leurs tentatives, ne pourront incriminer la méthode Pasteur ; c'est dans leur mode opératoire qu'ils devront rechercher les motifs de leur échec. Il se peut qu'un expérimentateur, quel que soit son mérite, se livrant à un contrôle nouveau, soit de la vaccination charbonneuse, soit de l'atténuation de la bactéridie par la méthode Pasteur, n'aboutisse à aucune conclusion certaine ; c'est à lui, dans l'état actuel de la science, de rechercher et de trouver la raison de son échec.

Lorsqu'on veut, je le répète, contrôler des expériences qui ont été faites dans certaines conditions bien déterminées, il est indispensable de suivre rigoureusement les indications précises qui ont servi de guide dans les premières. Si l'on s'écarte de cette voie, on se place dans des cas nouveaux, on tombe dans des recherches distinctes et originales qui peuvent avoir leur importance, mais qui ne sauraient être opposées à celles que l'on se proposait de vérifier.

CHAPITRE XXVII

MORTALITÉ RÉSULTANT DE LA VACCINATION
SUR LES ESPÈCES OVINE, BOVINE ET ÉQUINE

Dans les rapports qui précèdent, on a vu que, dans certaines expériences, quelques moutons ont succombé à la suite de l'inoculation du premier ou du deuxième vaccin. Quelquefois, comme dans la première expérience faite en Allemagne, il a été bien constaté que ces animaux avaient succombé au charbon; d'autres fois, comme dans les expériences de Nevers et de Kapuwar, ils paraissent avoir succombé à la septicémie. Néanmoins, au point de vue pratique, les cultivateurs, qui ne voient que la mortalité, sans s'occuper de la cause qui l'a produite, seraient peut-être tentés d'attribuer tous les cas de mort au vaccin lui-même, et hésiteraient à faire pratiquer la vaccination sur leurs animaux. Je comprends ces hésitations et, pour ne pas entrer dans des distinctions qui pourraient paraître subtiles à quelques-uns de mes lecteurs, je prendrai en bloc les cas de mort survenus pendant la vaccination jusque dix jours après la deuxième inoculation, c'est-à-dire jusqu'au moment où la vaccination est complète. Cependant, s'il est prouvé que les moutons meurent d'une maladie bien déterminée, de cachexie, par exemple, il est évident qu'on ne peut pas incriminer le vaccin. Ce serait vraiment vouloir nuire à la pratique des vaccinations que d'attribuer tous les cas de mortalité possibles aux effets du vaccin.

C'est ainsi, par exemple, qu'en Autriche, un membre de la Commission des expériences de Kapuwar a écrit que la vaccination faisait périr 12 pour 100 des moutons. Voici comment il arrive à ce chiffre. Parmi les cinquante moutons vaccinés, il en est mort six à la suite de la deuxième inoculation, ce qui fait bien 12 pour

100 ; mais aussi, parmi les deux cent soixante-sept vaccinés en même temps dans le troupeau, dix seulement ont succombé, ce qui fait pour ce troupeau une proportion de 3,7 pour 100. Comment ne pas être frappé par cette différence? Elle ne peut être expliquée que par un accident survenu pendant l'opération. Je suis même porté à croire que la mortalité n'a été si considérable parmi les cinquante premiers que parce que ces moutons, comme le fait remarquer M. Thuillier, avaient été choisis parmi les plus mauvais, les plus faibles des vingt mille moutons du domaine. Dans tous les cas, dire que la mortalité a été de 12 pour 100 sans expliquer la cause de la mort et sans faire remarquer que, dans le troupeau vacciné en même temps, la mortalité a été beaucoup plus faible, me paraît être une affirmation trop absolue. Je dois ajouter que ce troupeau était sous le coup du charbon spontané et que deux moutons avaient succombé entre la première et la deuxième vaccination.

Or, ainsi qu'on a pu le voir dans l'expérience d'Artenay, dans ce cas, les animaux continuent à mourir jusqu'à ce que la vaccination soit complète, c'est-à-dire jusque dix ou douze jours après la seconde inoculation. Il est donc probable que quelques animaux ont succombé au charbon spontané.

Mais je ne veux pas insister sur ces critiques. Je veux faire simplement une statistique portant sur les animaux vaccinés en France et ayant pour but de montrer que la mortalité moyenne résultant de la vaccination est à peu près insignifiante. Tous les chiffres que je vais citer nous ont été communiqués par MM. les vétérinaires ou les cultivateurs eux-mêmes. Ils ne sauraient donc être contestés.

Année 1881.

A la suite de l'expérience de Pouilly-le-Fort, un grand nombre de cultivateurs n'ont pas hésité à faire vacciner leurs animaux en tout ou en partie. Pendant l'été de l'année 1881, M. Pasteur, voulant juger plus sûrement de l'effet produit, conseilla de ne vacciner que la moitié environ de chaque troupeau, l'autre moitié devant servir de témoin. C'est ce qui fut fait, sauf chez quelques cultivateurs, qui insistèrent pour faire vacciner totalement leurs animaux.

Pendant les mois de juin, juillet et août, il fut ainsi vacciné, par

les soins des collaborateurs de M. Pasteur et par quelques vétérinaires initiés par eux, trente-deux mille cinq cent cinquante moutons, répartis dans cent trente-huit troupeaux. Les témoins,
constamment mêlés aux vaccinés et soumis identiquement aux mêmes
conditions de régime, étaient au nombre de vingt-cinq mille cent
soixante. Quelques troupeaux étaient déjà atteints de la maladie
spontanée au moment de l'inoculation. D'autres, non atteints,
furent vaccinés préventivement. Parmi ces derniers, on en trouve
quarante-cinq formant un total de dix mille cinq cents moutons qui
n'ont pas éprouvé un seul cas de mortalité, soit pendant la vaccination, soit dans les mois qui ont suivi. Ce premier fait montre clairement le peu de danger de la vaccination.

Dans les autres troupeaux, la mortalité a continué, comme nous
l'avons vu dans l'expérience d'Artenay. On trouve que :

Cent quatre-vingt-quatorze moutons *vaccinés* sont morts entre la première
et la deuxième inoculation, soit un sur cent quatre-vingt-dix-sept.

Quatre-vingt-sept moutons *vaccinés* sont morts depuis la deuxième inoculation jusque dix jours après, soit un sur trois cent soixante-
quinze.

La perte totale sur les *vaccinés*, depuis la première inoculation
jusque dix jours après la deuxième, est donc de deux cent quatre-
vingt-un, soit un sur cent seize.

Cent vingt moutons *non vaccinés* sont morts entre la première et la
deuxième inoculation, soit un sur deux cent huit.

Cinquante moutons *non vaccinés* sont morts, depuis la deuxième
inoculation jusque dix jours après, soit un sur cinq cents.

La perte totale sur les *non vaccinés*, depuis la première inoculation
jusque dix jours après la deuxième, est donc de cent soixante-dix,
soit un sur cent quarante-sept.

Ainsi, il est mort un mouton sur cent seize parmi les vaccinés,
et un sur cent quarante-sept parmi les non vaccinés, ce qui fait
une mortalité un peu plus forte sur les vaccinés.

Si la mortalité sur les vaccinés avait été la même que sur les
non vaccinés, il serait mort deux cent vingt moutons. Il en est
mort deux cent quatre-vingt-un. La vaccination a donc amené la
mort de soixante et un moutons, soit un sur cinq cent trente-trois

environ. Ainsi un sur cinq cent trente-trois, voilà la seule mortalité qui puisse être imputée à la vaccination pour les moutons.

Pendant le même temps, il a été vacciné mille deux cent cinquante-quatre bœufs ou vaches chez cinquante-cinq cultivateurs. Huit cent quatre-vingt-huit ont été conservés comme témoins. Il n'est pas mort un seul animal vacciné pendant la vaccination ; il en est mort trois parmi les non vaccinés.

Cent quarante-deux chevaux ont été vaccinés chez vingt-trois cultivateurs, et quatre-vingt-un ont été conservés comme témoins. Un cheval vacciné est mort pendant la vaccination ; il est mort de septicémie et non du charbon, ainsi que le vétérinaire qui avait pratiqué l'opération, M. Bouvard, de Pithiviers, s'en est assuré. Pas de mort sur les témoins.

La pratique des vaccinations pendant l'année 1881 établit donc nettement le peu de danger que présente l'opération.

Année 1882.

Pendant l'année 1882, il a été vacciné trois cent quarante-huit mille huit cent soixante-dix moutons, quarante-sept mille huit cent dix-sept bœufs ou vaches, et deux mille trois cent vingt-cinq chevaux. Mais, pour cette année, il n'est pas possible de faire, comme dans l'année précédente, la part qui peut être attribuée à la vaccination dans le chiffre total de la mortalité et la part qui revient au charbon spontané. Tous les cultivateurs, en effet, ou presque tous, convaincus par les résultats obtenus l'année précédente, firent vacciner complètement leurs animaux. La seule chose que nous puissions faire, c'est de donner la mortalité après la première vaccination et jusque dix jours après la deuxième. Les rapports de MM. les vétérinaires ou cultivateurs, demandés au 1er janvier 1883, ne nous sont pas encore tous parvenus. D'après les rapports que nous avons en ce moment (20 janvier), il résulte que sur cent cinquante-cinq mille cent cinquante-trois moutons vaccinés, il en est mort quatre cent vingt et un après la première inoculation, soit un sur trois cent soixante-huit, et cinq cent vingt-six depuis la deuxième jusque dix jours après, soit un sur deux cent quatre-vingt-quatorze. La perte totale pendant la période de la vaccination est donc de $421 + 526 = 947$, soit un sur cent soixante-quatre environ.

Or la perte totale sur les vaccinés dans l'année précédente était de un sur cent seize. Il en résulte que la perte totale pour l'année 1882 est inférieure à celle de 1881 et par suite, en faisant la part de la mortalité qui a dû se produire par la maladie spontanée, la perte résultant du fait de la vaccination est inférieure à un sur cinq cent trente-trois. La différence en faveur de 1882 doit être imputée en grande partie à ce que dans les troupeaux vaccinés, il y en avait une plus forte proportion que dans l'année 1881, qui n'étaient pas sous le coup du charbon spontané. La plupart des vaccinations ont, en effet, été faites au printemps, au moment où le charbon spontané ne règne pas en général.

Sur quatorze mille sept cent soixante-neuf bœufs ou vaches vaccinés, il en est mort douze après la première inoculation, et quatre dans les dix jours qui ont suivi la deuxième, ce qui fait un total de seize pendant la vaccination complète, soit un sur neuf cent vingt-trois.

Enfin, sur neuf cent soixante-deux chevaux, aucun n'est mort après la première inoculation, six sont morts après la seconde, ce qui fait une proportion de un sur cent soixante. On voit que la mortalité sur les chevaux a été relativement considérable. Nous avons même été si frappés de cette mortalité que, à un moment donné, nous avons suspendu tout envoi de vaccin pour ces animaux. Nous verrons plus loin à quoi il faut attribuer ces accidents et comment nous avons pu y remédier.

Quoi qu'il en soit, si nous tenons compte des cas de charbon spontané qui ont pu et dû se produire pendant la période totale de la vaccination en 1882, nous voyons que, cette année encore, les résultats sont très satisfaisants.

Et cependant c'était la première année où la pratique des vaccinations se faisait sur une grande échelle. MM. les vétérinaires étaient plus ou moins au courant du *Manuel opératoire* nous avons rencontré nous-mêmes dans la fabrication des vaccins des difficultés auxquelles nous n'étions pas préparés ; eh bien, malgré ces conditions défavorables, nous voyons que le résultat obtenu est très bon, meilleur même que nous ne l'avions espéré à la suite de quelques accidents qui nous avaient été signalés. Il ne nous paraît pas douteux maintenant que dans peu de temps la vaccination charbonneuse devienne tout à fait générale. Peut-être même deviendra-t-elle obligatoire.

Tous les chiffres que je viens de citer s'appliquent à la France seulement. A l'étranger, il a été expédié trente-six mille huit cent trente doses de vaccin pour les moutons, et six mille cent soixante-neuf pour les bœufs, vaches ou chevaux. Les pays qui viennent en première ligne pour ces expéditions sont l'Autriche-Hongrie (vingt-deux mille trente-sept moutons et douze cents bœufs), l'Italie (deux mille six cent dix-huit moutons et trois mille sept cent quatre-vingt-quatorze bœufs), l'Allemagne (mille six cents moutons et quatre cents bœufs), etc. Presque tous les pays du monde ont demandé des vaccins, mais nous n'avons pas de renseignements détaillés sur la mortalité produite par la vaccination. Beaucoup, d'ailleurs, de ces vaccins ont servi à faire des essais. Mais cet empressement des différents peuples est d'un bon augure pour la diffusion générale de la pratique des vaccinations.

CHAPITRE XXVIII

PREUVES DE L'EFFICACITÉ DE LA VACCINATION
CHARBONNEUSE CONTRE LA MALADIE SPONTANÉE

Il ne suffisait pas d'établir que la vaccination charbonneuse est à peu près sans danger pour les animaux sur lesquels on la pratique, il fallait démontrer aussi que les animaux vaccinés sont ensuite mis à l'abri de la maladie spontanée.

Des expériences que nous avons faites à Chartres en 1878, il résulte que les moutons succombent moins facilement à l'ingestion des spores charbonneuses qu'à l'inoculation directe de ces spores dans le tissu cellulaire sous-cutané. La raison de ce fait doit être attribuée, à notre avis, à ce que dans la maladie spontanée l'inoculation se fait par quelques spores seulement, tandis que dans l'inoculation sous la peau on introduit toujours une quantité relativement grande de virus. Il était donc à prévoir que les animaux résisteraient mieux et plus facilement aux causes de contagion naturelle qu'aux effets des inoculations artificielles. Mais il fallait vérifier ces vues préconçues en notant soigneusement ce qui arriverait, dans la pratique, sur les animaux vaccinés et sur les animaux non vaccinés, ces animaux vivant ensemble et étant, par conséquent, soumis aux mêmes causes de contagion.

Les résultats des vaccinations faites pendant l'année 1881 sont, à cet égard, tout à fait démonstratifs.

Nous avons vu que trente-deux mille cinq cent cinquante moutons répartis dans cent trente-huit troupeaux avaient été vaccinés et vingt-cinq mille cent soixante conservés comme témoins. Les rapports sur les mortalités nous ont été transmis au commencement du mois de novembre 1881.

Depuis la fin des vaccinations jusqu'au commencement du mois de novembre, il est mort quarante-quatre moutons du charbon parmi les vaccinés, ce qui fait une mortalité de un sur sept cent quarante.

Dans le même temps il est mort trois cent vingt moutons parmi les non vaccinés, ce qui fait une proportion de un sur soixante-dix-huit.

La mortalité a donc été environ dix fois plus faible sur les vaccinés que sur les non vaccinés.

Ces chiffres, je le répète, résultent des rapports qui nous ont été transmis par MM. les vétérinaires ou les cultivateurs.

Si la mortalité avait été la même sur les vaccinés que sur les non vaccinés, il aurait dû mourir parmi les premiers quatre cent treize moutons. Il en est mort quarante-quatre. La vaccination en a donc préservé trois cent soixante-neuf. Mais cette même vaccination a amené pendant qu'on la pratiquait une légère mortalité, qui est de soixante et un moutons d'après les chiffres donnés précédemment. La vaccination a donc préservé réellement de la mort trois cent huit moutons.

Ce chiffre n'est pas très considérable, mais il faut tenir compte de ce qu'il s'applique à une période de deux mois seulement après la vaccination et aussi de ce que la mortalité par le charbon a été faible pendant cette année 1881. Dans beaucoup de troupeaux, en effet, nous relevons une mortalité de un, deux ou trois parmi les non vaccinés et de un ou deux parmi les vaccinés. Autant dire que ces troupeaux n'ont pas été frappés par le charbon et il n'y a rien à conclure relativement à ceux-là. Pour mieux saisir l'effet produit par la vaccination il faut prendre les troupeaux sur lesquels la mortalité a sévi d'une façon sensible. Voici un tableau (p. 257) de quinze troupeaux pris parmi les cent trente-huit et dans lesquels la maladie spontanée a fait le plus de ravages.

On voit que sur ces quinze troupeaux, presque tous frappés du charbon au moment de la vaccination, la mortalité s'est arrêtée complètement sur les vaccinés, tandis qu'elle a continué sur les non vaccinés. Quelle meilleure preuve donner de l'efficacité de la vaccination !

Les pertes sur les deux mille huit cent soixante-sept moutons

MORTALITÉ avant la VACCINATION	NOMS DES CULTIVATEURS	NOMBRE D'ANIMAUX		PERTES pendant la vaccination		PERTES depuis la vaccination jusqu'au commencement de novembre	
		vaccinés	non vaccinés	sur les vaccinés	sur les non vaccinés	sur les vaccinés	sur les non vaccinés
80	Boucher	186	214	9	9	»	9
30	Breton	176	59	10	3	»	5
91	Beaufort	400	150	12	11	»	7
46	Connay-Vassot	140	140	»	1	»	14
16	Demeney	150	200	1	6	»	7
40	Delaire, Ernest	200	230	1	6	»	15
90	Fanielle	232	118	11	8	»	9
»	Gatté	250	250	2	»	»	12
32	Jannaire	386	130	3	2	»	10
60	Macquin, Léopold	607	250	1	1	»	8
23	Martin, Ad.	225	225	»	3	»	7
35	Popot	200	225	2	7	»	12
17	Perrin Vᵉ	225	96	5	»	»	7
17	Simon	180	80	1	3	»	7
12	Thirouin, Charles	106	500	»	»	»	12
589	TOTAL	3.663	2.867	58	60	»	141

non vaccinés sont de cent quarante et un moutons ou un sur vingt environ.

Les pertes sur les 3,663 vaccinés sont nulles ; elles auraient dû être de 180 moutons.

Du tableau précédent il ressort aussi un fait instructif. Pendant la vaccination la mortalité a été de 60 moutons sur les non vaccinés et de 58 sur les vaccinés. Toutes proportions gardées, il aurait dû mourir 77 moutons parmi les vaccinés. Il en résulte que la première vaccination a déjà préservé un certain nombre de moutons — une vingtaine environ. En effet, lorsqu'on décompose les pertes totales en pertes après la première inoculation et pertes après la deuxième, on trouve que, après la deuxième inoculation, il est mort 14 moutons vaccinés et 23 non vaccinés. Toutes proportions gardées, il aurait dû mourir 30 moutons vaccinés. La différence, soit 18 moutons, doit donc être attribuée aux effets produits par la première vaccination.

Vaches et bœufs. — En 1881, il y a eu 1,254 vaches vaccinées et 888 ont servi de témoins. Depuis la vaccination jusqu'au commencement de novembre, il est mort par le charbon une vache vaccinée et 10 vaches non vaccinées. Sans la vaccination il aurait dû mourir 14 vaches vaccinées. La mortalité sur les vaches vaccinées est donc 14 fois plus faible que sur les vaches non vaccinées.

Quant aux chevaux, aucune mortalité ne nous a été signalée, ni sur les vaccinés, ni sur les non vaccinés.

Année 1882.

Pendant l'année 1882, ainsi que je l'ai déjà dit, les troupeaux ont été vaccinés presque partout en totalité, de sorte qu'il est impossible de donner exactement le chiffre des animaux préservés par la vaccination. On ne peut que comparer la mortalité qui a sévi pendant cette année à la mortalité moyenne pendant les années précédentes.

Sur les 155,153 moutons vaccinés dont les rapports sont entre nos mains en ce moment, il est mort du charbon spontané 759 moutons, soit 1 sur 204 ou 0,5 pour 100. La mortalité pendant la vaccination a été de 947 moutons, soit 1 sur 164 ou 0,61 pour 100. La perte totale est donc de 1,11 pour 100.

Or la moyenne des pertes, dans les années précédentes, moyenne donnée dans les mêmes tableaux, est de 10 pour 100 environ. La vaccination aurait donc réduit la mortalité dans la proportion de 10 à 1,11.

Sur les 14,769 bœufs ou vaches vaccinés, 21 ont succombé au charbon spontané, soit 1 sur 703 ou 0,14 pour 100. La mortalité pendant la vaccination a été de 16 animaux, soit 1 sur 924 ou 0,10 pour 100. La perte totale est donc de 0,24 pour 100.

Or la moyenne des pertes dans les années précédentes était de 7 ou 8 pour 100. La vaccination a donc été très efficace sur les bovidés.

Sur les 962 chevaux vaccinés il en est mort deux à la suite des vaccinations. 6 avaient succombé pendant la vaccination. La mortalité totale a donc été de un sur cent vingt. Cette mortalité, dans les années précédentes, était en moyenne de 5 pour 100.

La comparaison que je viens de faire entre la mortalité qui a sévi sur les animaux vaccinés pendant l'année 1882 et pendant les années précédentes peut donner lieu à une objection capitale, savoir : que la mortalité naturelle par le charbon a été très faible cette année. Les adversaires de la vaccination pourraient en profiter pour affirmer que les bienfaits de la vaccination sont nuls ou du moins peu importants.

Heureusement, à notre insu, l'expérience que nous avions faite en 1881 a été répétée cette année par la Société vétérinaire d'Eure-et-Loir. Je ne saurais mieux faire que de reproduire textuellement le rapport qui a été présenté à cette Société par M. E. Boulet dans la séance du 29 octobre 1882. Ce rapport lève tous les doutes :

Le résumé des vaccinations pratiquées dans le département d'Eure-et-Loir, depuis les expériences de Pouilly-le-Fort et de Lambert, est très instructif.

Le nombre des moutons vaccinés depuis un an s'élève à 79,392 ; sur ces troupeaux, la moyenne de la perte annuelle depuis dix ans était de 7,237 soit 9,01 pour 100. Depuis la vaccination il n'est mort du charbon que 518 animaux, soit 0,65 pour 100. Il faut faire observer que cette année, probablement à cause de la grande humidité, la mortalité ne s'est élevée en Eure-et-Loir qu'à 3 pour 100. Les pertes auraient donc dû être de 2,382 au lieu de 518 après les vaccinations.

Dans les troupeaux qui ont été vaccinés en partie, nous avons 2,308 vaccinés et 1,659 non vaccinés ; la perte sur les premiers a été de 8, soit

0,4 pour 100; sur les seconds la mortalité s'est élevée à 60, ou 3,9 pour 100. Nous ferons remarquer que dans ces troupeaux, pris dans différents cantons du département, les moutons vaccinés et non vaccinés sont soumis aux mêmes conditions de sol, de logement, de nourriture, de température, et que, par conséquent, ils ont subi des influences totalement identiques.

Les vétérinaires d'Eure-et-Loir ont vacciné dans l'espèce bovine 4,562 animaux, sur lesquels on perdait annuellement 322 bêtes. Depuis la vaccination, il n'est mort que 11 vaches. La mortalité annuelle, qui était de 7,03 pour 100, descend à 0,24 pour 100.

Des engorgements généralement peu graves étant survenus après la vaccination du cheval, et la mortalité du charbon étant peu élevée, — 1,5 pour 100, — les vétérinaires n'ont pas cru prudent de faire cette vaccination sur une grande échelle. Il n'y eut que 524 chevaux vaccinés, dont 3 moururent entre les deux vaccinations.

Ce résultat nous paraît irréfutable; en présence de tels chiffres, il n'est plus permis de douter de l'efficacité de la vaccination charbonneuse.

La belle découverte de M. Pasteur doit nous inspirer confiance. Si nos cultivateurs beaucerons veulent bien comprendre leurs intérêts, les affections charbonneuses ne seront bientôt plus qu'un souvenir, parce que le charbon, le sang de rate et la pustule maligne ne sont jamais spontanés, et qu'en empêchant par la vaccination la mortalité de leur bétail, ils détruisent toutes causes de propagation du charbon, et, par conséquent, feront disparaître de la Beauce, en quelques années, cette redoutable affection.

E. Boutet,
Rapporteur.

Ce rapport montre que sur les animaux vaccinés il est mort 1 mouton sur 288 et sur les non vaccinés témoins soumis aux mêmes conditions 1 sur 27. La mortalité sur les vaccinés a donc été dix fois plus faible environ que sur les non vaccinés. C'est exactement le résultat que nous avions obtenu pendant l'année 1881.

CHAPITRE XXIX

Un point de la plus haute importance pour la pratique des vaccinations était de déterminer la durée pendant laquelle les animaux conservaient l'immunité. Aussi un grand nombre d'expériences furent-elles entreprises dans ce but; quelques-unes sont encore en voie d'exécution. Je vais passer en revue les différents résultats connus aujourd'hui.

Je commencerai par relater une expérience inédite, que nous avons faite à la ferme de la Faisanderie, à Joinville-le-Pont. Cette ferme, comme on le sait, dépend de l'État, et le troupeau de moutons qu'on y élève avait été mis gracieusement à la disposition de M. Pasteur par M. le Ministre de l'Agriculture. Il était indispensable de pouvoir opérer sur un grand nombre de moutons afin de donner aux résultats une signification plus décisive.

Nous nous proposions de déterminer le temps pendant lequel les animaux resteraient vaccinés dans les trois cas suivants :

1° Après avoir reçu le premier vaccin seulement ;

2° Après avoir reçu le premier et le deuxième vaccin, c'est-à-dire après la vaccination complète ;

3° Après avoir reçu le premier et le deuxième vaccin, ainsi que le virus virulent, c'est-à-dire après avoir été vaccinés au maximum.

Ces trois séries d'animaux furent désignées respectivement par les lettres A, B, C.

Les expériences commencèrent le 2 juin 1881, en présence de

MM. Bouley, membre de l'Institut, inspecteur général des Écoles vétérinaires, Goubaux, directeur de l'École d'Alfort, Nocard, professeur à cette École, et d'un grand nombre d'élèves de l'École d'Alfort.

225 moutons reçurent le premier vaccin. Le 5 juillet, 150 d'entre eux furent inoculés par le deuxième vaccin; les 75 restants composaient la série A. Le 20 juillet, 75 moutons pris parmi les 150 qui avaient reçu les deux vaccins, furent inoculés par le virus virulent : ceux-ci formèrent la série C, et les 75 restants, la série B.

Remarquons d'abord que les 75 moutons qui ont reçu le virus virulent, ont parfaitement résisté à cette inoculation; aucun d'eux ne succomba, tandis que 2 témoins moururent en moins de quarante-huit heures : ce fut là pour nous une démonstration, encore plus éclatante que celle de Pouilly, de l'efficacité de la vaccination charbonneuse.

Le 17 novembre, c'est-à-dire cinq mois après la première vaccination, 6 moutons de chacune des séries furent inoculés par le virus virulent. Pour ne pas me répéter dans les essais suivants, je dirai tout d'abord, et une fois pour toutes, que la virulence du liquide inoculé fut éprouvée chaque fois sur des témoins et les fit succomber rapidement.

Voici les résultats obtenus :

Série A : 2 morts le 17 ; les autres animaux sont malades, mais se guérissent ensuite.
Série B : Pas de morts; quelques moutons ont des élévations sensibles de température.
Série C : Pas de morts; les animaux n'ont pas paru être malades.

On procéda à un nouvel essai le 16 janvier 1882, c'est-à-dire sept mois après la première vaccination. On inocula, par le virus virulent, 12 moutons de la série A, 12 de la série B, 6 de la série C.

Résultat :

Série A : Un mort le 22 janvier ; les autres sont gravement malades, mais ils se rétablissent.
Série B : Un mort le 19 ; beaucoup, parmi les autres, ont des températures élevées.
Série C : Pas de morts ; les animaux ne sont pas sensiblement malades.

Un troisième essai eut lieu le 18 mars, neuf mois après la première vaccination. On inocula par le virus virulent 12 moutons de la série A, 12 de la série B, 6 de la série C.

Résultats :

Série A : 1 mort ; tous les autres sont gravement malades.
Série B : 1 mort ; les autres sont malades mais moins que ceux de la série A.
Série C : Aucun mort ; quelques élévations de température.

Cette expérience, qui malheureusement fut interrompue à ce moment, nous fournit de précieux renseignements. Nous voyons d'abord que le premier vaccin, à lui seul, a préservé beaucoup d'animaux, même neuf mois après, de l'inoculation virulente. Elle montre aussi quelle réserve il faut apporter à l'établissement des statistiques lorsqu'on opère sur un petit nombre de sujets. Ainsi, cinq mois après l'inoculation du premier vaccin, 2 animaux succombaient sur 6 inoculés. A ce moment on aurait été tenté de dire que le tiers des animaux avait perdu l'immunité, était, en un mot, *dévacciné*. Mais les essais faits après sept et neuf mois prouvent que, sur 12 animaux, 11 étaient encore vaccinés et un seul dévacciné. La proportion, qui aurait dû être plus faible, puisque le temps écoulé depuis la vaccination était plus long, est, au contraire, devenue moindre et s'est réduite à 1 sur 12, soit environ 8,33 pour 100. — 92 pour 100 des animaux étaient encore vaccinés.

On voit en outre que les animaux de la première série (A) sont moins bien vaccinés que ceux de la deuxième (B), qui, eux, ont reçu la vaccination complète. La différence est surtout sensible lorsqu'on compare les élévations constatées dans les températures de l'une et l'autre série.

Dans les animaux de la deuxième série, la vaccination s'est montrée complète après cinq mois ; et, après sept et neuf mois, elle était encore efficace dans la proportion de 11 sur 12, soit environ 92 pour 100.

Quant aux animaux de la troisième série (C), qui avaient été *vaccinés au maximum* (virus virulent compris), non seulement il n'y eut aucun cas de mort après cinq, sept et neuf mois, mais presque tous supportèrent l'inoculation sans en ressentir un effet appréciable ; chez quelques-uns seulement se manifesta une élévation de la température.

Il aurait été, sans contredit, important de poursuivre les essais ; mais à ce moment plusieurs Sociétés savantes, entre autres la Société d'agriculture de Melun, la Société centrale de médecine vétérinaire, etc., se livraient à des expériences publiques de même nature. Nous jugeâmes alors superflu d'exposer à la mort une partie du superbe troupeau de la ferme de la Faisanderie; et cette crainte nous détermina à abandonner nos études. Mais, malgré ces pertes possibles on doit regretter l'abandon de cette expérience, car elle pouvait nous donner des résultats touchant les effets produits par l'inoculation du premier vaccin seulement, résultats que nous ne trouverons plus dans les expériences faites par la Société d'agriculture de Melun, le Comice agricole de Chartres et la Société centrale de médecine vétérinaire, dont il me reste à analyser les rapports.

PREMIÈRE EXPÉRIENCE FAITE PAR LA SOCIÉTÉ D'AGRICULTURE DE MELUN

Rapporteur : M. ROSSIGNOL.

Le 26 janvier 1882, la Société d'agriculture de Melun donnait une belle fête en l'honneur de M. Pasteur, qui avait obtenu un si éclatant succès dans les expériences publiques de vaccination charbonneuse effectuées à Pouilly-le-Fort, aux mois de mai et juin 1881. On voulut consacrer ce grand événement par une médaille frappée à l'effigie du maître, à qui elle fut offerte en séance solennelle.

Cette fête de la science et de l'agriculture comportait dans son programme une série d'expériences d'inoculation destinées à donner une première mesure de la durée de l'immunité conférée par la nouvelle vaccination.

A cet effet, quatre lots de moutons avaient été mis à la disposition de M. Pasteur, par les soins de la Société d'agriculture.

Le premier lot comprenait sept animaux, dont six avaient été vaccinés à Pouilly-le-Fort, le 5 et le 17 mai 1881, et soumis le 31 mai à l'épreuve de l'inoculation très virulente. Le septième était un agneau âgé de six mois, né d'une mère vaccinée à Pouilly-le-Fort.

Le deuxième lot était composé de six moutons vaccinés, les 7 et 21 juillet 1881, chez M. Courcier, de Genouilly, maire de Crisenay. Deux de ces moutons étaient âgés de sept jours à l'époque de leur première vaccination.

Le troisième lot venait de chez M. Numa Froc, de la Ronce, maire de Moisenay. Il comptait également six animaux vaccinés, comme ceux du lot précédent, les 7 et 21 juillet 1881.

Le quatrième lot était composé de quatre moutons, vierges de toute vaccination et destinés à servir de témoins. D'après les prévisions de M. Pasteur, ces derniers animaux étaient condamnés à périr.

On avait distingué les animaux, selon les lots auxquels ils appartenaient, par des colliers de couleurs différentes. Les colliers du premier lot étaient rouges; ceux du second, blancs; ceux du troisième, jaunes: enfin ceux du quatrième, noirs.

Voici par quelles phases diverses ont passé les sujets d'expérience :

Le jeudi 26 janvier, les vingt-trois animaux qui formaient le total des quatre lots, ont reçu, à la face interne de la cuisse droite, une injection de virus très virulent; ensuite, ils ont été transportés à Pouilly-le-Fort, au *Clos-Pasteur*.

Dès le lendemain, 27 janvier, deux moutons appartenant à la catégorie des non vaccinés (colliers noirs), étaient malades.

Le samedi 28 janvier, les moutons reconnus malades la veille n'ont pas encore succombé, mais leur état s'est considérablement aggravé; les deux autres témoins (colliers noirs) sont également malades; ils refusent toute nourriture. Un cinquième mouton, appartenant au lot des colliers rouges (c'est l'agneau né d'une mère vaccinée et inoculée), est également très malade. Tous les autres sujets vont aussi bien que possible; rien dans leur habitude extérieure ne pourrait faire supposer qu'ils ont été soumis à la terrible épreuve de l'inoculation charbonneuse la plus violente.

Le dimanche 29 janvier on trouve, dans la matinée, deux moutons morts ; ce sont les témoins signalés comme malades depuis le 27 janvier. A neuf heures du matin, le même jour, l'agneau non vacciné, mais né d'une mère vaccinée et inoculée, meurt à son tour. L'autopsie en a été faite à trois heures du soir par M. Rossignol, en présence de MM. Rousseau, vétérinaire en premier à l'École d'application de Fontainebleau ; Ingrand, vétérinaire au 15ᵉ chasseurs ; Drouilly et Lenoir, vétérinaires au 1ᵉʳ chasseurs. Les lésions intestinales étaient peu accentuées, la rate seule avait un plus grand développement qu'à l'état normal ; mais, du côté de la cuisse inoculée, on remarquait un vaste œdème, l'infiltration du tissu cellulaire se prolongeait jusque dans les interstices musculaires les plus profonds, et sa couleur était d'un beau jaune citron, les muscles du plat de la cuisse étaient ramollis et décolorés ; çà et là se trouvaient quelques ecchymoses.

Les deux témoins encore malades accusaient, ce jour-là, une température de 42 degrés et 42°,5.

Sur trois autres moutons pris au hasard, un dans chaque lot des vaccinés, le thermomètre accusait également une élévation de température qui ne dépassait pas toutefois 40 degrés.

Le lundi 30 janvier, le témoin (collier noir) dont la température était montée la veille à 42°,5, est trouvé mort. Le quatrième et dernier témoin est toujours très malade, sa température est, comme la veille, à 42 degrés, rien ne fait prévoir qu'il succombera dans la journée. Tous les autres sujets continuent à jouir d'une excellente santé et surtout d'un bon appétit.

Le mardi 31 janvier, le dernier survivant des témoins finit par succomber dans la matinée. La situation sanitaire est toujours très bonne parmi les moutons vaccinés ; on peut assurer qu'ils triompheront de l'inoculation charbonneuse.

Le mercredi 1ᵉʳ février, quelques températures prises au hasard parmi les moutons qui ont résisté à l'intoxication bactéridienne, indiquent que tout est rentré dans l'ordre ; en effet, le thermomètre n'accuse plus que 38°,5, 38°,3, 38°,8 et 39 degrés.

Cette magnifique expérience est donc, pour M. Pasteur, un nou-

veau triomphe encore plus éclatant que les autres. Elle donne la
preuve que l'immunité dure au moins sept mois, et tout fait présumer que la vaccination fera sentir sa bienfaisante influence pendant au moins toute une année.

La mort de l'agneau, né d'une mère vaccinée et inoculée, semblerait prouver que la mère ne transmet pas à son produit l'immunité dont elle est pourvue, mais une seule expérience ne peut
autoriser une conclusion définitive ; il est bon d'attendre le résultat d'autres expériences ultérieures pour se prononcer formellement.

« Cette date du 26 janvier, dit M. Rossignol, marquera dans les
fastes de la Société d'agriculture de Melun. Tous les esprits sont
convaincus ; la victoire est éclatante. Il nous reste à souhaiter que
bientôt l'illustre savant, cette gloire de la patrie française, vienne
nous dire : Je puis triompher aussi bien de la rage et de la péri-
pneumonie que du sang de rate. Nous croirons tous aveuglément
en la parole du maître des maîtres. »

Ces expériences eurent lieu en présence d'une assistance nombreuse ; ce jour-là, en effet, était désigné pour une réunion générale de la Société d'agriculture de Melun ; aussi la plupart de ses
membres avaient-ils tenu à honneur de prouver par leur présence
à M. Pasteur quel prix ils attachaient à ses travaux.

La plupart des sociétés qui ont coopéré aux frais des expériences
de Pouilly-le-Fort y avaient envoyé des délégués. M. H. Bouley, de
l'Institut, inspecteur général des écoles vétérinaires de France,
représentait le ministère de l'Agriculture ; M. le professeur Nocard,
l'École d'Alfort ; M. Barral, la Société nationale d'agriculture de
France ; M. le marquis de Dampierre, la Société des agriculteurs
de France ; M. de Haut, le Comice agricole des arrondissements de
Melun, Provins et Fontainebleau ; M. de Moustier, la Société d'agriculture de Meaux ; M. Biot, de Pont-sur-Yonne, le Comice agricole
de l'arrondissement de Sens ; M. Grant, de Brienon, la Société
vétérinaire de l'Yonne ; M. E. Thierry, de Tonnerre, la Société médicale de l'Yonne ; MM. Cagnat, de Saint-Denis, et Rossignol, la
Société de médecine vétérinaire pratique ; mais, outre ces délégués, on remarquait la plupart des médecins de Melun et des vétérinaires des garnisons de Melun et Fontainebleau : MM. les doc-

teurs Gillet, Bancel, Masbrenier, Roy, Hans; MM. les vétérinaires militaires Drouilly, Lenord, Rousseau, Ingrand et Jaubard.

DEUXIÈME EXPÉRIENCE FAITE PAR LA SOCIÉTÉ
D'AGRICULTURE DE MELUN

Rapporteur : M. Rossignol.

Ces expériences ont été commencées le 15 juin 1882; un nombre considérable de personnes s'étaient rendues au *Clos-Pasteur*, où un parc avait été installé pour loger les sujets.

On installe dans ce parc :

1° *Cinq moutons* qui avaient déjà servi aux expériences de Pouilly-le-Fort; les moutons avaient été, par conséquent, vaccinés et inoculés en 1881; ce lot se composait d'un bélier n° 1, d'un bélier n° 2, d'une brebis southdown, d'un mouton berrichon et d'une brebis berrichonne;

2° *Cinq moutons* provenant de chez M. Froc, de la Ronce, et portant comme marque distinctive un collier blanc, avec les numéros 1, 2, 3, 4 et 5. Ces moutons avaient été vaccinés en juillet 1881;

3° *Cinq moutons* pris chez M. Courcier, de Genouilly, vaccinés les mêmes jours que ceux de M. Froc et portant, comme marque distinctive, un collier rouge, avec les numéros 1, 2, 3, 4 et 5;

4° *Quatre moutons* non vaccinés, achetés chez M. Bourdin, de Courceaux, et destinés à servir de témoins. Leur marque distinctive était un collier noir, avec les numéros 1, 2, 3 et 4.

A deux heures, M. Roux injecte à la face interne de la cuisse gauche des dix-neuf moutons en question, le virus très virulent.

Le lendemain, 16 juin, à deux heures du soir, c'est-à-dire vingt-quatre heures après l'inoculation virulente, les quatre témoins paraissent sérieusement malades; les températures prises sur chacun d'eux sont :

N° 1, 39°,8; n° 2, 40 degrés; n° 3, 40°,2; n° 4, 40°,5.

Un mouton, pris au hasard dans les trois autres lots vaccinés, donne les températures suivantes :

Bélier n° 1, du premier lot, 40 degrés.

Collier blanc n° 2, 39°,7.

Collier rouge n° 3, 39 degrés.

A sept heures et demie du soir, un mouton du lot des colliers noirs meurt, c'est le n° 4. A huit heures et demie, un second succombe, c'est le n° 2. Les deux autres sont très malades. Le 17, un troisième est trouvé mort à quatre heures du matin, il portait le numéro 3; enfin, le n° 1, c'est-à-dire le dernier, périt à quatre heures du soir.

Si l'on se reporte à l'expérience faite dans le même but, le 25 janvier dernier, on est de suite frappé de l'activité plus grande du virus employé dans les dernières expériences, ces derniers témoins ont été en quelque sorte foudroyés. En effet, on voit cette année, en juin, les deux premiers témoins mourir en vingt-neuf et trente heures, tandis qu'en janvier le virus n'a fait sentir ses effets meurtriers qu'au bout de trois jours; cette rapidité dans les résultats tient, à n'en pas douter, dit M. Rossignol, à l'élévation de la température.

L'homme préposé à la surveillance des animaux signale, vers les cinq heures du soir, la grosse brebis berrichonne du lot des *vaccinés* et *inoculés* de Pouilly, comme très malade; la température s'élève à 41 degrés; aussi considère-t-on cette bête comme perdue; en effet, elle meurt à six heures et demie du soir. Un des béliers du même lot, le n° 1, paraît assez malade.

Le lendemain et les jours suivants, MM. Rossignol et Garrouste prennent la température de toutes les bêtes, et rédigent, jour par jour, le bulletin sanitaire des sujets d'expérience. Ce bulletin établit que plusieurs moutons vaccinés ont paru malades, mais aucun n'a succombé. En somme, un seul mouton vacciné est mort; il faisait partie du lot de Pouilly.

Ce résultat, ajoute M. Rossignol, est vraiment merveilleux. Le 26 janvier, tous les moutons *vaccinés* qui avaient été soumis à l'épreuve de l'inoculation virulente en avaient triomphé; le 15 juin, un an après la vaccination, cette opération les garantit encore dans l'énorme proportion de 80 pour 100. Les plus difficiles peuvent donc se tenir pour satisfaits, car, dans la pratique, les animaux seront protégés, on peut le dire sans exagérer, dans la proportion de 100 pour 100; en effet, dans les conditions ordinaires, les choses sont loin de se passer comme à Pouilly-le-Fort.

Jamais un troupeau tout entier n'est exposé à une contagion directe. Prenons comme exemple un troupeau composé de cinq cents bêtes; avant de le faire vacciner, son propriétaire perdait, je suppose, cinquante sujets par an, soit 10 pour 100, qui se contagionnaient spontanément; c'est à ces cinquante moutons surtout que profitera la vaccination; ce sont eux seuls qui, ayant été soumis à une contagion directe, seront protégés dans l'énorme proportion de 80 pour 100; aussi est-on en droit de dire que même après une année la vaccination exerce encore toute son influence.

Nos cultivateurs, surtout ceux dont le bétail est aux prises avec le sang de rate d'une façon permanente, n'ont donc qu'à prendre désormais la précaution de faire vacciner leurs troupeaux tous les ans; et il est présumable que l'emploi de cette mesure prophylactique, pendant cinq ou six années consécutives, amènera chez eux la disparition complète du charbon.

Tout en m'associant aux conclusions du rapport de M. Rossignol, je dois faire remarquer que ce rapport est inexact sur un point. En effet, quinze moutons vaccinés avaient été soumis à l'action du virus virulent. Ils se décomposaient ainsi : cinq provenant des expériences de Pouilly-le-Fort et qui avaient subi les deux vaccins et le virus virulent; cinq provenant de chez M. Froc, et cinq de chez M. Courcier. Ces dix derniers n'avaient subi que l'action de la vaccination. Or, par une de ces anomalies bizarres que l'on ne saurait expliquer, un seul mouton est mort et ce mouton provient du premier lot, c'est-à-dire de celui où les animaux avaient reçu les deux vaccins, puis le virus virulent, et qui auraient dû être mieux vaccinés que les dix derniers.

M. Rossignol aurait dû terminer son rapport en disant :

Dix moutons qui avaient été vaccinés depuis près de onze mois ont supporté, sans périr, l'inoculation virulente.

Cinq moutons vaccinés au maximum depuis plus d'un an sont encore vaccinés dans l'énorme proportion de 80 pour 100.

D'après le rapport de M. Rossignol, le chiffre de 80 pour 100 paraît s'appliquer aux trois lots de moutons, tandis qu'en réalité il ne s'applique qu'au premier.

EXPÉRIENCES FAITES PAR LE COMICE AGRICOLE
DE L'ARRONDISSEMENT DE CHARTRES

Une première expérience eut lieu le 16 mai 1882, sur douze moutons pris dans un troupeau vacciné les 2 et 16 août 1881. Ces animaux étaient donc vaccinés depuis neuf mois. On inocula à chacun d'eux *une demi-seringue de Pravaz* de sang ou de sérosité provenant d'un mouton mort spontanément du sang de rate depuis trois heures. Sur ces douze moutons,

1	mourut	48	heures après l'inoculation,
1	—	49	—	—
1	—	53	—	—
1	—	60	—	—
1	—	120	—	—

soit, au total, cinq morts sur douze.

Cette mortalité est évidemment considérable. Mais on avait inoculé une demi-seringue de sang charbonneux, c'est-à-dire des milliards de bactéridies. Ce n'était pas là assurément se placer dans les conditions normales, et lorsque M. Pasteur connut ce détail, il s'empressa de répondre à M. Boutet que non seulement cette mortalité ne l'étonnait pas, mais qu'il était surpris de voir que sept moutons sur douze avaient pu supporter, après neuf mois de vaccination, une telle dose de sang virulent.

Voici le résultat de nouvelles expériences faites dans de meilleures conditions, au mois de septembre 1882, d'après un rapport de M. Boutet (extrait de l'*Union agricole d'Eure-et-Loir*, n° du 14 septembre 1882).

Les nouvelles expériences du Comice agricole de l'arrondissement de Chartres, relatives à la durée de l'immunité acquise aux
animaux par la vaccination pastorienne, ont été reprises le samedi
9 septembre 1882, à une heure de l'après-midi.

Elles ont été effectuées à Luce, près Chartres, dans une ferme
momentanément privée de bétail, appartenant à M. Rabinel, qui
l'avait gracieusement mise à la disposition de la Commission.

Les anciennes expériences entreprises, le 16 mai dernier, à la
ferme de Houdouenne, commune de Ver-les-Chartres, chez M. Chal-
let, avaient consisté dans l'injection sous-cutanée, en dedans de la
cuisse, de la moitié d'une seringue Pravaz ordinaire, c'est-à-dire
d'un demi-centimètre cube de sang charbonneux par chaque bête.

C'était une inoculation à doses massives. L'inoculation, cette fois,
s'est bornée à l'introduction sous la peau, et à la face interne de la
cuisse, de deux gouttes seulement de sang charbonneux recueilli
sur un mouton mort dans la nuit, chez M. Thirouin, cultivateur à
Chennevelle, canton d'Auneau, et elle a porté :

1° Sur douze moutons vaccinés depuis treize mois, marqués à la
croupe d'un numéro 1 ;

2° Sur douze moutons vaccinés depuis huit mois et demi, marqués à la croupe d'un numéro 2 ;

3° Sur douze moutons vaccinés depuis quatre mois et demi, marqués à la croupe d'un numéro 3 ;

4° Sur dix moutons vaccinés depuis trois mois, marqués à la
croupe d'un numéro 4 ;

5° Enfin, sur huit moutons témoins absolument vierges de toute
vaccination préventive ;

Soit donc sur un total de cinquante-quatre bêtes.

Le dimanche matin, 10, tous les animaux sont malades, sans
appétit, et, à sept heures du soir, six témoins et un mouton
n° 3 sont morts.

Le lundi 11, à neuf heures et demie, les deux derniers témoins
ont succombé et, avec eux, trois moutons n° 1 et deux moutons
n° 3.

Le mardi 12, c'est le tour d'un mouton n° 4.

Enfin, le mercredi 13, à neuf heures et demie, un mouton
n° 1, deux moutons n° 2 et un mouton n° 4 viennent encore

augmenter le nombre des victimes, qui s'élève, le mercredi, à sept heures du soir, au chiffre total de dix-neuf bêtes.

Les quinze premiers moutons morts ont été ouverts successivement le mardi 12, à dix heures du matin, et les quatre autres, le mercredi 13, à la même heure.

Ils ont tous, de l'avis unanime de la Commission, succombé au charbon.

En résumé :

Sur 12 moutons vaccinés depuis 13 mois   il en est mort 4 soit 33 0/0
  — 12 —   —   —   8 — 1/2   —   2 — 17 0/0
  — 12 —   —   —   4 — 1/2   —   3 — 25 0/0
  — 10 —   —   —   3 —   —   2 — 20 0/0
  — 8 — non vaccinés   —   8 — 100 0/0

Ces résultats, pris dans leur ensemble, nous permettent de conclure que, même après huit et treize mois, les moutons sont encore vaccinés en très grande majorité. Mais un fait nous frappe, c'est que la progression des animaux *dévaccinés* ne va pas régulièrement en décroissant avec le temps. Ainsi les moutons vaccinés depuis trois mois et quatre mois et demi ont éprouvé une mortalité plus forte que ceux vaccinés depuis huit mois et demi. Cette différence doit tenir à ce qu'on établit la proportion sur un nombre de moutons trop petit pour avoir des résultats comparables. Qu'un mouton succombe en plus ou en moins dans un lot, et immédiatement le tant pour 100 se trouve considérablement changé. Il a dû se passer là quelque chose d'analogue à ce que nous avons observé dans notre expérience de la ferme de la Faisanderie, sur les moutons qui n'avaient reçu qu'un seul vaccin et où, après cinq mois, il était mort deux moutons sur six, tandis que, après sept et neuf mois, il n'en était mort que un sur douze. Il est possible également que, suivant les conditions dans lesquelles se trouve placé un troupeau, en particulier suivant la nourriture à laquelle il est soumis, ce troupeau perde plus rapidement l'immunité qu'un autre troupeau soumis à un régime différent.

Enfin, la mortalité générale, plus grande qu'à Pouilly-le-Fort, peut être attribuée aussi à ce que le sang charbonneux frais se montre souvent plus virulent que les cultures artificielles.

Passons maintenant aux expériences faites par la Société centrale de médecine vétérinaire.

PREMIÈRE EXPÉRIENCE FAITE PAR LA SOCIÉTÉ CENTRALE DE MÉDECINE VÉTÉRINAIRE

Rapporteur : M. LEBLANC.

Dans la séance de la *Société centrale de médecine vétérinaire* du 22 décembre 1881, M. Leblanc, rapporteur de la Commission du charbon, composée de MM. Bouley, Cagny, Leblanc, Pasteur et Trasbot, a lu son rapport, dont voici un extrait :

Le 25 juin, sur la demande du fermier, M. Gatté, de Rozières, MM. Chamberland et Roux, collaborateurs de M. Pasteur, se rendirent à Rozières avec deux membres de la Commission, MM. Cagny et Leblanc. Étaient présents : MM. Roboüam, Congis, Abert, Méthion, médecins vétérinaires ; M. Martin, président de la Société d'agriculture de Senlis, et plusieurs cultivateurs voisins. Le troupeau de M. Gatté fut partagé en deux parties ; deux cent cinquante moutons et deux béliers furent inoculés avec le virus du premier degré ; un nombre égal d'animaux resta non inoculé ; et, pour éviter toute erreur, les premiers furent marqués au milieu de l'oreille avec un emporte-pièce. Sur douze vaches formant la population bovine, six furent inoculées, ainsi que le taureau ; on prit les signalements de chacun d'eux.

Le 26 juin, à midi, un antenais vacciné mourut ; le 27, un agneau blanc de huit mois succomba également à neuf heures du matin. M. Roboüam, qui a vu les animaux tous les jours, affirme qu'ils ont présenté les symptômes et les lésions de la fièvre charbonneuse ; une des vaches parut malade, mais elle se remit rapidement ; jusqu'au 8 juillet, il n'y eut aucune perte.

Ce jour avait été fixé pour la deuxième vaccination ; elle eut lieu en présence et par les soins des deux membres de votre Commis-

sion, ainsi que de MM. Chamberland et Roux ; il n'y eut aucune mort
à la suite de cette opération. Le troupeau fut remis dans les champs
réputés non dangereux ; et pendant la période du 11 juillet au
15 août, un seul agneau non vacciné fut atteint du charbon.

Le 15 août 1880, sur notre demande et, bien entendu, à nos
risques et périls, le troupeau de M. Gatté fut conduit sur le champ
réputé le plus dangereux. On ne pouvait faire séjourner le troupeau sur ce champ sans que le charbon apparût au bout de quelques jours ; nous allions en avoir bientôt un exemple frappant. Dès
le 23, un agneau non vacciné meurt ; du 23 au 27 août, trois autres
succombent ; le 28, un cinquième périt ; puis, le 29, une brebis a
le même sort. Aucun des six animaux n'avait été vacciné. Avec le
sang du premier mort, le fermier inocule un agneau vacciné, qui
reste indemne. Pour les besoins de la culture, on dut faire enlever
le troupeau du champ le 29 août : il n'était donc resté que quatorze
jours ; et, sur deux cent cinquante animaux non vaccinés, six avaient
succombé ; deux autres agneaux moururent le 30 et le 31. Puis,
avec l'émigration sur d'autres parties de la ferme, toujours jugées
peu dangereuses, toute mortalité cessa.

Depuis cette époque, les pertes ont été nulles ; et, du reste, il en a
été de même, non seulement à Rozières, mais encore aux environs.

Cette expérience, faite une des premières, confirmait d'une manière éclatante la découverte de notre illustre collègue, M. Pasteur ; elle prouve que sa méthode de vaccination, sans amener de
pertes ou n'en amenant qu'exceptionnellement, conférait l'immunité aux animaux vaccinés. L'année 1881 avait été peu dangereuse,
et la mortalité par le charbon avait été presque partout peu accentuée. Nous avons dû, pour bien constater la différence existant au
point de vue de la préservation entre la moitié du troupeau vacciné et celle qui ne l'était pas, placer les animaux dans des conditions spéciales ; le résultat a été frappant, d'un côté *huit* morts sur
deux cent cinquante non vaccinés, et cela dans une période de
quinze jours ; de l'autre, absence complète de perte. D'autres expériences ont été faites, mais aucune n'est plus probante ; et, si nous
avons préféré suivre notre voie jusqu'à la fin, sans faire de publication exagérée, je pense que la Société nous donnera son appro-
bation.

Il restait à résoudre une importante question, celle de savoir si l'immunité durait longtemps. Comme nos inoculations remontaient au 25 juin, nous avons, d'accord avec M. Pasteur, résolu d'inoculer avec du sang charbonneux un certain nombre des animaux vaccinés le 25 juin et le 8 juillet.

Le 5 décembre 1881, soit cinq mois après la vaccination, MM. Pasteur, Roux, Leblanc, Cagny fils, se sont rendus à Rozières; et, en présence de MM. Cagny père et Roboüam, ont procédé à l'expérience suivante :

Avec du sang provenant d'un cobaye charbonneux apporté par M. Roux et ouvert devant nous tous, on a inoculé :

1° Six moutons non vaccinés;

2° Six moutons vaccinés le 25 juin;

3° Six brebis vaccinées le 25 juin;

4° Trois agneaux, âgés de trois semaines, provenant de brebis vaccinées le 25 juin;

5° Un veau, provenant d'une vache vaccinée le 25 juin;

6° Un veau, provenant d'une vache nouvellement achetée et par suite non vaccinée.

Le 7 décembre, dans la journée, un mouton non vacciné meurt. Le 7 au soir, un second; dans la nuit du 7 au 8, trois; le dernier, le 9 au matin. Les six brebis vaccinées n'ont présenté aucun symptôme de malaise; la fièvre a passé inaperçue et, du reste, leurs agneaux n'ont pas été malades, ce qui n'eût pas manqué de se produire si le lait avait été altéré.

Sur les six moutons vaccinés, quatre n'ont rien présenté d'anormal; les deux autres ont eu un engorgement du membre inoculé avec claudication accentuée, chez l'un d'eux l'appétit s'est conservé. Puis, ils ont recouvré la santé. Les trois agneaux ont eu, le 8, une fièvre assez forte et ils ont perdu l'appétit; deux moururent, l'un, le 11 novembre; l'autre, le 12; le troisième a résisté.

Sur les deux veaux, le résultat a été peu différent; le veau témoin provenant d'une mère non vaccinée a eu un engorgement chaud et diffus à la place de la piqûre; l'autre veau n'a rien présenté d'anormal; le 9, tous deux vont bien; le 12, il ne reste sur le veau provenant d'une mère non vaccinée qu'une petite tumeur sous-cutanée roulant sous le doigt.

Vous avez déjà, ajoute M. Leblanc. par de nombreux exemples. constaté l'immunité acquise par les animaux vaccinés quelques jours après l'opération; dans le cas présent, il s'agit d'une immunité constatée cinq mois après la vaccination: six animaux non vaccinés et douze vaccinés. dont six femelles laitières. sont soumis à une inoculation de sang charbonneux: les six premiers meurent et les douze autres résistent: deux présentent à peine un symptôme de malaise. C'est un fait important acquis au point de vue de l'élevage et de l'engraissement des moutons: on peut garantir le fermier contre tout risque pendant cinq mois. et il faut espérer que la durée de l'immunité sera encore plus longue. Il sera nécessaire au printemps de recommencer l'expérience sur les animaux inoculés en juin: et il faudra voir s'ils sont encore inaptes à contracter le charbon.

La question de savoir si l'immunité passe des mères vaccinées aux produits n'a pas été résolue par notre dernière expérience. Nous avons dû prendre des agneaux à peine âgés de trois semaines. et nous en avons vu deux succomber. le sixième et le septième jour après l'inoculation. Les deux veaux. plus forts que les agneaux. ont résisté tous deux. quoique celui provenant d'une mère non vaccinée ait été indisposé ; on ne peut donc rien conclure et il faudra renouveler l'expérience dans de meilleures conditions. Je ferai ici une remarque sur le mode opératoire : il me paraît utile de ne pas faire la piqûre trop près de l'aine: chaque fois que les moutons ont paru indisposés, il y a toujours eu un gonflement des ganglions de cette région, et je pense que. dans ce cas. la piqûre était faite trop haut. C'est une précaution facile à prendre et qui peut avoir une certaine importance.

DEUXIÈME EXPÉRIENCE FAITE PAR LA SOCIÉTÉ CENTRALE
DE MÉDECINE VÉTÉRINAIRE

Rapporteur : M. CAGNY.

Dans la séance du 8 juin 1882, M. Pasteur a manifesté le désir de voir votre Commission du charbon vérifier le degré d'immunité don sont encore doués les moutons du troupeau de Rozières vaccinés par son procédé il y a plus d'un an. (La vaccination était complète le 8 juillet 1881.)

C'est le 28 juillet dernier que j'ai fait l'expérience dont j'ai à vous rendre compte aujourd'hui. L'inoculation a été faite au moyen d'un liquide virulent et d'une seringue qui m'ont été remis la veille au laboratoire de M. Pasteur. Le propriétaire du troupeau avait réuni trente-quatre animaux d'âge et de sexe variés, formant trois séries ayant des marques spéciales :

1° Vingt moutons vaccinés il y a un an (marque : cicatrice d'un trou fait à l'oreille à cette époque);

2° Dix moutons pris dans la partie du troupeau vacciné seulement en 1882, dans les conditions que je vais indiquer (pas de marque) ;

3° Quatre témoins n'ayant jamais été vaccinés ; (marque : trois crans à l'oreille).

Voici des explications sur ces divers groupes. Ceux du premier et du dernier ont été uniquement exposés, depuis un an, aux chances d'infection spontanée dans les champs.

Les moutons du deuxième groupe étaient compris dans la moitié (250 moutons) du troupeau conservée à l'origine comme témoin. Cette portion du troupeau a été vaccinée par M. Roboüam, vétérinaire de M. Gatté, en février. Mais, comme vous l'a dit M. Pasteur, les vaccins employés à cette époque s'étant trouvés trop faibles et mal équilibrés, deux cas de mortalité furent constatés en mai et juin. Les moutons en question ont été, fin juin vaccinés avec les nouveaux vaccins, qui paraissent aussi bons que ceux de l'an dernier.

C'est le 28 juillet, vers onze heures du matin, que, en présence de mon confrère Roboüam, j'ai fait l'inoculation virulente, à la cuisse gauche pour ceux du premier groupe, et à la cuisse droite pour les autres. Les trente-quatre animaux étant réunis dans la même bergerie, m'étaient présentés nécessairement au hasard, et non par catégories distinctes.

Le 29 juillet, on observe un peu de raideur chez tous.

Le 30 au matin, l'un des témoins est triste, se tenant écarté des autres. Lorsque j'arrive, dans l'après-midi, il est dans le même état, mais deux moutons témoins viennent de mourir presque subitement. Le soir, le malade meurt, ainsi que l'un des moutons du deuxième groupe.

Dans la journée du 31, mort de deux autres moutons du même deuxième groupe ; dans la nuit, mort de quatre moutons de ce groupe. Enfin, il résulte d'une lettre que m'adresse M. Galté que, dans la nuit du 8 au 9 août, un mouton du deuxième groupe est mort, et qu'un autre, toujours du deuxième groupe, malade dans la journée du 9 août, est mort dans la nuit du 9 au 10, soit douze jours après l'inoculation.

En résumé :

```
Moutons vaccinés il y a un an..................  20; morts  0
Moutons vaccinés cette année..................  10;   —    7
Moutons témoins...............................   4;   —    3
```

Ce résultat n'est pas en faveur des vaccins employés en 1882, ajoute M. le rapporteur.

Je ferai remarquer que dans les dix moutons du troisième groupe se trouvaient quatre agneaux nés en décembre et provenant de mères vaccinées il y a un an, précisément à l'époque de la fécondation. Ils sont morts ; ils n'étaient donc pas doués de l'immunité par le fait de la vaccination maternelle.

Des quatre moutons témoins, trois sont morts, un s'est montré réfractaire. C'est là un fait qui n'a rien d'anormal dans un troupeau vivant dans un pays charbonneux. Pareil fait est arrivé aux expériences de Chartres.

Le rapport de M. Cagny demande quelques explications.

Nous voyons d'abord que sur vingt moutons vaccinés depuis plus d'un an, aucun n'a succombé à la suite de l'inoculation virulente, ce qui est un résultat extrêmement favorable à la longue durée de l'immunité. Mais sur dix moutons, pris dans un troupeau de deux cent cinquante vaccinés par M. Roboüam, moutons ayant reçu trois inoculations dont la dernière était toute récente, il en meurt sept. Il faut renoncer à expliquer cette profonde différence. Peut-on admettre que les vaccins envoyés à M. Roboüam étaient trop faibles et qu'ils n'ont pas produit d'effet sensible? Mais alors pourquoi, même après deux inoculations seulement, les moutons, dans l'expérience de Chartres, étaient-ils en très grande partie vaccinés? De plus, par un hasard heureux, nous avons vacciné six moutons à la ferme de la Faisanderie par un seul vaccin qui était précisément celui qui a servi à Rozières pour la troisième inoculation. Or, au mois de novembre, soit quatre mois après, ces moutons, qui n'avaient reçu, je le répète, qu'une seule inoculation, résistent encore aux effets du virus virulent dans la proportion de cinq sur six. Encore une fois, il faut renoncer à expliquer ce résultat.

Quoi qu'il en soit, de l'ensemble des expériences que je viens de rapporter nous pouvons conclure que, au bout d'un an, les moutons sont encore vaccinés pour l'inoculation virulente dans la proportion d'au moins 60 pour 100. Si nous tenons compte de ce fait que les inoculations sous-cutanées sont plus dangereuses pour les moutons que l'ingestion des spores de bactéridies sur les champs; si nous remarquons également que l'immunité acquise par la vaccination ne doit produire son effet que sur les animaux qui seraient frappés spontanément, si, de plus, les cultivateurs veulent bien faire vacciner leurs animaux au printemps, c'est-à-dire peu de temps avant l'apparition ordinaire du charbon, nous pouvons conclure hardiment que la vaccination préservera les animaux pendant au moins une année, peut-être même durera-t-elle plus longtemps. Mais, pour le moment et en attendant de nouvelles expériences, il me paraît nécessaire de pratiquer la revaccination chaque année. De plus, en thèse générale, si un troupeau, quoique vacciné, vient à être frappé accidentellement du charbon, il ne faut pas hésiter à le revacciner immédiatement.

CHAPITRE XXX

Les Notes communiquées par M. Pasteur à l'Académie des
sciences sur la découverte du vaccin charbonneux ne faisaient aucune
allusion à un changement de virulence du vaccin, soit par des cultures
successives, soit par sa conservation pendant un long temps. Nous
n'avions pas encore eu le temps de faire des recherches directes à
ce sujet. De plus, les faits que nous avions observés sur le virus
virulent semblaient nous autoriser à conclure que ce changement
ne se produirait pas. En effet, un tube de culture de virus virulent
avait été conservé par M. Pasteur depuis l'origine de ses études sur
le charbon, c'est-à-dire depuis plus de cinq ans, et tous les six mois
on avait essayé si les spores étaient encore vivantes et si leur virulence n'avait pas changé. Pour cela, on semait une goutte du tube
origine dans un flacon de bouillon. La culture se produisait comme
dans les cas ordinaires, cependant avec un léger retard dans le
développement, comme si les vieilles spores mettaient plus de temps
à germer que les jeunes. Mais la culture une fois faite, inoculée à
des moutons, les faisait périr aussi sûrement et aussi rapidement,
que la semence eût été faite au bout de quatre ou cinq ans ou au
bout de quelques mois. Les spores des vaccins paraissant avoir les
mêmes propriétés que celles du virus virulent, relativement à leur
résistance à l'action de la chaleur, de l'alcool, de l'oxygène comprimé, etc., il était naturel de croire qu'elles auraient aussi des
propriétés analogues relativement à la conservation de leur virulence. J'ajoute que, dans les nombreuses cultures successives de
virus virulent que nous avions faites dans le cours de nos recherches, nous n'avions pas observé de diminution sensible dans leur

degré de virulence. Nous pensions donc que les cultures successives des vaccins conserveraient aussi leur virulence propre, et c'est en se basant sur ces analogies que M. Pasteur avait annoncé que les vaccins pourraient être cultivés pour ainsi dire indéfiniment en conservant leur virulence propre ; et que les spores, fixant cette virulence, pourraient être expédiées dans le monde entier jusque dans les pays les plus éloignés, en gardant leurs propriétés préservatrices.

Les vaccinations faites pendant les mois de juin, de juillet et d'août 1881 semblèrent vérifier ces prévisions. Pendant tout ce temps, les vaccins furent obtenus par cultures successives et ils donnèrent d'excellents résultats. Pas d'accident à signaler. Cependant un fait qui se produisit dans les expériences de Fresne, près Pithiviers, à la fin de juillet, aurait pu nous faire concevoir quelques doutes sur la conservation de la virulence de nos vaccins. On a vu, en effet, que douze moutons avaient été inoculés d'emblée par le second vaccin, et non seulement aucun de ces moutons ne succomba, mais la maladie qu'ils éprouvèrent fut, en quelque sorte, bénigne. De plus, cette seule inoculation les avait vaccinés contre le virus virulent. Or, à l'origine, le second vaccin tuait environ la moitié des moutons auxquels on l'inoculait et rendait les autres très malades. Notre surprise fut grande de ne voir succomber aucun des douze moutons. Mais lorsque, à l'inoculation de contrôle, nous constatâmes que le virus virulent n'avait fait périr que six moutons sur dix inoculés, tandis que partout ailleurs tous les moutons, ou tous sauf un, avaient succombé à l'inoculation virulente, nous nous demandâmes si ce fait anormal ne tenait pas à ce que les moutons qui vivaient dans ce pays étaient en partie réfractaires au charbon, soit par suite des conditions où ils se trouvaient placés, soit par une vaccination naturelle.

Les autres vaccinations dans la pratique continuaient à se faire dans de bonnes conditions ; l'expérience publique faite plus tard (août 1881), à Artenay (Loiret), montra que les moutons qui avaient reçu les deux vaccins étaient très bien vaccinés, de sorte que nous fûmes portés à croire que, en réalité, à Fresne, les moutons étaient dans un cas exceptionnel et que nos vaccins avaient conservé leur degré de virulence.

Pendant les mois de septembre et d'octobre, aucun vaccin ne fut expédié et, au retour des vacances, au mois de novembre 1881, nous dûmes de nouveau céder à la sollicitation de beaucoup de cultivateurs qui, ayant vu les bons résultats produits par les vaccinations des mois de juillet et d'août, voulaient faire vacciner leurs animaux. On employa les mêmes vaccins.

Pendant les mois de novembre et de décembre, quelques accidents, peu graves, il est vrai, nous furent signalés. Quelques moutons succombaient dans les troupeaux et toujours après le deuxième vaccin. Mais sur beaucoup d'autres troupeaux la mortalité était nulle, de sorte que nous hésitions à attribuer ces quelques rares accidents aux vaccins employés. Nous nous demandions toujours si cette mortalité devait être attribuée au vaccin ou bien au charbon spontané, qui aurait fait subitement son apparition dans le troupeau. Dans nombre de cas, en effet, qui nous ont été signalés par MM. les vétérinaires, nous avons vu le charbon sévir subitement, en l'absence de toute opération de vaccination, et faire perdre en quelques jours vingt, trente, quarante et même soixante moutons d'un même troupeau, et quelquefois trois, quatre, cinq vaches d'une même écurie. Si ces animaux avaient été vaccinés quelques jours avant le début de la maladie, il n'est pas douteux qu'on aurait attribué la mort aux seuls effets de la vaccination, lorsque, en réalité, elle était étrangère à ces accidents. Ce qui nous portait à croire que nous ne devions pas incriminer le vaccin, c'est que la mortalité ne sévissait que sur quelques troupeaux. Mais bientôt on nous signala également ment des accidents graves, quoique non mortels, sur les bœufs ou vaches et aussi sur les chevaux. Or, dans le courant de l'été 1881, ces accidents ne s'étaient jamais produits. On n'avait jamais constaté d'œdème notable à l'endroit de la piqûre, ni à la suite du premier vaccin, ni à la suite du second.

Au commencement de l'année 1882, des œdèmes quelquefois considérables, et s'étendant jusque sous le ventre, étaient signalés sur quelques bœufs ou vaches et surtout sur les chevaux. Cette fois le doute n'était plus permis ; il y avait une cause qui faisait que nos vaccins ne se comportaient plus de même qu'en 1881. Nous nous mîmes à rechercher cette cause immédiatement. L'hypothèse du froid de l'hiver fut bien vite écartée : la température ne jouait aucun rôle. Restait à savoir si un de nos vaccins ou tous les deux avaient changé de virulence et dans quel sens ce changement s'était opéré. On pouvait se demander, en effet, si la virulence des vaccins tendait à revenir à la virulence complète d'où ils étaient partis, ou bien si leur virulence était allée en diminuant. Ces expériences furent longues et délicates. Ce n'est pas le lieu de les relater ici. Il me suffira de dire que bientôt nous acquîmes la certitude que nos deux vaccins étaient allés en s'affaiblissant de plus en plus. Nous préparâmes alors de nouveaux vaccins, ce qui exigea encore un certain temps. Ce fut à ce moment qu'un vétérinaire distingué, M. Weber, ayant eu connaissance par ses confrères de quelques accidents survenus au commencement de l'année, demanda, dans une des séances de la Société centrale de médecine vétérinaire, des explications à M. Pasteur. Je vais reproduire intégralement les observations échangées de part et d'autre, afin de me renfermer autant que possible dans mon rôle de rapporteur officiel, pour ainsi dire, et pour qu'on ne puisse pas m'accuser de partialité.

SUR CERTAINS ACCIDENTS CONSÉCUTIFS A LA VACCINATION CHARBONNEUSE

(Société centrale de médecine vétérinaire, Séance du 8 juin 1882.)

M. Weber. — Messieurs, je suis heureux de voir M. Pasteur assister à notre séance et je profiterai de sa présence pour vous parler de revers éprouvés dans la pratique de la vaccination anti-charbonneuse par quelques-uns de nos confrères, avec lesquels j'ai eu l'occasion de m'entretenir à ce sujet.

Il m'a semblé que leur foi était ébranlée et que ce serait bien servir les intérêts de la vaccination nouvelle de venir vous signaler les revers plutôt que de les passer sous silence. Lorsque je vous les aurai fait connaître, M. Pasteur nous donnera, j'en suis certain, des explications de nature à nous éclairer tous et à rassurer les esprits timorés

J'ai hâte de dire, du reste, que sans aucun doute ce serait se montrer beaucoup trop exigeant que de prétendre demander à un procédé de préservation de donner toujours des résultats heureux et rien que des succès.

Mais, sans demander autant, les vétérinaires qui ont été malheureux éprouvent, on le comprend, une certaine hésitation à conseiller de nouvelles vaccinations anti-charbonneuses. Nous avons le devoir de les rassurer, et je ne doute pas que la parole autorisée du maître atteigne facilement ce résultat.

C'est pour en arriver là que j'ai cru utile de soulever une discussion. Voici les accidents qui sont à ma connaissance et sur lesquels j'appellerai l'attention de M. Pasteur :

1º Des moutons vaccinés une première fois ont péri après la seconde vaccination ;

2º La seconde vaccination a, dans quelques cas aussi, amené la mort chez les vaches ;

3º Il y a eu sur des chevaux, après la seconde vaccination, production d'œdèmes très étendus qui cependant n'ont pas causé la mort :

4º Enfin des vaches qui avaient subi les deux vaccinations sont mortes néanmoins du charbon deux et trois mois après avoir été vaccinées. Sans vouloir rappeler ici tous les faits qui m'ont été signalés, je me contenterai de citer les suivants, parce qu'ils sont plus précis.

558 moutons sont vaccinés.

Première vaccination le 6 décembre 1881.

Deuxième vaccination le 18 décembre.

Neuf sont morts du 18 au 24 décembre, c'est-à-dire dans les six jours qui ont suivi la deuxième vaccination.

En même temps, vingt chevaux ont été vaccinés ; la moitié, dix chevaux, ont eu, trois ou quatre jours après, des œdèmes assez considérables.

Aucun traitement n'a été appliqué, ils ne sont pas morts.

435 moutons sont vaccinés le 4 avril 1882. Deuxième vaccination le 19 avril.

Un mort après la première vaccination et treize morts après la seconde vaccination, du 19 au 25, c'est-à-dire dans les six jours qui la suivent.

Un confrère de la Brie vaccine dans une ferme 19 vaches et 56 moutons, le 16 décembre 1881.

Deuxième vaccination le 29 décembre. — Le 22 février, malgré l'inoculation, une vache meurt du charbon parfaitement reconnu.

Dans le même moment, notre confrère a pratiqué la vaccination dans plusieurs fermes avec des insuccès assez nombreux. Il s'adresse à M. Pasteur qui fait répondre que le virus employé a été reconnu trop faible, qu'il fallait recommencer.

Notre confrère recommence avec du bon virus et il a encore des insuccès. Des vétérinaires du voisinage ne sont pas plus heureux.

Tels sont, Messieurs, les faits sur lesquels j'ai voulu appeler votre attention ; et, tout en étant de ceux qui considèrent que M. Pasteur a rendu à l'agriculture française un très grand service en instituant la pratique de l'inoculation anti-charbonneuse, j'ai pensé qu'il était utile de faire connaître les insuccès aussi bien que les résultats heureux ; c'est, à mon avis, la meilleure manière de servir la cause de la vaccination nouvelle.

M. Pasteur.— J'ai eu connaissance des faits cités par M. Weber, et d'autres plus nombreux observés un peu partout à partir du moment où la pratique de la vaccination charbonneuse a commencé à se généraliser dans les départements. Voici les explications que je puis donner à cet égard à M. Weber. Les expériences de Pouilly-le-Fort ont été terminées au commencement de juin 1881 ; dans la fin de juin, dans les mois de juillet, d'août et de septembre, il a été fait environ 45 000 vaccinations sans que l'on ait signalé d'accidents. A l'heure actuelle, les résultats sont encore satisfaisants ; les moutons vaccinés, à cette époque, ne contractent pas le charbon, alors que les moutons conservés comme témoins succombent par le fait du sang de rate, dans des proportions variables, suivant les conditions locales.

En général, à l'origine, on conservait la moitié du troupeau comme témoin. Pour ne parler que des faits bien connus de la Société, je citerai ici les faits rassemblés par la Commission que vous avez chargée d'étudier cette question.

A Rozières, dans la ferme de M. Gatté, la vaccination de la moitié du troupeau, soit de 250 moutons, était complète le 8 juillet.

Au 15 août 1881, tout le troupeau, soit 500 moutons, était mis au parc jusqu'au 29 août sur un champ maudit. Ce séjour de quatorze jours, dans un champ notoirement reconnu comme dangereux, déterminait la mort de 8 moutons non vaccinés, et il n'y avait pas un seul cas de mort parmi les vaccinés.

Le 5 décembre 1881, des inoculations de sang charbonneux furent faites à 6 moutons non vaccinés d'une part, et à 12 des moutons vaccinés ; aucun de ces derniers ne fut malade, et les 6 moutons témoins étaient morts le 9 au matin. Depuis, cette expérience a été répétée, à Pouilly-le-Fort, et sur le troupeau de l'École d'Alfort, en 1882, toujours avec le même résultat. Tout dernièrement, le 25 mai et le 3 juin, deux des moutons témoins du troupeau de M. Gatté mouraient du sang de rate dans des conditions sur lesquelles je reviendrai tout à l'heure, les vaccinés résistant toujours. Il est donc permis de dire que les vaccinations charbonneuses faites au début se sont montrées préservatrices pour une durée d'un an environ. Il y aurait lieu, et votre Commission doit le faire, d'essayer de nouveau le degré de résistance des animaux de Rozières contre les inoculations virulentes. Il est probable que, si cet essai portait sur un nombre assez considérable d'animaux, sur vingt par exemple, le résultat ne serait pas aussi satisfaisant que la première fois, et que un ou deux succomberaient. Mais il faut tenir compte de ce fait que les chances de mortalité sont bien plus grandes à la suite d'inoculations directes qu'à la suite de l'inoculation spontanée, j'entends par ces mots l'inoculation telle qu'elle se produit par l'alimentation ou le séjour sur des champs maudits. On peut donc dire qu'il y a eu une préservation certaine d'une année contre la maladie charbonneuse contractée naturellement.

Les vaccinations interrompues furent reprises en novembre et continuées depuis avec la plus grande confiance. C'étaient les mêmes vaccins, et l'on avait l'expérience des mois précédents. Malheureusement, les faits de la pratique ont montré que les vaccins s'étaient affaiblis, et alors se sont produits des accidents de natures diverses. Dans certains cas, le premier vaccin se trouvant trop faible relativement au second, on observait des cas de mort dans les troupeaux, immédiatement après la seconde vaccination, qui, au lieu d'être une vaccination, se trouvait être une inoculation virulente.

Dans d'autres cas, le premier et le second vaccin, affaiblis tous les deux, ne constituaient plus un préservatif suffisant, et l'on voyait le sang de rate amener la mort de moutons vaccinés depuis un ou deux mois. C'est ainsi que dans la ferme de Rozières, les deux moutons dont j'ai parlé tout à l'heure, morts en mai et juin 1882, avaient été vaccinés en février 1882.

Les accidents dont je parle ne se sont pas produits tout de suite; lorsqu'ils ont été constatés, il a fallu de nouveau créer des vaccins. Tout cela a amené une double perte de temps ; et les vaccinations, du mois de novembre 1881 au mois de mars 1882, il faut le reconnaître, ont été insuffisantes. Dès que les premiers accidents ont été bien connus, la circulaire suivante a été adressée à tous les vétérinaires et à tous les propriétaires de troupeaux que la chose intéressait :

« L'étude de la durée de l'immunité vaccinale n'étant pas encore terminée, il est très prudent de faire procéder à une nouvelle vaccination si on constate une mortalité sur les animaux vaccinés, quand bien même cette mortalité ne s'accuserait que par unités. »

F. BOUTROUX.

Paris, le 21 mars 1882.

Des vaccins nouveaux ont été adressés gratuitement à tous ceux qui en ont fait la demande. Les vaccins fournis depuis les mois de mars ou avril se montrent en tous points comparables à ceux de l'année dernière. Je puis donc répondre à M. Weber : au moindre cas de mortalité, revaccinez sans hésiter, les vaccins actuels se montrent excellents.

La conclusion de tous ces faits, et j'en ai déjà donné maintes preuves, est que les virus, au lieu d'être, comme on le supposait autrefois, quelque chose de fixe et d'immuable, sont au contraire quelque chose de variable, se modifiant sous l'action du temps, des circonstances climatériques, etc. C'est sur les moutons que les accidents les plus nombreux, toutes proportions gardées, ont été constatés. Près de 25000 bœufs ou vaches ont été vaccinés et, à l'heure qu'il est, 5 tout au plus sont morts des suites de la vaccination. Mais on constate sur ces animaux des réceptivités diverses individuelles très grandes dans la pratique ; dans certains cas, on n'observe pas d'œdème à l'endroit où a été déposé le vaccin ; dans d'autres cas, on observe des œdèmes d'un volume très variable. Ces œdèmes, il faut le dire, guérissent presque toujours sans traitement.

Sur les chevaux, l'opération est des plus délicates ; il y a eu des accidents qui, pour être évités, nécessitent de grandes précautions. Il est souvent difficile, et ceci tient sans doute au tempérament des chevaux, de ne pas leur inoculer la septicémie lorsqu'on les vaccine.

A Pithiviers, un cheval est mort septique, parce qu'on l'avait vacciné avec un fond de tube qui était ouvert et qui avait servi à vacciner en divers endroits dans la journée.

Il faut se garder de mettre sur le compte de l'atténuation des vaccins tous les cas de mortalité observés à la suite de la première ou de la seconde vaccination. Ainsi, dans le rapport de M. Leblanc, je trouve que MM. Leblanc et Cagny ont vacciné une étable d'une trentaine d'animaux en 1881 dans les conditions suivantes : la mortalité avait cessé depuis deux ans et, subitement, du samedi au mardi, six bœufs ou vaches sont morts du sang de rate. Si la première vaccination, au lieu d'avoir été faite un mois après, l'avait été juste à ce moment, la mort de ces animaux aurait été attribuée au vaccin. Un fait analogue m'a été signalé aux environs de Meaux. Il ne faut donc pas oublier que, si des animaux se trouvent inoculés spontanément au moment de l'opération, la vaccination ne les préserve pas. Dans l'espèce humaine, on sait bien que la vaccine n'est plus un préservatif lorsque la petite vérole est déjà à la période d'incubation.

Il faut tenir compte aussi des différences de races. Il est des races de moutons beaucoup plus sensibles que les autres au point de vue du sang de rate, et alors le premier vaccin se trouve relativement trop faible pour leur permettre de résister au deuxième vaccin.

Il y a donc quelquefois nécessité d'éprouver telle ou telle race une première fois, afin de savoir quelle force de vaccin lui convient. C'est ce que nous avons fait récemment à Berlin, où M. Thuillier s'est trouvé en présence de moutons plus susceptibles que les nôtres au charbon. On l'a constaté par la rapidité avec laquelle meurent les moutons témoins, à la suite de l'inoculation virulente, par la marche de la température, à la suite de chaque vaccination, et on a reconnu qu'il fallait des vaccins spéciaux pour ces troupeaux.

Il ne faut pas exagérer l'importance des accidents qui se sont produits ; ces accidents peuvent être effrayants pour le propriétaire ou le vétérinaire qui les constate, mais pour celui qui considère tout l'ensemble des faits, c'est peu de chose ; aussi, tenant compte de cet ensemble, je conclus qu'il faudrait faire de la vaccination une mesure générale. Le meilleur moyen serait de vacciner avec garantie. En prélevant sur le prix de chaque vaccination une somme de 10 centimes, on constituerait une caisse suffisante pour garantir toutes les pertes.

M. Nocard, au moment où il pratiquait la vaccination dans la Somme, a été demandé par un cultivateur ne perdant plus d'animaux depuis deux ans, et qui, en moins de huit jours, avait vu mourir du sang de rate onze bœufs sur quarante. Il s'est empressé de faire remarquer aux assistants que si la vaccination avait été, par un hasard malheureux, pratiquée à cette époque dans les étables en question, une pareille mortalité, reparaissant après un intervalle de deux ans, aurait été par tout le monde, et avec vraisemblance, attribuée à la vaccination.

DISCUSSION

M. Cagny. — Je connaissais quelques-uns des accidents qui se sont produits dans la pratique de la vaccination, et je suis heureux de voir M. Pasteur profiter de la publicité de notre *Bulletin* pour affirmer l'existence de ces accidents et en donner l'explication. Il vient de reconnaître que ses vaccins n'étaient pas fixés comme il l'avait espéré ; nous devons, nous, vétérinaires, imiter sa franchise et reconnaître que certains des accidents sont le fait de notre... imprévoyance.

En m'exprimant ainsi, remarquez bien que je n'accuse pas de légèreté ou de manque de précaution ceux de nos confrères qui ont eu des insuccès, je tiens seulement à constater que les choses ne se passent pas dans la pratique comme dans un laboratoire. Celui qui opère dans un laboratoire est le maître des circonstances, il les modifie à son gré, il peut ainsi agir avec une certitude mathématique; celui qui agit dans la pratique n'a aucune action sur les circonstances, il est leur esclave. Ce n'est pas toujours une chose aisée que de vacciner dans une ferme quelques centaines de moutons. Les aides chargés de saisir et de présenter les moutons font une besogne fatigante, qu'ils considèrent comme une corvée. Si des moutons s'échappent avant d'être vaccinés, ils ne voient qu'une chose, c'est que la corvée sera moins longue. Le vétérinaire doit donc en même temps s'assurer qu'il vaccine réellement tous les moutons qu'on lui présente, et que les aides ne laissent échapper aucun mouton. Au bout de deux ou trois heures, il est naturel que, cédant à une certaine fatigue corporelle qui s'accompagne d'engourdissement moral, il ne soit plus lui-même et ne surveille plus aussi exactement ses actes et ceux de ses aides. C'est alors que des moutons peuvent échapper à la vaccination et que des accidents peuvent être constatés plus tard, soit par le fait de la deuxième vaccination, soit par le fait de l'inoculation naturelle du sang de rate. Pour bien montrer que je ne considère pas comme incapables mes confrères malheureux, je vais citer des faits qui me sont personnels.

Il m'est arrivé un jour, par suite des exigences de la clientèle, de laisser sur des vaches un intervalle de plus de trois semaines entre la première et la deuxième vaccination. J'ai constaté alors, sur presque tous les animaux, un malaise anormal, caractérisé par une diminution d'appétit et de la sécrétion lactée, et sur quelques-uns par des œdèmes beaucoup plus volumineux qu'à l'ordinaire, et cela comparativement à ce que j'avais observé sur des vaches de même âge, de même race, de même provenance et soumises aux mêmes conditions hygiéniques.

Je sais que certains de mes confrères, ayant été obligés de retarder la deuxième vaccination sur des moutons, ont eu aussi à constater les inconvénients de leur retard.

Il m'est arrivé, dans les circonstances suivantes, d'inoculer la septicémie en même temps que le vaccin. J'avais vacciné d'abord cinquante bœufs et vaches dans une ferme, et je continuais, avec mon confrère V. de D., l'opération sur six cent cinquante moutons dans la même ferme. L'une des seringues qui m'avait été envoyée ne fonctionnait pas bien ; à chaque injection, une partie du liquide refluait au-dessus du piston, sortait par l'extrémité de la seringue et la moitié du liquide restant au-dessus du piston, j'étais obligé de vider la seringue pour la remplir.

Ennuyé de voir se perdre le liquide dont j'avais besoin (je dus ce jour-là renoncer à vacciner une centaine de moutons, faute de vaccin), j'eus l'idée de recueillir ce liquide dans un verre pour le mélanger avec celui des tubes. Mais mes mains, baignées par le vaccin qui s'échappait, étaient en contact avec la laine des moutons, souillée par le suint et la litière, et salissaient la tige de la seringue et ses parois. Je m'aperçus bien vite que le vaccin que je conservais ainsi était un liquide trouble, chargé de matières organiques, et je renonçai à son emploi après quelques vaccinations. Fort heureusement, car sur quelques moutons j'ai pu constater des engorgements volumineux, et même un mouton mourut au bout de quarante-huit heures. Le berger qui en fit l'ouverture constata que la rate n'était pas gonflée, mais que tout le gigot correspondant à la piqûre était gâté. Évidemment il y avait eu imprudence de ma part. Que celui qui n'a jamais péché me jette la première pierre.

M. Weber espère que les explications données par M. Pasteur suffiront pour rassurer ceux de nos confrères qui hésitaient à employer son procédé. Au point de vue pratique, il trouve excellente l'idée des vaccinations faites avec garantie.

M. Nocard a peur que des irrégularités sans nombre ne soient commises dans le cas de vaccinations avec garantie, et qu'il ne soit pas possible de constater la cause de la mortalité ni de faire une estimation exacte des animaux.

M. Sanson. — Ceci est une simple question d'assurances, et pour celles-là, comme pour toutes les autres, on saura bien trouver le moyen de faire des enquêtes et des expertises en cas de sinistres. L'idée est bonne, il faut la vulgariser. Il faut avant tout avoir une statistique assez considérable pour savoir si la prime de 10 centimes proposée par M. Pasteur est suffisante.

M. Pasteur. — Le nombre des animaux vaccinés au premier juin était d'environ trois cent mille, dont vingt-cinq mille bœufs ou vaches, et les pertes ne s'élèvent pas, tant s'en faut, à 30,000 fr., somme représentée par la prime de dix centimes que j'ai proposée.

M. Cagny a insisté sur la nécessité de ne pas laisser échapper de moutons lors de la vaccination; voici un fait très probant à cet égard : l'année dernière, trois cents moutons d'un troupeau ont été vaccinés et huit se sont échappés. On a pu les marquer. Depuis cette époque, aucun des vaccinés n'est mort du charbon, et cinq des huit sont morts de cette maladie. Je répète cinq sur huit.

M. Bouley prie M. Pasteur de donner quelques explications sur les critiques faites dernièrement en Italie à sa méthode de vaccination.

M. Pasteur. — Des objections ont été faites en Italie, provenant d'une faute commise par la commission d'expériences de l'École de Turin qui, à l'épreuve du contrôle de l'immunité sur les vaccinés, s'est servie du sang d'un mouton mort depuis plus de vingt-quatre heures et qui était à la fois, à son insu, septique et charbonneux. J'ai demandé qu'on renouvelât les expériences dans de meilleures conditions. C'est ce qui a été fait et je crois que, cette fois, l'École de Turin réussira. M. Perroncito, qui a opéré isolément, a toujours obtenu des résultats satisfaisants à ma connaissance.

M. Sanson. — Du moment que la prime de garantie proposée par M. Pasteur est suffisante, il faut propager l'idée. Il y a eu des accidents, mais il ne faut pas s'en effrayer outre mesure. Il faut compter qu'il y en aura toujours, car il faut tenir compte des imperfections de la nature humaine; il n'y a, comme on l'a dit, que dans les laboratoires que l'on peut se mettre au-dessus de toutes les causes de non réussite.

Ainsi nous avions reconnu que la virulence relative de nos vaccins allait constamment en diminuant, de sorte que le même vaccin employé à un ou deux mois d'intervalle peut donner des résultats différents. Nous avons préparé immédiatement de nouveaux vaccins et ce sont ces derniers qui ont été employés, comme il vient d'être dit, pendant le courant de l'été et de l'automne de l'année 1882. Ceux-ci, avant d'être livrés à la pratique, avaient été essayés sur plusieurs milliers de moutons et plusieurs centaines de vaches ou bœufs. Les résultats ayant été très satisfaisants, ces vaccins furent employés jusqu'au commencement du mois d'octobre 1882. A ce moment, d'après des renseignements qui nous furent donnés par différents vétérinaires, il résulta que le premier vaccin était un peu trop fort et que dans quelques rares troupeaux un certain nombre de moutons avaient succombé à la suite de l'inoculation de ce premier vaccin. Quelques vaches ou bœufs présentèrent aussi des œdèmes en général peu graves. Ce premier vaccin avait le grand avantage de vacciner directement et complètement au moins 95 pour 100 des animaux, de sorte que, après la première vaccination, les animaux se trouvaient mis à l'abri du charbon spontané. C'est ce vaccin qui a été employé dans les revaccinations des troupeaux incomplètement vaccinés et les résultats ont été partout excellents. Ce vaccin pourrait donc être employé avec grand avantage dans tous les cas où la maladie sévit sur un troupeau, parce qu'alors on arrêterait presque instantanément la mortalité. Quelques animaux pourraient succomber à la suite de l'inoculation, mais il vaudrait mieux courir la chance de perdre même 1 pour 100 des animaux que d'attendre trois semaines environ avant que la vaccination soit complète, comme c'est le cas ordinairement. Pendant ce temps, la mortalité naturelle serait certainement plus grande que celle résultant de l'inoculation du vaccin. L'origine de ce dernier vaccin est conservée précieusement et il sera expédié à tous les vétérinaires qui en feront la demande. Nous leur conseillons de l'employer dans tous les cas où la maladie spontanée existe au moment de pratiquer la vaccination.

Malgré les avantages présentés par ce vaccin spécial, nous avons cru, à la suite des quelques accidents qui se sont produits, devoir revenir à des vaccins identiques à ceux qui avaient été employés dans le courant de l'été 1881. Pendant toute l'année 1882, dès que nous avons été certains de la diminution de la virulence de nos vaccins, nous avons entrepris de nombreuses expériences afin de rechercher les causes de cette diminution de virulence et les conditions dans lesquelles la virulence relative se conserve. Nous avons pu ainsi reproduire, pour ainsi dire mathématiquement, les vaccins employés pendant l'été de l'année 1881. Ces vaccins sont les seuls qui aient servi depuis le mois d'octobre 1882, et jusqu'à ce jour ils n'ont donné lieu à aucun accident. Nulle part il ne nous a été signalé ni mortalité sur les moutons, ni œdème sur les vaches, bœufs ou chevaux. L'année 1882, si elle a donné lieu à quelques mécomptes, a donc servi puissamment la cause générale de la vaccination charbonneuse. Aujourd'hui, grâce aux recherches nouvelles et nombreuses qui ont été faites sur la virulence relative des vaccins et sur les conditions de conservation de cette virulence, nous pouvons affirmer que nous sommes en pleine possession de ces conditions, et que dorénavant les quelques insuccès qui ont été signalés ne se reproduiront pas. La condition la plus importante à réaliser pour être assuré du succès est de se servir, autant que possible, de vaccin frais, c'est-à-dire récemment préparé. C'est pour cela que nous avons toujours recommandé à MM. les vétérinaires de ne pas conserver les vaccins chez eux et de les employer le plus tôt possible après qu'ils les ont reçus. Cette recommandation a surtout une grande importance pour le premier vaccin, car nous avons reconnu que le premier vaccin diminuait beaucoup plus rapidement de virulence que le second. Ce dernier peut être conservé avec toutes ses propriétés dans les conditions où on l'expédie pendant au moins trois semaines, de sorte qu'il sera facile dorénavant, sur la demande de MM. les vétérinaires, d'expédier en même temps le premier et le deuxième vaccin. Le premier sera employé immédiatement, le second sera mis au frais, dans une cave par exemple, sans déboucher les tubes, et servira douze ou quinze jours après.

Pour les vaccins qui ne doivent être employés que très longtemps après la mise en tube, par exemple après deux ou trois mois, il est nécessaire de les préparer dans des conditions particulières assez minutieuses. Nous sommes arrivés à réaliser à peu près rigoureusement ces conditions. Cependant il ne nous est pas encore possible d'affirmer que les vaccins auront exactement les mêmes propriétés que s'ils étaient frais. Les spores, en effet, en vieillissant, ne paraissent pas avoir la même aptitude à se développer dans le corps des animaux que si elles sont récentes. Lorsqu'elles sont trop vieilles elles ne se développent pas, ne produisent aucun effet. C'est ainsi qu'un vaccin qui, employé à l'état frais, vaccine tous les animaux auxquels on l'inocule, n'en vaccine plus que 90 ou 95 pour 100 après deux mois et 75 ou 80 pour 100 après trois ou quatre mois. Le problème de la conservation intégrale de la virulence du vaccin mis dans des tubes de verre n'est donc pas absolument résolu. Je crois même pouvoir ajouter qu'il ne le sera probablement jamais, car jamais on ne fera que des germes vieux tendant vers la mort, aient la même force et la même activité que des germes récents ou des bactéridies adultes en pleine voie de reproduction et de développement.

Je pense donc que pour les pays éloignés, pour tous ceux où il faut plus de quinze ou vingt jours avant que le vaccin arrive à destination, il serait extrêmement avantageux, pour ne pas dire indispensable, d'établir de petites fabriques destinées à produire des vaccins frais qui seraient expédiés à l'état frais dans toute la région voisine.

Il appartient aux pays intéressés à examiner cette question et à faire les essais qui leur paraîtront convenables pour faciliter le développement et la propagation de la vaccination charbonneuse.

CHAPITRE XXXI

PRATIQUE DE L'OPÉRATION DE LA VACCINATION CHARBONNEUSE

D'après les résultats mentionnés précédemment on peut dès maintenant vacciner contre le charbon les moutons, les chèvres, les bœufs ou vaches et les chevaux. Je ferai cependant une remarque relativement aux chevaux.

Les premières expériences de vaccination des chevaux ont été faites au mois de juillet 1881 à Fresne, près Pithiviers, chez M. Lesage. A ce moment nous n'avions pas fait d'essais directs pour constater que les chevaux étaient vaccinés par les mêmes vaccins que ceux employés pour les moutons et les bœufs. Les inoculations de Fresne ayant parfaitement réussi, la vaccination des chevaux entra aussitôt dans la pratique et pendant l'année 1881, 142 chevaux furent vaccinés sans accident. On ne constata ni œdème ni maladie sensible, les animaux continuèrent à travailler comme s'ils n'avaient subi aucune opération. Un seul des 142 chevaux succomba à une maladie différente du charbon, la septicémie, due à ce que le vaccin inoculé avait été rendu impur avant l'inoculation. Pendant toute cette période on vaccinait les chevaux sans être absolument certain que l'inoculation des deux vaccins les avait rendus réfractaires au virus virulent. Ce fut M. Rossignol qui le premier, au commencement du mois de septembre 1881, fit avec MM. Gassend et Garrouste une expérience directe pour vérifier ce fait. Elle réussit pleinement. (Voir le rapport de M. Rossignol, p. 145.) Depuis, quelques autres expériences, faites en France ou à l'étranger, vinrent confirmer celle de M. Rossignol. Les chevaux peuvent donc être vaccinés contre le charbon de la même façon que les moutons et les bœufs.

Mais dans le courant de l'année 1882, à la suite du changement qui s'était opéré dans la virulence relative de nos vaccins, plusieurs chevaux eurent des œdèmes assez volumineux qui empêchèrent tout travail de leur part pendant plusieurs jours, surtout après le deuxième vaccin. Quelques-uns même succombèrent. Comme le charbon ne sévit pas en France d'une façon bien sensible sur les chevaux, nous jugeâmes prudent à ce moment de suspendre les vaccinations charbonneuses sur les chevaux. Depuis que nous sommes revenus à des vaccins identiques à ceux de l'origine, je pense qu'on peut vacciner de nouveau les chevaux; cependant il est bon de faire remarquer que les vaccinations sur ces animaux sont loin d'être aussi nombreuses que celles sur les moutons et les bœufs. Dans tous les cas, à l'étranger surtout, il faudra être prudent et ne vacciner d'abord qu'un petit nombre de chevaux afin de s'assurer du résultat produit.

Ceci posé, j'arrive à la pratique de l'opération :

La vaccination se fait par deux inoculations à douze ou quinze jours d'intervalle, la première avec le *premier vaccin* qui ne préserve que partiellement les animaux, et la deuxième par le *deuxième vaccin* beaucoup plus actif que le premier et qui achève de les rendre complètement réfractaires au charbon. Il est bon de pratiquer ces deux opérations en deux points différents du corps. Si la première est faite à la cuisse droite, par exemple, on fera la deuxième à la cuisse gauche. Les inoculations peuvent se faire vraisemblablement en des points quelconques du corps, cependant jusqu'ici les moutons ont été vaccinés aux cuisses, et les bœufs ou chevaux en arrière de l'épaule et quelquefois aussi en avant. Ce dernier cas a surtout été fréquent chez les chevaux de selle, afin d'éviter que la selle porte sur le point d'inoculation.

Moutons ou chèvres. — On a vacciné sans inconvénient des moutons adultes, quel que soit leur âge, des agneaux même très jeunes et des mères plus ou moins avancées dans leur état de grossesse, quelques-unes sur le point de mettre bas. Cependant quelquefois on a signalé des accidents qui s'étaient produits chez de jeunes agneaux alors que le même vaccin, employé en même temps chez des moutons adultes, ne produisait qu'une maladie plus ou moins légère, mais non la mort. Avec les vaccins dont on se sert actuellement, on peut vacciner sans inconvénient les agneaux même très jeunes.

La vaccination des mères sur le point de mettre bas a aussi donné lieu à quelques accidents. Plusieurs fois on nous a signalé des avortements. Nous avons pensé d'abord qu'ils devaient être attribués aux secousses qu'on imprime aux animaux en les retournant pour les coucher sur le dos afin de présenter la face interne des cuisses à l'opérateur, mais il serait possible aussi que la fièvre éprouvée par la mère provoquât directement l'avortement. D'après des recherches récentes que je viens de faire en collaboration de M. I. Straus (1) il résulte que, contrairement à ce qui était admis jusqu'ici, les bactéridies introduites chez la mère passent quelquefois au fœtus. Il faut donc se demander si les cas d'avortement qui ont été signalés ne sont pas dus à ce que les bactéridies vaccinales de la mère, bactéridies qui on pu être supportées par celles-ci sans accident grave, ne sont pas passées dans le fœtus qui, moins résistant, a succombé et a été expulsé ensuite. Ce sont des recherches que nous faisons en ce moment. Quoi qu'il en soit, il est préférable de faire la vaccination chez les mères au moment où elles ne sont pas pleines ou au moins dans les premiers temps de la gestation. On ne doit vacciner les mères sur le point de mettre bas que dans les cas urgents, par exemple lorsque la maladie sévit dans le troupeau.

On peut se demander si les agneaux qui naissent de mères vaccinées sont eux-mêmes vaccinés. C'est là une question qui n'est pas complètement élucidée et sur laquelle nous faisons des expériences. Tout porte à croire qu'un grand nombre des agneaux, sinon tous, ne jouissent pas de l'immunité, de sorte que pour le moment il est nécessaire de vacciner les agneaux dès qu'on craint pour eux la maladie spontanée.

Enfin il faut choisir, autant que possible, le printemps pour pratiquer l'opération, car, ainsi que je l'ai déjà dit, la maladie étant rare à cette époque, on évite, au moins dans l'immense majorité des cas, de combiner l'action du vaccin avec celle du charbon spon-

____

(1) *Comptes Rendus de l'Académie des Sciences*, 18 décembre 1882.

tané. De plus, les moutons se trouvant récemment vaccinés sont plus aptes à résister à la maladie qui sévit généralement en été et à l'automne.

Vaches ou bœufs. — L'inoculation a lieu en général en arrière de l'épaule. L'opérateur fait un pli à la peau avec sa main gauche. Il faut prendre garde de ne pas traverser le pli avec l'aiguille, car alors le liquide ne serait plus introduit sous la peau, il serait rejeté au dehors. Il faut aussi s'assurer que la pointe de l'aiguille a pénétré *sous* la peau et qu'elle n'est pas restée dans le derme. Pour cela, on enlève la main gauche, le pli disparaît. Si l'extrémité de l'aiguille est *sous* la peau, on sent qu'elle est libre, et l'inoculation se fait sans qu'on ait à vaincre de résistance sensible. Si l'aiguille était restée dans le derme on sentirait une résistance au moment de l'inoculation, résistance due à ce que le liquide ne peut pas s'épancher dans le tissu cellulaire. Il est bon pour cette opération de couper les poils au lieu de l'inoculation ; on juge mieux alors de la pénétration de l'aiguille.

Comme il survient quelquefois de légers œdèmes à la piqûre, il vaut mieux choisir le moment où les animaux ne travaillent pas ; dans tous les cas, il ne faut jamais ouvrir ces œdèmes, ils guérissent sans traitement ; de même il ne faut jamais faire une incision au scalpel pour faciliter l'introduction de l'aiguille de la seringue, car ces plaies peuvent amener des complications résultant de l'introduction de substances étrangères, et produire des abcès ou des septicémies variées.

Les vaches étant également exposées à avoir des œdèmes ou une fièvre sensible à la suite des inoculations, il en résulte que la quantité de lait diminue ; il vaut donc mieux vacciner les vaches lorsqu'elles ont peu ou pas de lait. D'ailleurs comme il n'est pas absolument démontré que la bactéridie vaccinale ne passe jamais dans le lait, c'est une raison de plus pour choisir le moment que je viens d'indiquer. S'il y avait quelque inconvénient à se servir du lait donné par une vache pendant la vaccination, on pourrait toujours le soumettre préalablement à l'ébullition afin de tuer les bactéridies vaccinales au cas où quelques-unes d'entre elles auraient passé dans le lait.

Tout ce que j'ai dit précédemment sur les moutons en état

de gestation s'applique aussi aux vaches dans le même état.

Chevaux. — Si l'on a affaire à des chevaux de trait, il faut les vacciner en arrière de l'épaule de façon à ce que le collier ne porte pas sur le point d'inoculation; si au contraire ce sont des chevaux de selle il faut, pour la même raison, pratiquer l'opération en avant de l'épaule ou sur le cou.

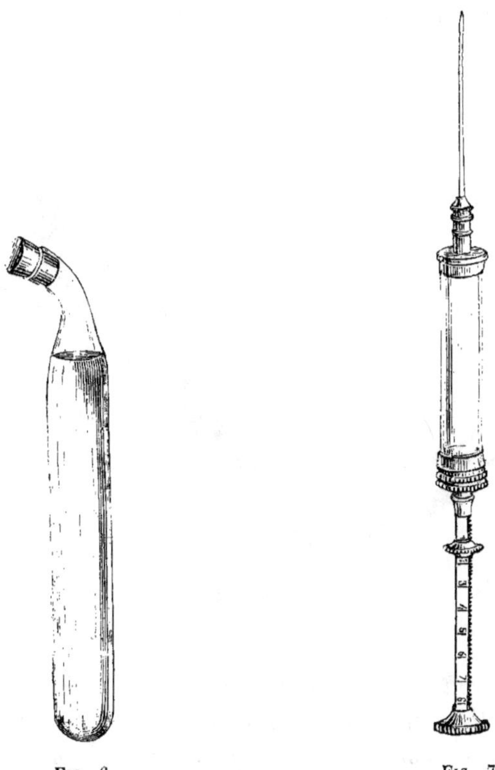

FIG. 6.   FIG. 7

Vaccins. — Les vaccins sont expédiés dans des tubes fermés par des bouchons de caoutchouc, (fig. 6), qui contiennent la quantité de liquide nécessaire pour vacciner 100 moutons ou chèvres, ou 50 bœufs, vaches ou chevaux. La quantité de vaccin à inoculer aux grands animaux est en effet double de celle des petits. Ce liquide est aspiré dans une seringue de Pravaz, seringue qui sert en médecine à faire des injections hypodermiques

et dont la description détaillée me paraît superflue. Elle est repré-
senté (fig. 7). Il faut enlever le petit fil métallique qui est à
l'intérieur de l'aiguille avant de l'ajuster sur la seringue ; ce fil
est simplement destiné à empêcher l'aiguille de s'obstruer par des
corps étrangers lorsqu'on ne s'en sert pas. La tige du piston est
divisée en huit parties égales. La seringue étant ainsi préparée et
le piston au bas de sa course, on enlève le bouchon de caoutchouc
du tube à vaccin, *mais auparavant il faut agiter vivement le*

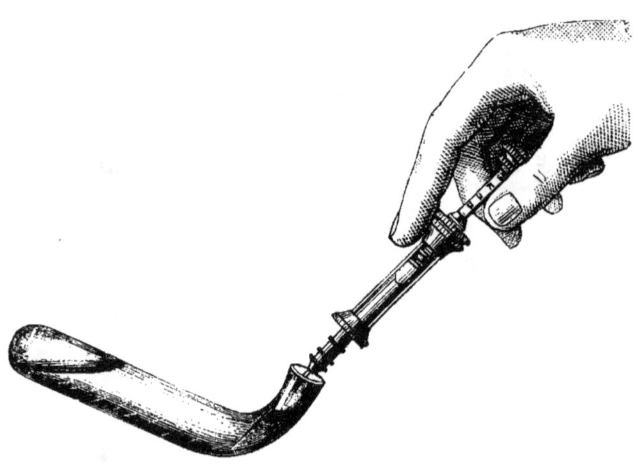

FIG. 8.

*tube, de façon à bien mélanger les diverses parties ; sans cela
la bactéridie vaccinale se dépose au fond ou sur les parois du
tube et on est exposé à aspirer plusieurs seringues de liquide
dans lesquelles il n'y a pas ou presque pas de bactéridies.*
Je recommande tout particulièrement cette précaution, car
d'après des renseignements qui nous sont parvenus, je suis porté
à croire que les résultats négatifs qui ont été observés dans
quelques vaccinations doivent être attribués à ce manque de précaution.

Le tube étant débouché on aspire doucement le liquide en
soulevant le piston (fig. 8). En général, à la première aspira-

tion une bulle d'air assez grosse reste sous le piston ; cette bulle
provient de ce que le piston étant plus ou moins desséché, une
petite quantité d'air a passé entre le piston et le tube de verre.
On rejette le liquide dans le tube comme le montre la figure 9,
et on aspire de nouveau du liquide. Cette fois, la seringue se
remplit à peu près exactement. Cependant, dans quelques cas, de
l'air pénètre encore sous le piston. Cela tient alors à ce que l'ai-

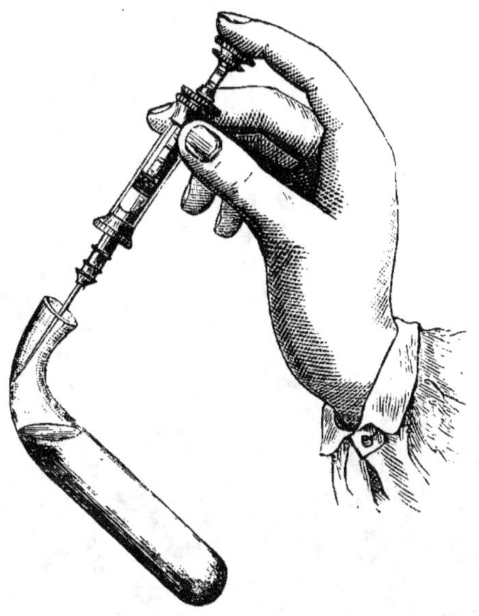

Fig. 9.

guille ne s'ajuste pas exactement sur la canule ou à ce que le
tube de verre formant le corps de la seringue ne s'applique pas
assez hermétiquement sur le fond. On ajuste de nouveau la canule,
on tourne la vis qui est à la partie supérieure pour serrer le
cylindre de verre et on arrive ainsi très rapidement à avoir un bon
fonctionnement de l'instrument.

La seringue étant remplie, on tourne le petit curseur qui est au
haut de la tige du piston de façon à le faire descendre jusqu'à la
division marquée 1 sur la tige. Puis, un aide saisit le mouton à
vacciner et le présente à l'opérateur en le tenant par les membres

antérieurs, dans l'attitude assise sur les ischions (fig. 10).
L'opérateur introduit l'aiguille sous la peau, vers le milieu de
la cuisse droite, puis pousse le piston jusqu'à ce que le curseur touche la seringue. L'inoculation du premier animal est

Fig. 10.

ainsi faite. On retire la seringue et on tourne le curseur en sens
contraire jusqu'à l'amener à la division marquée 2 sur la tige.
On inocule alors le second mouton. On amène le curseur à la
division 3, etc., chaque seringue suffisant ainsi à vacciner 8 moutons. On remplit de nouveau la seringue et ainsi de suite. Avec

un peu d'habitude on arrive facilement à vacciner 150 ou 200 moutons par heure.

Pour les vaches et les chevaux, la quantité de liquide à inoculer étant double, on amène d'abord le curseur à la divison 2, puis à la division 4, etc., chaque seringue servant à inoculer 4 animaux au lieu de 8.

La même aiguille qui a servi pour les moutons peut aussi servir pour les gros animaux; mais, par mesure de précaution, il y a dans la boîte à seringue une aiguille plus forte et plus résistante qui risque moins de se briser lorsqu'on l'introduit sous la peau. Je ne pense pas que cette grosse aiguille offre réellement des avantages sur les aiguilles fines; car, si elle est plus résistante elle est aussi plus difficile à faire pénétrer sous la peau. En prenant la précaution d'appuyer exactement sur la seringue suivant l'axe de l'aiguille, et en faisant tourner un peu la seringue entre les doigts, on introduit très facilement les aiguilles les plus fines sous la peau des bœufs ou des vaches; bon nombre de vétérinaires se servent toujours d'une aiguille fine ; mais, sur la demande d'un certain nombre d'autres, nous avons dû faire mettre dans la boîte à seringue une grosse aiguille et deux petites.

La seringue que je viens de décrire et qui a servi presque exclusivement jusqu'à ce jour offre un grand avantage : celui de laisser voir avancer le piston dans le tube de verre, et d'injecter toujours rigoureusement la même quantité de liquide. Mais elle présente aussi de nombreux inconvénients.

Le liquide vaccinal introduit sous la peau doit être absolument pur pour produire son effet, c'est-à-dire qu'il ne doit être souillé par aucun organisme étranger provenant des poussières de l'air, des débris de laine ou de paille, des parcelles de fumier qui se trouvent quelquefois sur les animaux, etc., car si de telles impuretés venaient à se mélanger au vaccin, elles pourraient, d'après ce que nous avons vu au commencement de cet Ouvrage, donner naissance à d'autres maladies et en particulier à des septicémies, des phlegmons, etc. D'autres fois ces impuretés pourraient, comme l'a montré M. Pasteur, ne produire aucun effet apparent, mais empêcher l'action du vaccin. Afin de réaliser cette condition de pureté dans la mesure du possible, les seringues sont bouillies après chaque opération et remises à neuf pour empêcher la petite quantité de liquide mouillant le piston ou restant au dessous de donner naissance à de nouveaux organismes ; quant au tube de vaccin, le bouchon de caoutchouc qui le ferme doit être remis sur le tube chaque fois qu'on a aspiré une seringue, et on ne doit le prendre avec les doigts que par l'extrémité qui n'est pas directement en contact avec le tube. On comprend combien ces précautions sont minutieuses. Mais il y a une autre cause d'impureté qu'il est à peu près impossible d'éviter. En effet, l'aiguille introduite sous la peau, ne tarde pas à se recouvrir, à l'extérieur, de débris de laine ou de poils, voire même de débris de fumier ; de sorte que chaque fois que cette aiguille est mise dans le tube pour aspirer une nouvelle quantité de liquide, une partie de ces corps étrangers se mélange au liquide et souille sa pureté : par suite, lorsqu'il ne reste que peu de liquide, c'est-à-dire lorsqu'on a plongé l'aiguille une dizaine de fois dans le liquide, celui-ci est presque toujours impur. Si nous ajoutons à cela que quelquefois le bouchon de caoutchouc tombe sur le sol et que cependant on le remet imprudemment sur le tube, nous comprendrons très bien comment quelques accidents qui ne peuvent être imputés au vaccin se sont produits.

Les inconvénients de la seringue de Pravaz sont donc :

1° De ne contenir du liquide que pour un petit nombre d'animaux, d'où résulte l'obligation de puiser très fréquemment dans le tube, ce qui est à la fois une perte de temps et une cause de souillure du vaccin.

2° D'amener une perte de temps par la manœuvre de la virole. On oublie même quelquefois de faire cette manœuvre, de sorte que dans certains cas on n'inocule pas de liquide, tandis que souvent on en introduit une demi-seringue ou même une seringue entière.

3° D'exiger un nettoyage à la suite de chaque opération, nettoyage délicat qui ne peut pas être fait par tout le monde et oblige le vétérinaire à la retourner à Paris, ce qui est pour lui une dépense et un dérangement.

Nous avons essayé d'éviter tous ces inconvénients et nous pensons y avoir réussi au moyen de la seringue représentée figure 11 (p. 307) construite, d'après nos indications, par M. Collin, l'habile constructeur d'instruments de chirurgie.

Cette nouvelle seringue se compose essentiellement d'un réservoir en verre A sur lequel s'ajuste à frottement doux une pièce de caoutchouc durci B portant elle-même une monture métallique CD à l'extrémité de laquelle se place l'aiguille. Le réservoir A a une capacité suffisante pour contenir le vaccin nécessaire pour cinquante moutons ou vingt-cinq gros animaux. Dans la monture CD se trouve un tube de caoutchouc moulé qui remplit exactement la cavité. A chaque extrémité de ce tube se trouve une petite soupape particulière s'ouvrant du côté de l'aiguille. Enfin la monture CD porte un compresseur P qui, lorsqu'on l'abaisse, écrase complètement le tube de caoutchouc.

Ceci posé, supposons l'appareil plein de liquide. Appuyons sur le

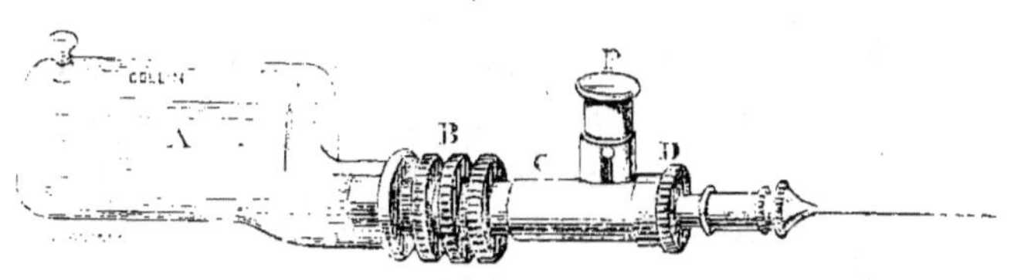

Fig. 11.

compresseur. Le liquide contenu dans le tube de caoutchouc étant comprimé va s'échapper par l'aiguille. Laissons la pédale libre. Le tube de caoutchouc, en vertu de son élasticité, reprend sa forme primitive et soulève la pédale. Le vide qui se produit aspire le liquide du réservoir, et le tube de caoutchouc se remplit. Un nouvel abaissement du compresseur chasse ce liquide et ainsi de suite. Il en résulte que, si le volume intérieur du tube de caoutchouc est bien calculé, on pourra, chaque fois, lancer une quantité de liquide égale à celle d'une division de la seringue de Pravaz ; par suite chaque abaissement du compresseur servira à inoculer un mouton et deux abaissements successifs, sans retirer l'aiguille, serviront à inoculer un bœuf ou un cheval.

Reste maintenant à expliquer comment on remplit la seringue.

Le vaccin, pour cette seringue, est expédié en tubes, comme le montre la figure 12 (p. 308). Ces tubes sont identiques aux tubes ordinaires, mais l'extrémité opposée à la partie recourbée est fermée par un petit bouchon de caoutchouc. On enlève le petit bouchon et on introduit l'extrémité du tube dans l'orifice du réservoir A. Le liquide ne coule pas parce que l'extrémité du tube est étroite. On enlève l'autre bouchon, alors le liquide coule dans le réservoir (1). On ferme celui-ci avec son bouchon, lequel porte un petit trou pour laisser passer l'air au fur et à mesure que le liquide est injecté. Cet air filtre sur un petit tampon de coton. Ceci étant fait, on donne deux ou trois coups de piston pour chasser l'air qui est dans le caoutchouc et l'aiguille; la seringue est alors amorcée. Pour ne pas répandre du vaccin il vaut mieux rejeter ce qui s'écoule pendant cette petite manœuvre dans le tube qu'on vient de vider. La seringue est alors prête à fonctionner. Pendant l'inoculation il faut avoir soin de tenir la seringue un peu inclinée de façon à ce que le liquide se trouve toujours à la partie inférieure du réservoir.

Il ne faut pas attendre que le réservoir soit complètement vidé pour introduire de nouveau le liquide d'un autre tube; sans cela on serait obligé d'amorcer de nouveau.

La plus grande difficulté que nous ayons rencontrée dans la construction de cet instrument provenait des soupapes qui devaient être très petites. M. Collin a tourné cette difficulté de la façon suivante: chaque soupape se compose d'un petit tube métallique *ab* (fig. 13), percé d'un petit trou en *c*. Sur ce tube métallique s'ajuste un petit tube de caoutchouc très mince qui est assez élastique pour retenir le liquide et l'empêcher de couler, mais qui ne l'est pas assez pour résister à la pression provenant du vide ou de la compression. Le liquide s'échappe alors par le trou *c*. Une de ces soupapes est complètement visible à l'extrémité de la seringue ; c'est au-dessus d'elle que s'ajuste l'aiguille.

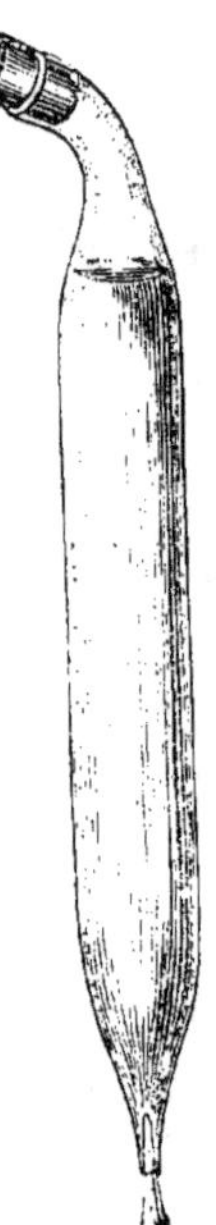

FIG. 12.

(1) On pourrait aussi expédier le vaccin dans des tubes effilés fermés à la lampe aux deux bouts. On briserait d'abord l'un des bouts, puis le deuxième, après que le premier aurait été introduit dans le réservoir.

Chaque boîte contient un certain nombre de ces petits tubes de caoutchouc formant soupape, de sorte que si un accident venait à se produire, si, par exemple, l'une d'elles venait à se déchirer il serait très facile de la remplacer.

Voyons maintenant les avantages de cet instrument :

1° La seringue, une fois remplie, on peut vacciner de suite cinquante moutons. Le vaccin n'est pas au contact des impuretés de l'air et il ne peut être souillé par les substances étrangères qui se trouvent sur la partie extérieure de l'aiguille.

2° Aucune préoccupation pour tourner la virole ; il suffit d'appuyer sur le compresseur avec le pouce, mais il faut appuyer complètement pour chasser tout le liquide.

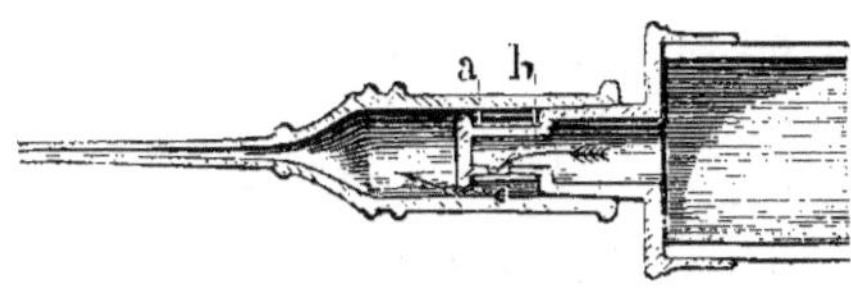

Fig. 13.

3° Le nettoyage est facile. On pourrait, à la rigueur, plonger l'appareil tout entier dans l'eau bouillante ; mais il vaut mieux, à la fin de l'opération, faire passer, comme si l'on pratiquait des inoculations, d'abord de l'eau venant d'être bouillie, puis une solution d'acide phénique au centième. Là, en effet, il n'y a pas de cuir, comme dans la seringue de Pravaz, cuir qui doit rester doux et gras et qui, par suite, ne peut supporter l'action de l'eau bouillante ou des antiseptiques.

Une seule seringue comme celle que je viens de décrire suffirait à la rigueur pour faire toutes les vaccinations ; mais il me paraît préférable de faire l'acquisition de deux seringues : l'une servant à la première inoculation ; l'autre, à la deuxième. En cas d'accident une seule servirait pour les deux opérations en attendant que l'autre soit réparée.

Cette seringue, qui présente tant d'avantages sur celle de Pravaz, a aussi quelques inconvénients. On ne voit pas le liquide que l'on injecte, de sorte que si l'on a négligé, avant de s'en servir, de s'assurer que l'instrument fonctionne bien, on peut croire avoir inoculé du liquide quand en réalité on n'a rien inoculé du tout. Mais une première indication est fournie, chez les moutons, par la petite saillie que fait le liquide inoculé sous la peau. Si cette saillie ne se forme pas, il faut se défier de l'instrument. Il pourrait se faire aussi que, sur les bœufs ou les vaches, l'extrémité de l'aiguille fût restée dans le derme et n'eût pas pénétré sous la peau. On serait prévenu de ce fait par la résistance plus grande qu'on éprouverait à abaisser le compresseur.

Un autre inconvénient consiste en ce qu'on ne peut pas régler, avec la même précision qu'avec la seringue de Pravaz, la quantité de liquide que l'on injecte. Mais toutes les seringues qui sortent des ateliers de M. Collin sont essayées avant d'être livrées au commerce ; elles donnent toutes, à la condition qu'on enfonce complètement le compresseur, à peu près rigoureusement la même quantité de liquide. Je pense donc que, dans la pratique, dans les cas surtout où l'on a beaucoup d'animaux à inoculer, la seringue construite par M. Collin doit être préférée à la seringue de Pravaz.

Dans tous les cas, quelle que soit la seringue que l'on adopte, il ne faut jamais qu'un tube de vaccin qui a été ouvert puisse servir le lendemain ou les jours suivants, car dans cet intervalle le liquide vaccinal peut être altéré par des organismes étrangers. Si on ne doit se servir du vaccin expédié qu'après trois, quatre et cinq jours, il faut mettre les tubes au frais, autant que possible dans une cave, afin d'éviter le développement possible ultérieur des organismes étrangers. En général, et toutes les fois que cela sera possible, il faut se servir de vaccins frais, et les employer le jour ou le lendemain du jour où ils ont été reçus. Lorsqu'on veut conserver des vaccins pendant longtemps, un, deux ou trois mois, il faut prendre des précautions particulières assez délicates. C'est ce que nous faisons pour les vaccins que nous expédions à l'étranger ; mais pour la France nous ne prenons pas ces précautions et les vaccins doivent toujours être employés dans les huit ou dix jours qui suivent la date de l'envoi. Je répète qu'il vaut toujours mieux les employer de suite.

Quant au liquide vaccinal qui reste dans les tubes lorsque l'opération est terminée, il faut le détruire en plongeant les tubes dans l'eau bouillante.

Enfin, avant de terminer, je veux dire quelques mots sur ce qu'il y a à faire pour reconnaitre si une maladie est réellement le charbon.

Le seul critérium certain est la présence de la bactéridie dans le sang des animaux morts. Et encore faut-il recueillir ce sang le plus tôt possible après la mort; car au bout de quelque temps, quinze ou vingt heures seulement, d'autres organismes, étrangers à la bactéridie et venant de l'intestin, peuvent déjà se trouver dans le sang. Si on n'a pas une habitude suffisante du microscope pour reconnaitre les bactéridies, les autres caractères macroscopiques pourront donner des indications très utiles; mais il faudra, dans tous les cas, les vérifier par des inoculations directes. On prélèvera le sang du cœur d'un animal mort *peu de temps après sa mort* et on l'inoculera, à la lancette, si on n'a pas de seringue à sa disposition, à des lapins, à des cochons d'Inde ou à des moutons. Si ces animaux succombent, surtout s'ils succombent entre trente et soixante heures, il sera très probable qu'on aura affaire au charbon. Pour avoir une certitude il faudrait expédier du sang à un observateur très familiarisé avec l'étude du charbon et de la bactéridie. Mais, dans ce cas, il y a beaucoup à craindre que le sang, surtout s'il provient d'un pays éloigné, arrive putréfié et rempli d'autres organismes qui masquent la présence de la bactéridie. Pour éviter cet écueil, il faut mettre le sang dans une caisse conservée au froid, dans de la glace, par exemple.

Il vaudrait mieux encore, pour expédier ce sang, se servir des petits tubes qui sont employés journellement au laboratoire de M. Pasteur. La figure 14 représente l'un de ces tubes. La partie effilée est fermée, et en a se trouve un tampon de coton. Ces tubes sont préalablement portés à une température de 200 à 250 degrés dans un fourneau à gaz, afin de détruire tous les germes qui existent dans leur intérieur. Veut-on recueillir le sang du cœur d'un animal mort, par exemple? On découvre le cœur, on roule sur une partie de sa surface une tige de verre ou de fer chauffé, on casse la pointe effilée, on la passe dans la flamme d'une lampe à alcool, puis on la plonge dans le cœur au point où la surface a été brûlée. On aspire

Fig. 14.

quelques gouttes de sang, jusqu'en B par exemple, on retire la pointe et on la ferme dans la flamme d'une lampe à alcool. Si l'on prend ces précautions, le sang recueilli est pur; il ne peut plus dorénavant donner naissance à d'autres organismes qu'à ceux qui existaient dans le sang du cœur, au moment où la prise a été faite. Pour faciliter l'expédition de ces tubes et empêcher le sang recueilli de venir au contact du tampon de coton, on ferme le tube à la lampe un peu au-dessous du tampon de coton a.

FIN

APPENDICE

Pendant l'impression de cet ouvrage, une expérience publique de vaccination charbonneuse a été faite en Espagne, par les soins de M. Gregorio Arzoz, vétérinaire de 1ʳᵉ classe à Abànos, province de Navarre. En voici la relation sommaire, d'après le journal *El Monitor*, organe officiel de la Société scientifique vétérinaire de Navarre, nº du 31 mars 1883 :

« Conformément à notre programme, on acheta 40 moutons que l'on divisa en trois lots : un de 16 moutons, destinés à être préservés par la vaccination ; un autre également de 16 moutons, de même âge, de même sexe, destinés à recevoir, en même temps que les premiers, l'inoculation du virus mortel (sang charbonneux) ; enfin le troisième lot, composé de 8 moutons, était tenu en réserve pour constater si les animaux vaccinés auraient à souffrir des suites de l'opération.

Le 24 janvier 1883, en présence de MM. Luciano Ardaiz, maire de Obànos ; D. Nazario Unio, adjoint et président de la Junta de Abastos ; D. José Eguilaz, administrateur des Abattoirs, et plusieurs autres habitants ; on procéda à la première vaccination sur les 16 moutons du premier lot.

Les animaux ne souffrirent en aucune façon de l'opération.

Le 8 février, on inocula le deuxième vaccin devant leur conférer l'immunité complète.

Il fallait, en effet, établir que, non seulement les animaux supportent parfaitement les vaccinations, mais encore qu'ils sont préservés de la maladie mortelle.

A cet effet, nous attendîmes qu'un animal mourût du charbon spontané pour recueillir son sang et le leur inoculer afin de montrer, d'une façon absolue, que la découverte de l'illustre M. Pasteur n'est pas un mythe comme on a voulu le faire croire, mais la véritable prophylaxie de la fièvre charbonneuse.

Le 1er mars, un mouton de notre commune mourut du charbon : après avoir constaté, par l'autopsie, la cause de sa mort, on recueillit dans un vase très propre, une certaine quantité de sang pris dans la rate.

Deux heures après, les 16 moutons inoculés préventivement et les 16 moutons non vaccinés recevaient le sang charbonneux par une petite incision pratiquée à la cuisse gauche, incision dans laquelle on déposa, avec un pinceau, une goutte de ce sang.

Cette opération fut faite le 1er mars à cinq heures, *tous les moutons non vaccinés sont morts*. A sept heures du soir, un mouton vacciné mourut; les 15 autres continuent à se bien porter et ils sont aussi vigoureux que les 8 moutons du troisième lot qui servaient de point de comparaison.

FIN DE L'APPENDICE

TABLE DES MATIÈRES

PREMIÈRE PARTIE

DEUXIÈME PARTIE

FIN DE LA TABLE DES MATIÈRES

Motteroz, Adm.-Direct. des Imprimeries réunies, A, rue Mignon, 2. Paris.

9 782329 591698